四川花椒

賽尚

產地到餐桌的兩萬四千公里旅程

【全新增修版】

四川花椒 全新增修版
──產地到餐桌 24000 公里的旅程

作者 / 攝影 · 蔡名雄

發行人 · 蔡名雄

文字編輯 · 鄭思榕

打字校對 · 蔡淑吟

出版發行 · 賽尚圖文事業有限公司

新竹市香山區中華路六段 218 號 1 樓

（電話）03-5181860 （傳真）03-5181862

賽尚玩味市集 https://www.pcstore.com.tw/tsaisidea/

美術設計 · 夏果設計 nana

總經銷 · 紅螞蟻圖書有限公司

台北市 114 內湖區舊宗路 2 段 121 巷 19 號

（電話）02-2795-3656 （傳真）02-2795-4100

製版印刷 · 科億印刷股份有限公司

ISBN：978-986-6527-46-3

定價 · NT.650 元

出版日期 · 2021 年（民 110）6 月初版一刷

國家圖書館出版品預行編目 (CIP) 資料

四川花椒：產地到餐桌 24000 公里的旅程 / 蔡
名雄作. 攝影.
-- 初版. -- 市：賽尚圖文事業有限公司，民
110.06 面； 公分
ISBN 978-986-6527-46-3(平裝)

1. 調味用作物 2. 烹飪 3. 飲食風俗 4. 四川省
434.194 110006702

特別感謝

四川家和原味香料有限公司 於 2019~2021 年提供研究支持

四川豪吉食品股份有限公司 於 2013 年贊助本書 2013 版發行

感謝以下單位於 2008 ～ 2013 年採訪過程中提供協助

涼山 族自治州人民政府

涼山彝族自治州林業局

涼山彝族自治州金陽縣人民政府

涼山彝族自治州金陽縣林業局

成都市 · 四川烹飪雜誌社

眉山市 · 洪雅縣 · 幺麻子食品有限公司

眉山市 · 洪雅縣 · 中國藤椒文化博物館

樂山市 · 峨眉山市 · 萬佛綠色食品有限公司

四川及周邊是天然的優質花椒產區，自有史以來「蜀椒」便成為優質花椒代名詞，巴蜀地區傳承數千年「尚滋味、好辛香」的飲食偏好，更讓川菜成為唯一擁有獨特、奇妙香麻滋味的菜系。

然而二千多年的使用史中卻從未有人從使用者的角度，好好介紹「花椒」這樣輔料，特別是現今川菜風行全球，花椒的應用技巧還是局限於川菜範圍內，欠缺有系統的應用知識與基礎花椒知識，一本可以完整介紹花椒的品種、產地和基本使用技巧的圖書成了一種必要。

受限於個人的能量有限，加上四川地區匯集相對多樣的品種及優質產區，研究範圍因此限縮在川菜源頭的四川、重慶地區的品種與產地，以花椒產地與具有普適性使用原則的介紹為主，專而深的部分則期待藉由拙作的拋磚引玉，產、官、學界能有更多通達人士同為飲食文化、科學效力，為世人展現川菜千滋百媚底下的靈魂與精髓。

當 2006 年第一次踏上成都時，深挖川菜的種子就已種下，加上美食餐飲圈近二十年的媒體經驗與直覺告訴我，認識、了解、體驗不同產地花椒的風味，才是提升川菜、讓川菜的色、香、味、形更趨完美的關鍵。

然而，剛跨入花椒世界開始調查研究後就發現，當代花椒研究或介紹都是以文化梳理、花椒種植、花椒林業經濟、植物分類學或單純花椒成分分析為主，如何使用、分辨的相關知識極少，也十分粗淺。加上產地多在偏遠地區或高山，到產地源頭了解花椒不符合效益，欠缺實地調研的情況形成不敢深入介紹花椒的現象，花椒風味的獨特性與差異性也因此被刻意避開不談。這現象同時出現在川菜典籍或大中華的烹調典籍中，對花椒的特點與使用的介紹都是點到為止，結果更激發我對花椒及其產地的好奇心，在資料匱乏或可說沒有的前提下，興起親自「下海」上山到產地，親手揭去花椒及其產地之神祕面紗的念頭。回顧當時，就是個不切實際的傻子啊！

　　再說花椒滋味，花椒可以去腥除異的效果具有普遍性的認識與接受度，但她那「麻」的接受度就相當不具普遍性，香氣、滋味的部分就難以被四川以外的人們所認識，不只歷史文獻沒有記載，現今的實用資料同樣少得可憐，有也是語焉不詳的帶過。

　　實地走訪產地，除了生長環境多是偏遠地區或高山，更發現花椒樹全株布滿硬刺、要在烈日下採收、曬製等，使花椒產業成了一個相對艱苦的經濟產業，花椒產地幾乎與交通弱勢、經濟弱勢畫上等號。

　　透過本書，除介紹美妙的花椒風味與產地獨特風情外，也多了一個自我期許，就是希望透過花椒知識的普及，可以為花椒開拓新市場，間接改善椒農生活。

　　近五年的采風研究，旅程超過二萬四千公里，實地走訪全川及重慶市近 50 個主要的花椒產地，以味蕾與心體驗不同產地的飲食風情與花椒風味，了解不同產地種植的風味差異性與相關的風土，嘔心瀝血出版拙作四川花椒的初版。旅程中持續的思考如何幫川菜的未來梳理出一些新的可能性，並期待本書能為廚師、美食愛好者、大眾、椒農帶來新效益：

　　一、對廚師而言，認識不同產地、品種、風味的花椒而後能精用，讓川菜風味特色更鮮明且完善。

　　二、增進美食愛好者的品鑑能力，進而回饋餐飲圈，互相提升。對大眾來說，特別是四川、重慶地區以外的，可以完整認識及懂得如何簡單而適當運用花椒的美妙風味，進而促進購買、使用的意願，也就擴大了花椒市場。大眾更能因花椒知識減少被忽悠、欺騙或買到產地不明、質價不對稱的花椒。

　　三、對椒農與產地而言，讓一些欠缺名氣但質量佳的花椒產區，不需再替知名產地作嫁，獲得應有的收益。就如許多不知名產區的正路花椒，產地收購價卻是相對便宜，進到市場後卻被偽裝成名氣響亮且價高的漢源貢椒賣。且大眾使用率增加，市場擴大，市場利益就能回饋給椒農。

　　在走訪、發掘之餘也從使用者角度，設計烹調與保存測試實驗，實驗結果除了證明許多經驗的道理外，與川菜專業廚師傳承下來的花椒運用經驗、工藝相結合後，提出對目前已知的菜品與日常烹調更多的應用、烹調的可能性。

　　這是一本以認識花椒香氣、滋味與產地為重點，從面的角度介紹花椒知識與日常應用，相信透過實地采風、親身體驗所得來的知識加上系統化歸納分析方法，能為專業人士與大眾帶來最實用、易理解的花椒烹飪知識。由於近七年（2014-2020）交通條件改善以及脫貧政策，各花椒產區都有不同程度的變化，特別是增加了許多大型青花椒產區，於是興起增修內容的書寫工程，同時將先前因能力有限產生的疏漏補上、錯誤修正，讓花椒風味體系及產區風貌更加清晰，並從中略見時代推動的軌跡。

　　當然，只透過實踐與單純的熱情並不足以做到完美，加上一個人的資源、能量有限，還望各界先進不吝回饋與指教。

深入而後淺出

花椒，是川菜的特色香辛料。在台灣，說起花椒大家都知道，卻又十分陌生的香辛料，除了川菜餐廳外，其他類型的餐廳及一般大眾使用花椒可以說少之又少，因此真正熟悉其芳香味或懂得其運用方式的人就更少了，加上花椒的特殊「麻感」更是讓人感到奇異且摸不著頭緒，說起對花椒陌生的主因，不熟悉花椒應該是關鍵，而想認識卻發現找不到太多實用的知識。

今天，很高興的是在多種香辛料專書中終於有一本介紹花椒的專書《四川花椒》出版，為大家揭開花椒的神秘面紗，讓你我對花椒的應用不再需要感到陌生與害怕。本書作者本身是台灣美食圈知名的美食攝影師，因為對美食的喜愛與熱情而投入出版業，更在熱情的驅使下成為一個川菜飲食文化的研究者，在走遍成都、深入四川各地，體驗四川文化、口嚐川菜美食多年後發現「花椒」是人們認識川菜的一大障礙，為了讓更多人可以因為認識花椒而更懂得品味川菜之美，作者開始了長達五年的花椒采風研究之路。

作者在書中介紹到花椒因為生長環境特殊，像常見的紅花椒是分布在交通不便的海拔 2000 米高山上，而新興的青花椒雖然種植在高度較低的丘陵地為主，但多數都是偏遠或交通不便的地方，想一睹本尊十分困難。就因花椒種植區域的特殊性，讓擅用花椒的四川人及川菜廚師，在產地、品種的差異性上也是一知半解。這也是為何作者需要花五年的時間，旅行超過二萬四千公里，實地「踩」訪約 50 個產地，加上數百次的直接嚼食嚐試後才能完成此書。

其次是四川、重慶地區的花椒使用歷史有二千多年，卻一直沒有風味體系的建立，作者在寫作過程中花相當多的精神總結採訪經驗，以建立一套可以讓一般大眾也能輕鬆理解花椒風味的特色與好壞的風味體系，作者雖然不是食材調味方面的專家，但經過長時間的經驗累積與勤奮收集、整理資料、鑽研後建立的風味辨識體系，不論是對專業者還是一般大眾都十分容易理解與應用。

提到應用，作者在書中也將花椒的各種形式的風味、調理技巧、保存方式都以條理分明、容易理解的方式呈現，可以說是現今運用花椒最佳的參考圖書，也可能是目前唯一的花椒使用指南，十分推薦給專業人士與美食愛好者。當然圖文並茂的數十個花椒產地風情與少數民族風情介紹更是不能錯過，讓你以全新的角度認識四川、重慶。

台灣美食展籌備委員會執行長

施富川

2013/03/12

推薦序
02

用鏡頭揭開花椒的神秘面紗

我與來自台灣的蔡名雄先生相識,是在他 2012 年 11 月為考察體驗羌族美食而來到我們北川縣九皇山景區那一次。沒過多久,一篇圖文並茂的報導就發表在了《四川烹飪》雜誌上。細看圖片,美!品讀文章,妙!此文從羌家菜、民族情的角度向外界推介了九皇山景區,對北川縣「5‧12」災後重建、走向輝煌起到了較大的助推和促進作業。也由此,我對這位台灣美食影像創作家,多次集冊出書推廣川菜的美食出版構想家、發行人,產生了由衷的敬意。

近日,《四川烹飪》雜誌總編王旭東推薦蔡名雄先生即將出版的《四川花椒》一書,並囑託我為此書作序,我可以說是欣然應允。

《四川花椒》的部份書稿和圖片,在細讀品味後,感覺對我這個事廚一生的人不僅有啟示,而且受教育。其一,此書從花椒的歷史說到了川菜的當下,盡細盡詳;其二,從花椒的產地闡述到花椒使用的剖析,妙不可言;其三,此書從花椒的特色論證了花椒與川菜的關係,相輔相成。一個台灣人,踏遍了巴山蜀水,歷經了千辛萬苦,查閱了浩瀚的資料,如此有圖有文、有根有據地細說四川花椒,不僅不容易,而且還很不簡單,可以說他就是當今川渝兩地全面詳細介紹四川花椒成書出版的第一人。用嶄新視角,以現代理念寫就的《四川花椒》,對於廣大廚師學習、瞭解、掌握、運用不同花椒種類、香型的繼承創新,對於宏揚川菜文化,對於挖掘中華美食源泉,定能起到重要的指導、幫助、啟迪作用。

多少年來,親民、實惠、可口的川菜紅遍天下,根本原因還是八個字:「味多擅變,麻辣當頭。」「麻辣鮮香」是川菜的風味,「一菜一格、百菜百味」是川菜的特色。「舌尖上的中國」,川菜站立潮頭,「舌尖上的節儉」,川菜勇領風騷。

但川菜也不是放之四海而皆好,記得早年在美國表演川菜廚藝時,我做的一份「麻婆豆腐」,讓一位美籍女士食後麻得閉不上嘴,被誤以為是食物中毒而滿堂驚恐。後來,我勸其喝下半杯冰水才緩解。事後,我改鹵水豆腐為石膏豆腐,改海椒末為蕃茄醬,改花椒粉為少許花椒油重新燒製一份。客人們吃得有滋有味,連聲讚歎。此事說明,花椒包括海椒的妙用,在於五味調和百味生香,多了傷,少了香,一定要依人、依地、依時而變。1990 年代中期,我首次在青島表演創新川菜「燒汁迷你肉」。大家品嚐後給出評語:「微麻香辣,鹹甜爽口,中外皆宜」。此菜成功流行,也是花椒、海椒巧立頭功。我認為,不管是麻婆系列、水煮系列、還是椒香系列、火鍋系列,都是以五味求平衡,麻辣求柔和,現代版的川菜,正在演繹一場香飄四海的時尚花椒新風。

「小小花椒,大大學問,花椒川菜,香麻千年」。認識花椒的奇香美味,揭開花椒的神秘面紗,領略川菜名饌之美,宏揚中華烹飪的璀璨文化。願以此為序,推薦給讀者,獻與海峽兩岸的美食文化大使——蔡名雄先生。

原中國烹飪協會副會長 /
中國烹飪大師

2013 年春於綿陽

走入川菜核心

食在中國，味在四川。作為烹飪王國，中國烹飪的一個重要特點是以味為核心，而川菜就集中地體現了這個特點。川菜味型豐富多樣，清鮮與醇濃無所不包，更因其擅用麻辣而獨具魅力與誘惑。麻辣、酸辣、煳，椒麻、椒鹽、椒香，在川菜27種常用味型中，涉及到麻、辣的味型佔一半左右。川菜獨特的麻辣風味主要源於辣椒、花椒，其中，辣椒是國內外眾多菜餚都採用的辣味調料，只有花椒才唯一在川菜中作為麻味調料使用，因此花椒成為川菜的一個核心調味料。法國名廚保羅·博庫斯 (Paul Bocuse) 說：「好的農產品，好的料理。」菲利普·茹斯 (Philippe Jousse) 說：「食材的重要性，遠超過廚師——永遠的大自然學徒。」優質特色食材和調味料是菜餚風味成功的一個關鍵和核心。川菜廚師將四川優質特產的各種紅花椒、青花椒、藤椒鮮品或直接使用，或加工成乾花椒、花椒粉、刀口花椒、花椒油等組合使用，調製出麻味中帶有清香、乾香、酥香、油香、蔥香的美味佳餚。隨著川菜紅遍中國大江南北、香飄海外，花椒成為關注的焦點，人們通過各種方式和視角欣賞它、研究它、解讀它。

蔡名雄先生，寶島台灣人，就是一個熱愛川菜、進而走進川菜核心，深入體味、研究和解讀花椒的川菜愛好者與傳播者。對於川菜，他經歷了一個從陌生到熟悉、瞭解，再到熱愛的過程。而在這個過程中，他發現「川菜的獨特風味時常體現在花椒特立獨行的香麻風味上」，並且認為「瞭解、體驗不同產地花椒的風味才是提升川菜，讓川菜的色、香、味、形更趨完美的關鍵」，但卻缺乏一本這樣的書籍。於是，他開始了有關四川花椒的漫漫求索之旅。5年，50個花椒產地，24000公里，一本書。這是一組讓人敬佩的數字，體現出《四川花椒》一書作者執著探索的精神，也使該書具有了多重特質：一是原創性。作者通過長時間的實地走訪和親身體驗，描述了四川花椒50個產地的不同民俗風情，總結、分析了不同花椒品種的風味特徵及細微差異的形成原因。二是融合性。作者從多維角度出發，將關於花椒的已有科研成果與個人感受相結合，將花椒的化學成分、呈味機理與外在色形相結合，深入淺出地述說了四川花椒的生產、加工、鑒別方法和在川菜中的運用。三是國際性。台灣是中外文化交融之地，國際化程度較高，作者身處其中，既受到中國傳統文化的薰陶，又能夠瞭解異域文化的特點及國際人士需求，因此在編撰過程中採取了國際化的思維和敘述方式，將花椒的各種香麻味歸納為國內外大多數人都可以想像或找到對比的19種香味或氣味，如柚皮味、橘皮味、橙皮味、檸檬皮味等，努力將「只可意會不可言傳」轉換為「通過言傳可以大致意會」，讓更多人瞭解、認識花椒，認識川菜及其文化。

宋代大文豪蘇東坡有詩言：「橫看成嶺側成峰，遠近高低各不同，不識廬山真面目，只緣身在此山中。」作為川菜文化愛好者和研究者，我有幸成為這本書公開出版前的首批讀者，在認真研讀之餘，真切地感受到川菜的發展與創新離不開各界人士的執著追求和推波助瀾，而對於川菜文化以及中國文化的感知和傳播，無論山中、山外之人，都可以換個角度去思考、去認識，定會有更多意想不到的效果。

中國飲食文化突出貢獻專家、
四川旅遊學院 教授
四川省重點研究基地——
川菜發展研究中心 主任

2013/03/12

就有川菜江湖
有花椒的地方

—— 寫在《四川花椒》出版發行之際

我曾經聽一位上了年紀的前輩說過：「川菜本身就是一個帶著巴蜀文化印記的江湖。」對於這個觀點，我不僅贊同，而且還認為他把「江湖」二字用在這裡，會讓業內業外的人都聯想豐富。

在川菜傳統味型當中，用到了花椒的就有椒麻、麻辣、椒鹽、[火胡]辣、怪味等好多種，而在巴蜀民間，人們哪怕是在自己家裡做泡菜、做醃臘製品，也都少不了會用到它。一直以來，省外人只要一提到川菜，多半都會把它跟花椒的特殊麻香聯繫到一起。雖說四川人嗜食花椒，四川人做菜調味也相當地依賴花椒，但在時光已經進入到21世紀的今天，我們巴蜀地區到現在也沒出現過一本全面介紹原產地花椒歷史沿革，全面介紹花椒的產區分布、品種特色，以及深層次探索花椒奇香妙麻之奧秘的專著。

我經常聽到有人說——「好菜在民間，至味在江湖」；也多次聽到一句從廚師嘴裡傳播出來的話——「人在江湖身不由己，菜在江湖味不由己」。在我看來，這些話都說得有道理，至少表明來自民間、來自江湖的飲食都能夠呈現出自己的個性化特點。在我的記憶當中，大概是從1990年代末開始吧，川菜業內就有了「江湖菜」一說，不過這種相對模糊的概念，最初還只是針對當時餐飲市場上流行的官府菜、公館菜、精品菜提出來的一種說法，而那些「江湖菜」的推崇者，也無非是把某些濫觴於民間，尤其是不起眼小飯館裡的菜品，以及某些在烹製過程中不按常規和常理出牌的手法，統統都歸入「江湖」，而這裡所提到的打破常規的手法，當然也包括廚師做菜時大量地施放花椒。

對於花椒，我的朋友石光華先生曾經說過一句話：「如果說辣椒呈現給我們的形象是勁道，那麼花椒所展示出來的就是一種韻味，而世界上凡是有韻味的東西，都一定會讓人迷戀。」當然，四川人對於花椒的迷戀是世界上任何一個地方的人都無法與之相比的。

花椒屬於芸香科植物，其植株多生長在溫暖濕潤及土壤肥沃的中高海拔山區，而世界上最好的花椒，基本上都產於川渝地區（包括與四川相鄰的陝南地區）。花椒作為一種土生土長的辛香料，比起三百多年前才經南洋引入中國內地的海椒（辣椒）來，其種植和使用的歷史至少是要早出一千多年。要知道，中國人的飲食在辣椒引進來之前，所有的辛香味道都是由花椒、茱萸和薑蔥等原生物種去呈現，而古代的四川人，也一直是以善於培植花椒並將其運用到日常飲食生活當中而著稱。對此，已經有多位學者在研究、驗證後得出了同樣的結論：古代的蜀人，為「古川菜」味覺體系奠定基礎的主要辛香料，應當是「花椒」而非「海椒」。

《四川烹飪》雜誌總編輯

前面零零碎碎地說了那麼多，其實我是要為讀者朋友推薦一本新書，書名就叫《四川花椒——探索花椒與川味的奧秘》。這是一本即將在台海兩岸同步出版發行的新書，還未面世就已經被譽為「全世界第一本有關四川花椒的實用指南」，而該書的作者，是來自台灣的著名美食攝影師和圖書出版人——蔡名雄先生。我作為蔡先生的好朋友，既見證了他為這部圖書所付出的巨大努力，同時也被他歷時近五年的艱難探索經歷所折服。蔡先生這些年對於四川花椒的深入研究，對於巴蜀各產區花椒品種所做的分類及其風味測試，以及怎麼讓花椒在「川菜江湖」中活用妙用等，都在這本書裡做了系統的闡述。此外更在書中詳細介紹的幾十道與花椒為伍的傳統菜、江湖菜，以及代表性的火鍋、乾鍋、湯鍋等品種，也都有助於讀者從另一個層面去感受花椒的神奇和川菜江湖的夢幻。

為了編撰《四川花椒》一書，作者在最近五年間，先後十幾次從台灣來到四川和重慶，他不僅千辛萬苦地深入到各花椒產區採訪蒐集相關的素材和數據，而且還向當地的農戶和有關部門的專家虛心討教。我曾經大致地幫他計算過，要是把他多次「上山下鄉」的旅程加起來，那麼他為探索花椒而在巴山蜀水走過的路程已經超過了兩萬四千公里。這個數字的確是有點讓人吃驚，而這當中的酸、甜、苦、辣，也只有蔡先生自己心裡最清楚。

雖說《四川花椒》一書的作者以前不是川菜領域或經濟領域的專家，但他在經歷了多年的探尋、體驗和整理後，還是完成了這部有著「開先河」之譽的花椒專著。我認為，《四川花椒》不僅是一本「開卷受益」的好書，而且還是一本精美時尚的花椒寶典。這不只是因為其內容的豐富新穎，還因為書中同時穿插了大量精美圖片與文字相配合，加之其在裝幀設計方面所顯現出的現代典雅風格，相信會讓讀者還沒翻多少頁就生出一種「閱讀的飽感」。我估計，讀者在閱讀該書時，也會像我一樣地期望——期望幫助自己在「知其然」後還要「知其所以然」。這裡我要告訴大家，這本實用圖書完全能滿足大家的閱讀需求。同時我也相信，在《四川花椒》出版發行後，不僅會大受餐飲從業者的歡迎——將其視為自己工作中的又一個指南，而且還會受到國內包括文史、經濟、地理、農林、調味品生產等多個領域從業者的關注。

曾有川菜研究者感慨說：花椒滋味幾人知！然而在川菜江湖這個萬花筒裡邊，花椒又的確是眾多調輔料當中最讓人難以捉摸的一種。雖說川菜的特點之一是麻辣鮮香，雖說花椒在實際運用中早已被分為紅花椒、青花椒、藤椒（保鮮產品）、花椒粉、花椒油（包括藤椒油）等，但是在此之前，對於我們這裡正在講述的花椒龍門陣，對於花椒的分類及其風味類型，對於我們應該如何去識別、去妙用花椒，真的還缺少一些科學的認識和規範的標準。因此，在《四川花椒》一書與廣大讀者見面的時候，我才會寫此推薦序，並且能夠想像出這本書在「川菜江湖」中的價值及其「地位」。

作者序

中菜需要「烹飪基礎科學」研究

蔡名雄

　　川菜的多樣風味來自其多樣化的烹調工藝與多樣化的調輔料，花椒只是川菜眾多調輔料的一種，卻是川菜風味迥異於其他菜系的關鍵，也是讓四川、重慶地區以外的廚師與川菜愛好者最搞不清楚的一樣輔料。

　　花椒是川菜的最佳配角，也造就了川菜的獨特個性，相信是大家都能認同的，因為花椒——她的香與麻是極具個性與無可替代性的。

　　目前各菜系的烹飪研究多著重在歷史文化的扒梳，屬於對既有成果與現象的研究整理，少了對烹飪的根本、原理作梳理、研究及嘗試與現代生活作結合應用，也因此中菜的烹調總讓人感到有如玄學一般，常用只可意會不可言傳的語句描述著美味，但美味如何形成？似乎都沒有明確的解答或說明，最後人們還是無法了解這美味怎麼來的？或理解這是怎樣的美味？

　　烹飪的根本綜合了食材、調料、輔料與其相關的生產知識，還有食材與調輔間的交互作用機制和烹調過程的物理、化學知識等幾大方面，以科學術語來說就是以食品科學為基礎的分析與應用。但這裡所說的「食品科學」並非一般人所熟知，只適用於分析營養成分，建立食品工業的生產流程或設備的狹義「食品科學」。這裡所說的「食品科學」，是指將這些難懂的科學分析和專有名詞對應到你我的生活烹調，讓你明白烹調的每一個動作與程序是為了什麼滋味的「知識」。我認為可以將這領域的研究稱之為「烹飪基礎科學」，就如數學、物理、化學是現代所有可見的科技及其應用的「基礎科學」。

　　科學界將數學、物理、化學等表面看來無實際用處的知識稱之為「基礎科學」，而能作出實際的設備、機器，如火箭、汽車、手機等等的科學知識稱之為「應用科學」。對應到烹飪，「烹飪基礎科學」就是指食材學（包含主食材、調料、輔料等各種知識）、刀工（物理）、調味（依情況不同，可能是物理，也可能是化學）火候（化學）。「應用科學」是以「基礎科學」作根本，所以一個國家的科技強弱是看他「基礎科學」的研究發展能力，因為只有「基礎科學」能論證「應用科學」的可行性與可複製性。換句話說，一個菜系或國家飲食的影響力就要看「烹飪基礎科學」的研究、梳理成果，因為只有「烹飪基礎科學」能夠用簡單的語言說明每一道佳餚的美味如何產生。

　　我斗膽在這裡指出，川菜以至中華烹飪，要再提升只有靠「烹飪基礎科學」！就如風行全球的「分子料理」的源頭就是「烹飪基礎科學」，他在西方烹飪中創造了「見山不是山，見水不是水」的新飲食樂趣，然而這樣的飲食樂趣卻在中華烹飪中有著極長的歷史，且視為理所當然，名菜「雞豆花」就是一例。這裡不是說誰優誰劣，這裡要

點出的是，為何我們既有的優良烹飪工藝與思路邏輯不能順暢的傳播到全球？影響西方？關鍵就在於我們說不出「為什麼」，這「為什麼」就是「烹飪基礎科學」，一個舉世皆能理解的烹飪知識。要將這些滋味與知識串在一起，靠的是物理、化學、食材學等舉世皆同的「基礎科學」力量。話說回來，「烹飪基礎科學」在純科學的領域，實際上是屬於「應用科學」。

川菜使用的食材、調料龐雜，味型繁多，所以目前接觸到的研究或探討多將重心放在烹煮與調味的工藝操作上。對於烹煮與調味工藝的物理原理、化學變化，選擇相對「更適合」的食材或調輔料的思路邏輯一直被忽視。對多數的廚師或消費者來說，甚至是美食家，都採取只要用上「著名」或「高貴」的食材、調輔料就是相對「好」菜品的思路，作為理解與品嚐「創新美食」的方法。但這樣的思路只是一種取巧，可以拿來即用，不需學習與教育消費者。當然，從地大物博、用料繁雜的角度來看，直接應用既有的烹煮工藝烹調「著名」、「高貴」的食材或調輔料的思路推出菜品，在經營的角度上「回收」快，「效果」明顯。

而明辨烹煮與調味工藝的原理、變化及食材特性、搭配性來提升菜品滋味的完美度或是找出創新而美味的新組合，卻常是吃力不討好或叫好不叫座，付出與回收不成正比，但這卻是廚師、餐飲業要做強、做得長久所必需具備的「基礎」能力——「烹飪基礎科學」。因為將「烹飪基礎科學」摸清楚後，要創新菜品或為經典菜品添加個性，要在競爭激烈的餐飲市場中建立特色風味與市場區隔，都將變得有跡可尋且相對容易，不再需要瞎整、亂搞、碰運氣，充實「烹飪基礎科學」是無可替代的終極秘訣。在餐飲市場中，做得出好菜又能說得出菜好在哪裡或妙在哪裡的廚師或餐館酒樓，人們都願意為菜品美味所附加的「知識」價值而多付錢，因為真正的美食不應該只滿足食客的口腹之慾，更要滿足食客精神層次的慾望。

作為一個鑽研川菜飲食與文化的我來說，選擇構成川菜獨特個性的最佳配角「花椒」來嘗試形塑出「川菜烹飪基礎科學」研究的「磚」，是因為相信拋出這塊「磚」可以引出豐富的「玉」一起完善四川菜的基礎研究，間接提升川菜的精緻度與內涵，讓使用平凡、家常食材為主的川菜不只是「大眾」，更能在灌注「知識能量」後可以「高端」。

巴蜀地區常說一句話：「真正的美味在民間！」但要體會與實現這句話的關鍵在於你對「烹飪基礎科學」的知識了解多少！這些不需外求，只需回到川菜的根本，好好琢磨、研究，就能找出前人經驗精髓之所在，讓川菜產生「質」的提升。

2021/03/18 修訂於新竹

↑南路花椒花的特寫。

Contents 目錄

小小一粒，香麻二千年 ……………016

花椒的奇香妙味 ……………034

巴蜀花椒知多少 ············066

花椒，川菜之妙 ············098

一路下鄉尋花椒 ··············150

兩岸常用重量、面積單位換算

常用重量單位換算：	常用面積單位換算：	
通用公制	通用公制	1 分 =293.4 坪 =969.9217 平方公尺
1 公斤 =1000 克，1 公噸 =1000 公斤	1 平方公里 =100 公頃	1 畝 =30 坪 =99.1736 平方公尺
台灣地區	1 公頃 =10000 平方公尺	1 坪 =3.3058 平方公尺
1 台斤 =16 兩 =600 克，1 兩 =37.5 克	1 公畝 =100 平方公尺	大陸地區
大陸地區	台灣地區	1 公頃 =15 市畝
1 市斤 =10 兩 =500 克，1 兩 =50 克	1 甲 =10 分 =2934 坪 =9699.2 平方公尺	1 市畝 =666.67 平方公尺 =201.668 坪

小小一粒
香歷二千年

是一種辛香料也是一味中藥，

存在於你我生活中已有二千年以上的歷史，

但多數人只聞其名卻不知其味！

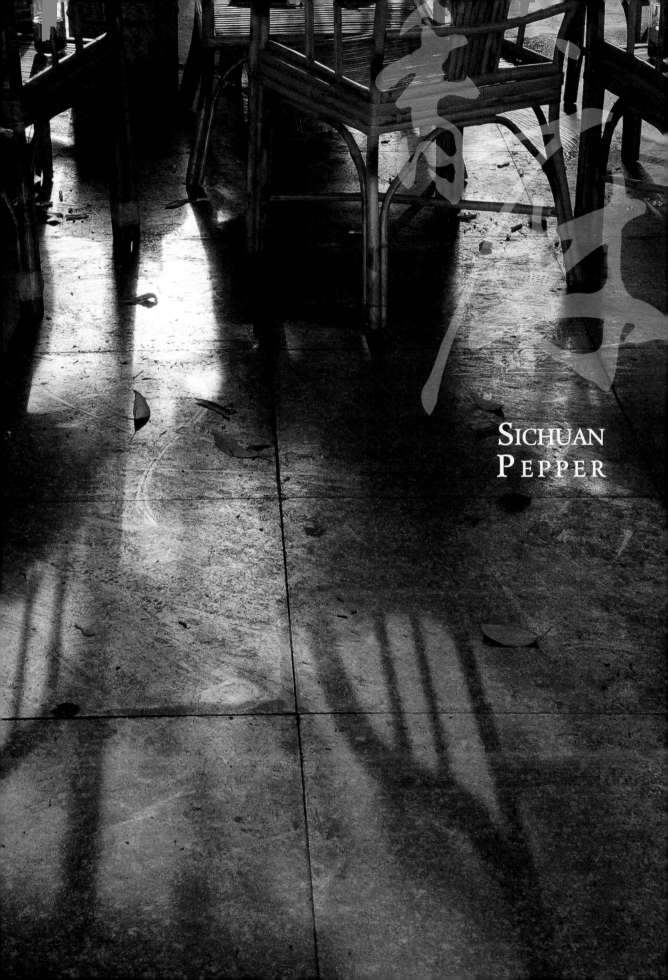

SICHUAN
PEPPER

花椒？

　　她，是最具中國特色的原生香料，位列調料「十三香」之首，產於四川、陝西、甘肅、河南、河北、山西、雲南等省，其中四川地區品種最為多樣、風味較佳，而河北、山西產量較高。

　　她，也是一味中藥，存在於你我的生活中近三千年歷史，食用歷史也近二千年，卻是最說不清的香料，多數人只聞其名而不知其味！

　　中華各大菜系裡，花椒多是配角中的配角，唯在川菜中是第一配角，普遍運用花椒的香麻來滿足那「尚滋味，好辛香」的味蕾，並在時間與經驗的累積下形成川菜獨具、個性十足的麻辣風味。1980 年代起，因為經濟改革開放，川菜借助其豐富的味型、工藝與開放而包容的烹飪傳統，加上餐館酒樓老闆及廚師喜愛舞文弄墨的風氣而擁有堅強的文化創意基礎，短短十多年就躍上最具創造力菜系之首，現在更是普及率最高的菜系，可以說有華人的地方就有川菜！

　　高速發展三十年的今日，川菜已面臨瓶頸，做為川菜最具特色的辛香料——花椒——應是最具潛力的未來之星，因近幾年川菜味型持續豐富化的過程中，最為人們所

關注的莫過於突出花椒風味的各種味型，如傳統的麻辣味、椒麻味；源自地方的藤椒味；重用青花椒的青花椒味等，但在應用與形式上相對粗獷，多是高刺激性滋味的大眾流行菜，難登大雅之堂。

雖然麻辣是川菜鮮明而獨一的特色，但如何讓更多人品嘗麻辣滋味的美妙，特別是原本不吃麻辣的人們，所需要的是將產生麻、辣的源頭——花椒、辣椒的滋味、風味做更精妙的掌握和運用，辣椒使用的歷史雖然短，卻因全世界隨處可種及廣泛使用而被普遍認識，同時不存在應用的死角。然而，屬於中國特有的花椒使用歷史有二千多年，卻一直認識不完整，應用上就存在很多的不足與遺漏，因此可以說掌握花椒知識就是掌握了未來川菜，甚至是未來中華美食餐飲的創新、成長之鑰！

花椒龍門陣

中菜烹調使用的香料種類極多，常用的有花椒、八角、小茴香、月桂皮、陳皮、甘草、月桂葉、薑等等，其次是木香、砂仁、良薑、白芷、三奈、丁香、豆蔻和紫蔻等，再來則是山楂、孜然、草果等等。在唐朝之前，帶辛辣、刺激味感的香辛料以花椒、食茱萸（植物學上同為芸香科花椒屬）、薑、蔥、蒜為主，其中花椒、食茱萸主要作為去腥除異的角色，甚至食茱萸的使用率高於花椒。到兩晉後花椒的使用場景開始變多，其中晉‧郭璞（公元 274-324）整理注釋之《山海經圖讚》開始提到人工種植，成書於北魏（公元 533-544 年）的《齊民要術》（賈思勰，生卒年不詳）更具體介紹花椒的種植方法，帶動人工栽培與規模化種植，可間接證明東漢之後花椒使用量快速增加。

然而食茱萸的使用卻是隨朝代更迭而一直減少，直到完全退出烹調的主流。依據今日對其風味的認識來推論，食茱萸的滋味相對來說野腥感濃郁、滋味偏粗糙應是影響運用的主因。食茱萸現在多當做藥用植物。有趣的是，台灣部份的原住民（高山族）卻仍擁有食用食茱萸的傳統，他們稱之為「塔奈」，多數人稱其為「紅刺蔥」、「鳥不踏」等，主要使用其葉子，除去葉子上的刺後切碎，用來煎蛋、煮魚湯、炒肉類菜餚等等。

↑食茱萸，多數人稱其為「紅刺蔥」、「鳥不踏」等。

《山海經‧北山經》

又南三百里，曰景山，南望鹽販之澤，北望少澤，其上多草、藷藇，其草多秦椒，其陰多赭，其陽多玉。有鳥焉，其狀如蛇，而四翼、六目、三足，名曰酸與，其鳴自詨，見則其邑有恐。

《齊民要術》中記載山東地區的種植緣起：

「《爾雅》曰：『檓，大椒。』《廣志》曰：『胡椒出西域。』《范子計然》曰：『蜀椒出武都，秦椒出天水。』 按今青州有蜀椒種，本商人居椒為業，見椒中黑實，乃遂生種之。凡種數千枚，止有一根生。數歲之後，便結子，實芬芳，香、形、色與蜀椒不殊，氣勢微弱耳。遂分布栽移，略遍州境也。」

《齊民要術》中記載的花椒種植法：

熟時收取黑子。四月初，畦種之。方三寸一子，篩土覆之，令厚寸許；復篩熟糞，以蓋土上。旱輒澆之，常令潤澤。生高數寸，夏連雨時，可移之。移法：先作小坑，圓深三寸；以刀子圓椒栽，合土移之於坑中，萬不失一。若移大栽者，二月、三月中移之。先作熟糞泥，掘出即封根合泥埋之。此物性不耐寒，陽中之樹，冬須草裹。其生小陰中者，少稟寒氣，則不用裹。候實口開，便速收之，天晴時摘下，薄布曝之，令一日即乾，色赤椒好。其葉及青摘取，可以為菹；乾而末之，亦足充事。」

↑顏色紅亮、氣味馨香、結果纍纍的大紅袍花椒。

《詩經》‧閔予小子之什一載芟

載芟載柞，其耕澤澤。
千耦其耘，徂隰徂畛。
侯主侯伯，侯亞侯旅，侯強侯以。
有嗿其饁，思媚其婦，有依其士。
有略其耜，俶載南畝。
播厥百穀，實函斯活。
驛驛其達，有厭其傑，萬億及姊。
為酒為醴，烝畀祖妣，以洽百禮。
有飶其香，邦家之光。
有椒其馨，胡考之寧。
匪且有且，匪今斯今，振古如茲。

《詩經》‧唐風一椒聊

椒聊之實，蕃衍盈升。
彼其之子，碩大無朋。
椒聊且，遠條且。
椒聊之實，蕃衍盈掬。
彼其之子，碩大且篤。
椒聊且，遠條且。
◎花椒，又叫山椒。聊：同「菉」，亦作「朻」、「樕」，泛指草木的果實結成一串串的樣子。

《詩經》‧陳風一東門之枌

東門之枌，宛丘之栩。子仲之子，婆娑其下。
穀旦於差，南方之原。不績其麻，市也婆娑。
穀旦於逝，越以鬷邁。視爾如荍，貽我握椒。

花椒史實際是紅花椒史

目前所有歷史記錄中的花椒，沒有特別說明都是指紅花椒，而青花椒歷史則是一段被隱藏的歷史，想一窺全貌，還須從記錄較多的紅花椒著手。

紅花椒簡稱「椒」、「花椒」，又名「蜀椒」、「川椒」、「巴椒」、「山椒」、「秦菽」、「秦椒」、「椒聊」、「菉」、「朻」、「樕」等。花椒和食茱萸同屬芸香科花椒屬，算是遠親，兩者有許多相近之處，形成文獻中最常見的註解就是辨別原作者說的究竟是花椒還是食茱萸的有趣現象。

花椒的記錄最早出現在《山海經》中，進入生活的最早記錄是西周到春秋累積成書的《詩經》（公元前1046-公元前771年）。但因《山海經》一書成書時間跨度太大，加上大多只有簡略的描述，如《北山經》中：「景山，…其草多秦椒，…」這類的敘述，因此只能推斷花椒在三千至五千年前已被先祖們認識，但當時是如何應用卻不清楚。

《詩經》收錄的是西周到春秋之間的詩歌，其中花椒相關的記錄雖不多，但因《詩經》中一大部份詩歌是描述民間生活，以今日的概念可說是反映社會現象的流行歌，因此可從《詩經》不算多的記錄中推測出花椒在那遙遠的西周、春秋時期所扮演的社會角色，首先是人們覺得她具有象徵美好的香氣，可用於祭祀；其次是她結果纍纍象徵多子多孫，用於祝福；接著是將前兩個因素加上她如花一般，顏色紅艷，可以當做定情之物。但就記錄來說因其顏色紅亮、氣味馨香與結果纍纍的形象，只局限在祭祀和生活，同時代的文獻還未發現食用花椒的相關記錄、說法。

據現存並考證最遲成書於西漢（公元前206-公元9年）、距今超過二千年、最古老的醫書《神農本草經》之《木中品‧秦菽》篇記載，花椒「味辛，溫。主風邪氣，溫中，除寒痺，堅齒髮、明目。久服，輕身、好顏色、耐老、增年、通神。生川谷。」雖沒有直接指出把花椒當香料或調味料做日常食用，但透過藥性辯證與效用的確定及可以「久服」的結論，可以推測西漢時花椒的藥用已相當成熟，而花椒入口的歷史最少可從《神農本草經》成書的年代往前推二百至三百年，現今最大膽的推測是在二千六百年前就懂得運用花椒的藥效，再往前就是花椒那沁脾怡人的香

氣與魔法般除異味效果似乎能「通神」而成為敬天祭祀的重要香料。

　　綜合以上歷史脈絡，可以發現花椒進入我們的生活、飲食有三個階段，首先是東周到西周的階段，主要當作祭祀用香料，其次作為禮儀民俗的象徵；接著是春秋、戰國到西漢階段，總結經驗並確認花椒的藥用價值；第三階段就是東漢、魏晉之後，開始有花椒用於菜餚調味的記錄，可算是進入生活食用的階段，如北魏賈思勰所著的《齊民要術》就記載了 16 種，即使如此，一直到明、清花椒的使用仍局限在祭祀與貴族的宴席飲食中，經過近千年，直到清朝中後期花椒才真正普及於尋常百姓的飲食生活中。

↑同屬芸香科花椒屬的「兩面針」枝軟如藤蔓，應是文獻中記載的「蔓椒」或「地椒」。

↓青花椒在 1980 年以前是鄉野人家無法取得紅花椒時的替代品，登不上大雅之堂。圖為四川洪雅縣農村一景。

屬於平民百姓的青花椒史

話說最早對花椒有明確顏色描述的記錄是北宋（公元977-984年）的《太平御覽・木部七・椒》：「《爾雅》曰：檓，音毀。大椒也。…似茱萸而小，赤色。…。」由此可知北宋時期的「椒」是指紅花椒。

北宋之前呢？在禮制上，中華文化基本一脈相承，獨尊「紅」色，即使朝代更迭也幾無變動，加上花椒的獨特芳香常用於比喻美好之事或品德，如《荀子》中：「好我芬若椒蘭」，進而形成獨尊紅花椒的推測應是經得起檢驗的，這一禮制需求促使社會以紅花椒為「正品」、「上品」的飲食文化，也就是說北宋之前記載的「椒」都是指紅花椒。

再對照近一百年來四川館派川菜的烹飪傳統及相關文獻記載，能發現直到1980年青花椒開始經濟規模種植之前，嚴格來說是直到1990年四川江湖菜盛行之前，酒樓、餐館、筵席以至小吃的官方記載都見不到青花椒的使用。可進一步確定直至1980年各種文獻中提到的「椒」都是指紅花椒！

中國歷史文獻都沒有青花椒的記載嗎？有，且能看出古人的嚴謹，不是紅花椒時都明確載明為何不算是「椒」。如明・李時珍的《本草綱目》中除了記載「椒」之外，另有「崖椒」、「蔓椒」、「地椒」等，都附帶詳細的形態、氣味說明。又如清・陳昊子所著園藝學專著《花鏡》裡提到：「蔓椒，出上黨（地名，今山西東南部）山野，處處

亦有之，生林箐間，枝軟，覆地延蔓，花作小朵、色紫白，子、葉皆似椒，形小而味微辛，…。」這說明古人對於與紅花椒相似或可能是「花椒」的植物都會詳細說明差異。

青花椒，百姓的花椒

研究過程中發現許多文獻的記錄需詳看前後文才更能發現隱藏在字面背後的重要資訊，如《本草綱目》中：「崖椒…。此即俗名野椒也。不甚香，…野人用炒雞、鴨食。」而《花鏡》裡則說：「（蔓椒）土人取以煮肉食，香美不減花椒」。其中「土人」、「野人」指的是當地平民或少數民族，用白話來說就是「當地一般平民百姓會用其（崖椒、蔓椒）入菜調味，滋味不輸『紅花椒』」，間接證明野花椒的食用是普遍存在於民間的。

進一步分析就能發現古代社會裡，屬「土人、野人」的多數平民百姓應該知道花椒的調味作用，無法取得紅花椒就只能用廣泛分布於低海拔的「崖椒」、「蔓椒」、「地椒」等等之野花椒做為替代品頂著用，其中肯定包含現今大量種植的青花椒、藤椒，而產自2000公尺以上大山的紅花椒取得不易，應只有一定階層以上的人才能享用到紅花椒。

透過禮制、文化、產地、取得難易等多角度分析文獻記載後可發現青花椒的食用、使用歷史多被隱藏在各種文獻的只言片語中，只因自古以來，平民百姓的飲食生活都不是官方記錄歷史的重點，想了解、貼近每個朝代平民的真實生活狀態只有對少量

關於「椒」字

文獻資料中，「椒」字除了指花椒之外，另指孤立的土丘或指山頂。另也是地名、姓氏。詳見康熙字典對「椒」字的解釋：

椒：「椒樹似茱萸，有針刺，葉堅而滑澤，蜀人作茶，吳人作茗。今成□山中有椒，謂之竹葉椒。東海諸島亦有椒樹，子長而不圓，味似橘皮，島上獐、鹿食此，肉作椒橘香。

又【漢官儀】皇后以椒塗壁，稱椒房，取其溫也。

【桓子・新論】董賢女弟為昭儀，居舍號椒風。

又【荀子・禮論】椒蘭芬苾，所以養鼻也。

又【荊楚歲時記】正月一日，長幼以次拜賀，進椒酒。

又土高四墮曰椒丘。【屈原・離騷】馳椒丘且焉止息。

又山頂亦曰椒。【謝莊・月賦】菊散芳於山椒。

又邑名。亦姓也。椒，春秋楚邑，椒舉以邑為姓。」

↑木薑為樟科木薑子屬的常綠落葉喬木或灌木，又名山胡椒、山蒼子，台灣原住民稱之為馬告，氣味強烈，自古以來是長江以南鄉野人家餐桌上常見的香料食材，2000年以來餐飲求新求變的需求也讓這上不了檯面的野味登上大眾及高檔餐飲市場。

的記載旁敲側擊！

那青花椒食用歷史該有多長？

答案就是：紅花椒的食用歷史有多長，青花椒的食用歷史就應該有多長！

今日，青花椒這一風味突出、個性鮮明的「野味」不只是古代平民百姓的重要調味品，更是當代新派川菜的調味「椒」品，再次證明中華飲食的創造力始終來自民間。

開始烹香調麻

目前已知文獻中漢代之前的記載以官方祭祀、飲宴相關之食物或漿酒為主，如戰國時期《楚辭‧離騷經》的「欲從靈氛之吉占兮，心猶豫而狐疑。巫咸將夕降兮，懷椒糈而要之。」《楚辭‧九歌‧東皇太一》的「瑤席兮玉瑱，盍將把兮瓊芳。蕙肴蒸兮蘭藉，奠桂酒兮椒漿。」

首見明確記載花椒入菜及調味方式則在公元二三世紀漢代劉熙所著《釋名‧釋飲食》中：「餡，銜也，銜炙細密肉和以薑椒鹽豉巳乃以肉銜裹其表而炙之也。」當中明確指出是將花椒當做調味料加入肉末中再煎炙食用。之後，魏晉南北朝（公元220-589年）的《齊民要術》（賈思勰）、《餅說》（吳均）等著作中就出現大量用花椒調味的烹飪工藝與菜品。

探索四川地區使用花椒最早的記錄，就屬唐代（公元618-907年）段成式的筆記式小說集《酉陽雜俎》可能是最早的，書中卷七的「酒食」篇記載有「蜀搗炙」的菜名，夾在一大串的菜名中，只能透過「蜀」這自古就是泛指四川地區的字，又提及「鳴姜動椒」應是形容取用薑、花椒等香料進行烹調的文字，加上蜀地一直以來就是優質花椒產地即可推測出「蜀搗炙」應是以花椒調味、具花椒風味的「燒烤」菜，這段記錄也說明花椒食用應是蜀地的一大特色，應是最早普遍使用花椒入菜的地區。

接著從花椒種植與氣味的記錄驗證，按記載於魏晉南北朝時代的梁朝陶弘景（公元456-536年）著述的《本草經集注》中「蜀椒」條目：「（蜀椒）出蜀郡北部，人家種之，皮肉濃，腹裡白，氣味濃。」可看出花椒在蜀地種植的普遍性，另相較於此書對秦椒只介紹藥性，蜀椒的「氣味濃」成了一大特點，藥性雖不如秦椒，「氣味濃」卻似乎更適合入菜，再次間接說明今日四川地區為何擁有雅安漢源、涼山越西、甘孜九龍三個貢椒產地了，再以歷史記錄產生的過程：從嘗試到習慣、傳播後形成社會特點而後被記載來看，自記錄的時間點回推，四川地區就是最早普遍將花椒入菜的地區，應該早在兩晉（公元220-589年）之時，甚至更早就發展出這一飲食習慣。

據研究統計當前已知的文獻中，

古代中國各地平均有四分之一的菜餚都要加花椒，遠高於今日各菜系菜品記錄的花椒入菜比例。花椒入菜的普及始於唐朝，高達五分之二的唐代菜餚加了花椒，或許是因唐朝皇帝來自北方游牧區，肉食比例較高，加上花椒的種植到唐朝也發展了數百年，貿易交流相對成熟有關。

從全面佔據到退縮西南

整個中國普遍使用花椒的現象持續到明朝，之後各種記錄都顯示花椒使用的普遍性快速降低，有研究指出，可能原因是明朝中後期，高產量的高澱粉作物馬鈴薯、番薯、玉米陸續傳入中國，加上農業技術的進步使得五穀雜糧全面普及食用，對肉食的需求大幅降低，能強力去腥除異的花椒需求也就跟著降低，即使如此整個明朝人仍維持三分之一菜餚用花椒調味的比例。

十六世紀明朝後期辣椒傳入對花椒入菜的衝擊可說是

↑↓蜀椒之美源自先天的優良環境。

最關鍵的，初期辣椒只做為觀賞植物，直到十八世紀清朝中期開始有食用辣椒的記錄，估計是發現辣感雖不舒服卻可掩蓋、轉移食物中不佳的味感，加上辣椒種植容易、產量大，且沒有劣質品種花椒的腥臭感，辣椒的食用風潮一下襲捲中國，很快就佔據了平民百姓的廚房，大幅的降低花椒需求，辣椒勢力到十八世紀末十九世紀初才登上四川人的餐桌，之後花椒逐漸被被留存在環境封閉、濕熱、陰冷卻是優質花椒產區的四川地區，十九世紀末清朝後期基本形成今天所熟悉的吃麻吃辣的地理分布。

花椒食用量可直接從菜餚方面的記錄看出減少趨勢外，還有歷代的林業記錄間接佐證，分析歷代方志的記錄後可發現明朝之前中國黃河流域中下游、長江流域上中下

↑經民間收藏家復原保存的菜籽油榨油坊。攝於四川 · 洪雅「中國藤椒文化博物館」。

《酉陽雜俎》卷七「酒食」篇節錄

「……曲蒙鉤拔，遂得超升綺席，忝預玉盤。遠廁玟筵，猥頒象箸，澤覃紫篝，恩加黃腹。方當鳴薑動椒，紆甦佩懺。輕瓢才動，則樞盤如煙；濃汁暫停，則蘭肴成列。……

……隔冒法、肚銅法、大？（原古文獻缺字）百炙、蜀搗炙、路時臘、棋臘、……」

《華陽國誌》－蜀誌

（蜀地）其卦值坤，故多斑綵文章。其辰值未，故尚滋味。德在少昊，故好辛香。星應輿鬼，故君子精敏，小人鬼點。與秦同分，故多悍勇。

游到東邊沿海各省都有大量的種植分布與食用的記錄、變化，這些記錄、變化恰好與漢朝至明朝記載的菜餚飲食品種的花椒使用變化、分布是相互呼應的。目前，除川菜涵蓋的地區外，還保有吃麻味傳統的地區都是零星分布，如山東、陝西、甘肅等省的部份地區，這些地區也多是歷史上記載的優質花椒產地。

總結以上的分析後可以得到一個結論，就是清朝之前，幾乎大江南北都會運用花椒入菜；清朝開始，花椒使用的地理範圍開始萎縮，到十九世紀末基本確立了今日各菜系中除了川菜外，已看不到普遍使用花椒的局勢，再經過百餘年的習慣養成，致使現代華人幾乎都是談「麻」色變。

回頭思考，在以牛、羊、豬等各種獸肉為主食的時代，去腥除異力強的花椒被普遍食用是可以理解的，但多數的地區都在改以五穀雜糧為主食

後為何漸漸拋棄吃花椒的習慣，只剩東晉‧常璩《華陽國誌》所描述「尚滋味，好辛香」的巴蜀地區對花椒不離不棄，最後被限縮在今日西南的川菜地區。

從環境及現今花椒的品種分布與品質來看，除四川地區相對封閉的環境因素外，四川花椒品種多樣且品質優良、氣味濃，從吃的角度來說，對菜餚滋味有明顯提升效果，應是維持花椒入菜習慣的關鍵因素，其道理就如今日的餐飲市場，不夠好的菜品就會被淘汰，能留在市場上肯定是質量經得起考驗。

■ 大師觀點：史正良

讀三年書也要行萬里路，見多識廣，遊歷就是你的閱歷，你就知道別人喜歡什麼東西，忌諱什麼東西！所以我現在還是希望常常出去，這樣對自己有好處，多接觸不同地方的文化，那個（思路創新）刺激要更強烈一點。

《花椒胖達說歷史》四川二千年的移民史

↑四川人最鮮明的移民特質就是排外性低，且樂於與外地人攀談。

四川的移民史要從秦朝滅巴、蜀說起，秦朝為加速巴蜀地區的發展，半強制性的移民，超過萬戶人家移居入巴蜀，估計約四、五萬人，這是四川有史以來第一次大移民；第二次是從西晉末年開始，位居北方的政局動盪，造成北方人口為避難而南遷，這段時間以鄰近四川的陝西、甘肅移民人數最多；第三次在北宋初年，與第二次因北方動盪而大移民的情況相似；第四次是元末明初，移民以湖北省為主。

第五次是清朝前期的移民入川，範圍廣及十多個省，以湖北、湖南、廣西（當時的行政區叫「湖廣行省」，管轄範圍湖北、湖南、廣西及廣東、貴州部份）移民最多，前後長達一百多年，總移民人數達 100 多萬人，今天大家熟知的「湖廣填四川」，指的就是明末清初的這次大移民。第六次是抗日戰爭期間四川因地形優勢成了抗戰的指揮中心與後勤補給的大後方，因局勢相對穩定，而吸引全國各地的百姓隨著戰爭局勢的變化而入居巴蜀；第七次是二十世紀末到二十一世紀初葉，三峽大壩的興建，因淹沒區廣泛而形成大移民，此次移民有許多人選擇落戶四川。

四川移民史真應了「天下未亂，蜀先亂；天下已平，蜀未平」的公論！

品花椒，巴蜀第一

今天說起川菜，應該沒有人不知其麻辣味，但多數人都只知道麻辣菜中有辣椒，卻不知道麻辣菜中最迷人與誘人之處是那麻香味。花椒雖不起眼，卻能為川菜添上最讓人上癮的成分。放眼八大菜系，能將花椒用的全面而讓人垂涎的唯有川菜，其他菜系多只用於除腥去異，避免出味、出麻，未能充分運用花椒的香與麻來替菜餚增添風味與滋味。

四川盆地因天然屏障與優渥的氣候、環境而形成好享樂、自成一格的社會氛圍。然而，在動亂時，這樣優渥的條件卻成了兵家必爭之地，因此二千多年的歷史中四川歷經七次大移民，每一次都對四川地區的飲食、生活、文化產生巨大衝擊。其中清朝初年的湖廣填四川，雖是用血淚寫成的歷史，卻是奠定今日川菜風格特色的關鍵。此次移民人數之多與範圍之廣空前絕後，加上當時入川的各省大

↑四川麻辣中心在成都，2017 年結束近三十年歷史任務的城北的五塊石海椒花椒批發市場曾是成都的麻辣源頭。

小官員或商人多會帶著家廚一起入川，幾個因素加在一起為四川地區的飲食習慣、烹飪工藝與食材應用的多樣化注入全新養分，成為今日川菜基礎。之後經過三百多年的融合形塑出川菜「味多味廣」的鮮明特色。

在大歷史背景下，川菜地區的烹調也就擁有了相對開放的態度，進而將傳入中國只有四、五百年的海椒香辣味與紅亮色澤吸納為川菜養分，還發現海椒香辣味與花椒的香麻味是絕配，組成川菜最鮮明的標誌性風味——色澤紅亮的麻辣味，形成中華唯一也是全世界唯一麻、辣兼備的菜系。

在四川，花椒的使用雖然普遍，但東、南、西、北各區對花椒的偏好有著明顯的差異性，以川菜市場的兩大主要城市，川西平原的成都和位於四川東面的山城重慶市就是鮮明的例子。成都不論麻或辣，多是走中庸路線，但突出香氣，所以對省外的人來說，成都的川菜相對容易接受與適應。重慶人的山城性格鮮明而豪邁，在麻、辣的要求上就是大麻大辣，味味分明，非重慶人好惡兩極。再以麻辣火鍋來說，成都麻辣火鍋滋味醇和而濃香，麻、辣滋味不強不弱，整體協調爽口，就少了點過癮的感覺。重慶麻辣火鍋滋味就不一樣了，味濃味厚、大麻大辣，整體讓人爽快而滿足，吃得滿頭大汗，吃完後多數人的感覺是：過癮！

川菜，集中華烹飪之大成

多次大移民是四川地區菜品形成口味多元化的關鍵原因，若是以餐飲酒樓的經營角度來看就是一種必然，想像一下，在移民佔多數的四川地區開門做生意，面對的是大江南北、各式各樣口味偏好的人們；另一方面，四川地區地處內陸，可用食材的變化性與特殊性不如沿海地區，廚師的創新就選擇在「味」上作文章，以便在滋味上求新求變來滿足眾口，事廚者之間同時進行著大量交流，工藝、滋味都在時間的推動、累積下逐漸豐富而完善，形成川菜「味多味廣」的鮮明特色，總結出今日川菜獨具的味型體系。

川菜味型24種經典味型的口味分布在八大菜系中是最為均衡的，從大麻大辣、濃醬厚味、微辣鹹鮮、鹹鮮適

■ **大師觀點：蘭桂均**

川菜今天沒有花椒的話，就與北方菜或廣東菜沒有太大差異；若是只加辣椒，就與湖南菜、貴州菜差不多。四川的味道靈魂是「複雜」的，如果以「味」作一個簡單比喻的話，廣東「味」若是複雜，山東「味」就是更複雜，而四川「味」是在這兩個基礎上再加一層讓人看不清的「麻」，就是複雜到了極點。原因在於，清初的湖廣、兩廣填四川，將四川的「味」建立起一個基礎。之後的數百年間，山東那邊的巡撫和北方那邊當官的，到四川來又帶了其他東西來，但花椒是四川土生土長，就是始終有這個根在裡面，讓進到四川的「味」變得更多樣而複雜，因此就有個說法：味在中國，四川是頂峰。

↑二十多年來，透過四川餐飲業與廚師的努力，已扭轉川菜上不了檯面的刻板印象。

■ 大師觀點：史正良

一個廚師若是調味品用的精而少，那這個廚師是高手；用的多而雜，就像畫畫一樣，畫的雜亂無章，就是低流水平。

↑川菜中最容易讓人誤解的菜餚恰好就是川菜的最大亮點——麻辣味菜餚，也讓許多的省外吃貨（美食愛好者）是又愛又怕受傷害。

椒鹽普通話

川菜本身就是一個美食的大熔爐，像是「川菜之魂」稱號的「郫縣豆瓣」是福州人帶進四川；四川名菜「宮保雞丁」是源自貴州人丁宮保的家廚；辣椒，四川人稱之為「海椒」，因為是從海外傳進來的，這些外來的種種最後都與四川土生土長的花椒融在一起。因此四川廚師多半不諱言他的菜品創新源頭是來自省外甚至海外，因為他們深知唯有大膽借用再嫁接在於菜之上才能為川菜創造出新養分、新可能。

口、清爽有味到幾乎沒有油鹽的清鮮原味的菜品數量分布從少到多再到少，十分符合人們在味覺上求變的需求，如此多元口味更是川菜宴席講究菜品滋味起承轉合的重要底氣。因此鮮、香、麻、辣、甜、苦、酸、鹹，不論你是偏好何種口味，在川菜中都能找到足夠多的菜品滿足您的味蕾，也是中華烹飪行業都說「川菜是滲透力最強的菜系」的主因。

相較之下，沿海菜系除了陸地上跑的、江湖裡游的，還有汪洋大海與世界貿易帶來極大量意想不到的食材可用，如魚翅、鮑魚、燕窩等名貴食材，在物以稀為貴的社會價值認知下，稀有性更容易產生高檔的印象，這一特點最明顯的菜系就屬粵菜，魚翅、鮑魚、燕窩幾乎快與粵菜劃上等號，加上廣東是較早發展國際貿易的地區，與國際接軌的早，成菜的形式較為新穎或西餐化，更加深人們對粵菜就是高檔菜的印象。

基於上述背景因素，餐飲行業中就流傳著半開玩笑的說法：凡五星級的高檔飯店、酒店就一定會有粵菜餐廳，但只要有人的地方就有川菜館！因為大眾的印象中只有粵菜撐得起「高檔」之名，有人就有川菜則是將川菜的大眾、親民特點一語道盡，也點出川菜形象較市井，上不了檯面。這三十年來，透過四川餐飲業與廚師的努力，已扭轉上不了檯面的刻板印象，也見到許多突破、提升。

回到享受生活、享受美食的角度，四川這在歷史上或近百年都是大移民的省份，所孕育的川菜擁有將平凡食材變成誘人佳餚的烹飪工藝與調味功夫，可以化平凡為絕妙，即使吸納了大江南北的烹飪工藝與調味功夫，然環境不變的封閉、濕熱、陰冷，致使巴蜀地區「尚滋味，好辛香」的偏好始終沒有被改變，反而改變了許許多多進入四川的人們，花椒二千多年不變的使用傳統就是明證，維持這一花椒使用傳統的根本還是四川花椒的質、量俱佳，除了味美入菜，還能有芳香健胃、溫中散寒、除濕止痛的食療效果，讓每個移民入川的人們不容易受環境的濕熱、陰冷所侵襲。

今日川菜滋味包含了鮮、香、麻、辣、甜、鹹、酸、苦、沖，工藝涵蓋了大江南北的煎、煮、炒、炸、燒、燉、燜、燙、烤、炕、烙、滷、燻、醃、漬、泡，變化出24個經典味型，可說不論從味的廣度、工藝的豐富度來看，大移

民所融合出的川菜百味確實將中華烹飪融滙於一地並集其大成，更成了適應性最強的菜系。

凡事有利必有弊！川菜因烹煮手法多、調味妙、創新力強、思路開闊，常化腐朽為神奇而讓人驚嘆，但也讓現代人拿著放大鏡檢視經過川菜廚師烹煮過的「腐朽」之物，即平凡食材，是否被動了手腳，加了不該加的東西，而使得川菜一直難以晉升為讓人尊敬的「高檔」菜系。

該如何扭轉，很簡單，將川菜美味的知識普及化並將其中最獨特、奇妙的花椒香、麻，或是説令有些人恐懼的椒麻味的神秘面紗揭開，讓大家明白川菜之精髓在於一個「妙」字，綜合工藝妙、用料妙、調味妙等進行轉化，形成妙滋味，而其中最獨特的「妙」滋味當是源自最奇妙的辛香料——花椒，相信只要掌握了花椒運用知識，自然可以理解川菜的真正精髓：「美妙佳餚是拿來享受的，麻辣香則是讓享受的層次更加豐富」。

花椒處處有，頭香屬四川

植物學上花椒屬這一家族主要分布於亞洲、非洲，北緯 23.5~40 度之間的亞熱帶上，以大陸的分布最廣、最多，可説除西北外幾乎都可見花椒屬的植物，直到明朝都是普遍性的食用，今日花椒的食用限縮在西南川菜所涵蓋的四川、重慶地區食用得最普遍，而甘肅、陝西、河南、山西、山東都保有少數突出花椒風味的特色美食，如甘肅的「臊子麵」、陝西的「煳辣湯」、山東的「熗腰花」等。但因比例極低反而成為這些省份主流風味中的特例。雖是如此，花椒在各菜系中的使用還是存在，只是都「隱形」了，用在帶有明顯腥異味的山珍海味上，只用於去腥除異。

雖説，花椒的使用限縮在西南，但論及花椒的經濟種植分布還是相當廣，基本上全大陸都有分布，東北三省、河北、河南、山東、甘肅、陝西、江蘇、江西、湖北、四川、雲南、福

←位於古蜀道上，廣元劍門關有天下第一關之稱，自古就是往來中原與川西盆地的必經之處。

◆ 花椒龍門陣

歷史上,漢朝、晉朝人認為的西南範圍比今日的範圍大,武都、漢中等地區在當時都屬西南地區,因此廣義的「蜀地」範圍含括到今日的甘肅隴南武都與陝西漢中地區,所以歷史意義上的「蜀椒」分布比今日熟悉的四川地理範圍要廣一些,另一方面「秦椒」的分布範圍也跨到上述的區域,或可推論「秦椒」、「蜀椒」在隋唐之前應是屬於同一花椒的兩種說法或商品名。

建等地均有栽培,花椒品種各有不同,有些地方以藥用花椒為主,若是聚焦在純供食用調味的花椒,並以具有普遍規模化種植的角度來看,紅花椒部份主要產區集中在四川阿壩州、甘孜州、涼山州、雅安市等,甘肅隴南市的武都、文縣,天水市的秦安,山東的萊蕪市,陝西的寶雞市鳳縣、渭南市韓城,山西運城市的芮城等地。

青花椒的規模化經濟種植分布範圍集中在四川、重慶、雲南,相對集中,主因是青花椒從 1990 年才開始被普遍使用,特別是四川、重慶地區,目前全大陸都有使用,主要市場為川菜為主的餐館酒樓或四川麻辣風味的加工食品,目前種植規模較大的有四川北部的綿陽市、巴中市,東部的達州市,南部的涼山州、自貢、瀘州市、眉山市、

↓涼山州金陽縣的青花椒基地。

樂山市等，重慶市的江津、酉陽、璧山，雲南的昭通市等等。

　　四川、重慶地區為對花椒風味有著強烈偏好，因此花椒使用上比其他省份重視風味的良莠與差異，加上多樣化的氣候、地理與土壤等因素及優良花椒品種原生地，形成四川、重慶地區花椒風味多樣化的特色，孕育出了著名的茂縣大紅袍花椒、漢源青溪椒、冕寧南路椒、越西紅花椒、金陽青花椒、江津九葉青花椒等等各具風味特色的花椒，其中漢源青溪椒、越西紅花椒、九龍紅花椒更在不同的朝代裡成為貢椒而聞名天下。漢源青溪椒是自唐代元和年間就被列為貢品，連續進貢一千多年到清朝後期，在清溪鎮還留有「免貢碑」；涼山州越西紅花椒則從宋朝開始，有

被管轄到就進貢，斷斷續續進貢而成為遠近知名的貢品；更偏遠的則是清朝時被納入版圖後多次進貢的甘孜九龍紅花椒。

　　在時間的考驗與市場的淘選下，四川、重慶地區的花椒在人們的心目中與味蕾上的地位已難以撼動，因具有其他產地花椒所沒有的多樣性與美妙滋味，加上川菜的多元應用，只要是產自四川的花椒都可說是花椒市場中的高檔花椒。

◆ 花椒龍門陣

2017 年 11 月 15 日在四川省首次發布據省林科院等單位多年調查繪製的《四川花椒適生區劃》，明確指出從攀枝花市、涼山州到四川盆地的丘陵區，另從茂縣延伸至漢源縣一帶的乾旱河谷地為最適宜種植花椒區域。

本書 2013 年版中依據多年采風考察後繪製的的花椒種植區分布圖（見下圖），與四川官方在 2017 年發表的「花椒適生區劃」高度重和（參見下方報導連結），再次驗證本書在花椒研究的價值。

←「花椒適生區劃」參見2017 年報導：《《一圖看懂四川哪裡最適合種花椒？專業回答來了！》》，網址：https://sichuan.scol.com.cn/ggxw/201711/56029

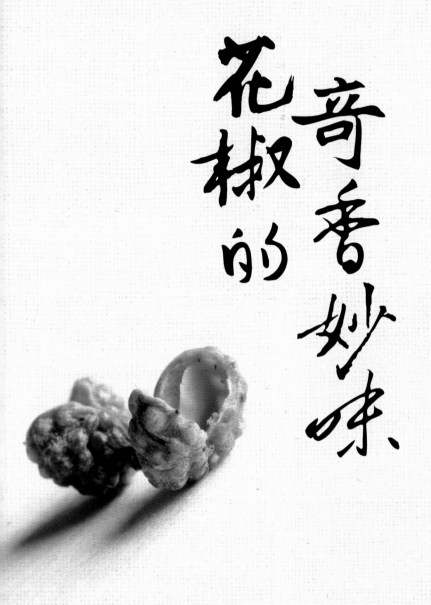

花椒的奇香妙味

如何描述花椒的奇香與獨特的麻味？

關鍵在找出可以類比或描述花椒風味的各種常見、熟悉的

香氣、滋味或字詞，能描述才能傳播、才能被認識！

本篇歸納、建立花椒風味模型，由多數人熟悉且可以想像、揣摩的

22 種香味、滋味及 15 種風格感覺與麻感描述所組成，

認識花椒風味模型、依循簡單技巧，您也能掌握花椒風味特點。

SICHUAN
PEPPER

花椒的香味、麻感和滋味對許多人來說十分陌生！

花椒香氣可說是一種奇香，能讓人兩頰生津、爽神開胃，又有一種似曾相似的感覺。在台灣，多數人沒接觸過花椒，在分享介紹花椒的過程中，香氣的部份幾乎得到九成以上人們的接受，甚至表示說這香氣太美妙、驚為天人。這樣的回饋讓我發現花椒的推廣，包含川菜地區，香氣都應擺第一位，香氣可讓不熟悉花椒的人們產生好感，降低對麻感的恐懼。

相較之下，花椒麻感就是需要時間熟悉、習慣的部份，目前已知的食材中應只有花椒具備明顯到強烈的麻感，分享的過程中發現也有些人對這種獨特麻感上癮。雖說同屬芸香科的柑橘類果皮也有相同的麻感，卻十分輕微，即使入菜調味，也因用量少而嚐不到麻感，長時間陳製而成的陳皮則完全沒有麻感。

花椒還有一個獨特滋味就是香氣中夾有一股「野腥味」，特別是品種、產地都不佳的花椒，這「野腥味」類似抓了一把野草或藤蔓後留在手上讓人不舒服的味道，濃度較高，對有些人來說會產生噁心感。因此好花椒品種、產地的基本門檻就是花椒中的「野腥味」很低，多數人感覺不到，或只覺得有一股香味。有趣的是少了這「野腥味」一些愛上花椒的人會覺得花椒沒勁！

花椒麻感

讓花椒具有個性的香、麻風味成分在一般情況下約佔花椒重量的 4% ～ 7%。其中花椒香氣成分一般統稱花椒精油（essential），為芳香油（aromatic）中的一類（化學和醫學領域稱揮發油 volatile oil）），屬於分子量小、易揮發的物質，主要成分包含　類化合物和芳香族化合物，這兩類化合物主要有芳樟醇、檜烯、β 月桂烯、α- 蒎烯、檸檬烯、α- 苧酮、α- 苧烯、4- 松油醇、β- 蒎烯、香葉醇（牻牛兒醇）、α- 異松油烯、α- 松油醇、橙花椒醇、乙酸芳樟酯、胡椒醇、β- 苧酮等，加上許多微量成分，不同花椒風味的差異就是所含化合物比例的不同。

構成花椒關鍵麻感的成分則統稱花椒麻味素（屬鏈狀不飽和脂肪酸　胺），有兩花椒　胺、崖椒　胺大類，細項成分為 α- 山椒素、β- 山椒素、γ- 山椒素、α- 山椒醯胺等多種醯胺類成分及具有揮發性的辣薄荷酮、棕櫚酸等成分。

什麼是麻感？

麻感究竟是怎樣的感覺？在生活中可類比而接近的感覺就是毛刷輕刷皮膚的感覺，不同粗細毛刷產生粗糙或細緻的不同刷感，而花椒的麻感也有類似的對應，有粗糙的明顯麻感，也有細緻的溫和麻感。

在目前已有的感官實驗中，以低電壓、頻率每秒 50 赫茲的電刺激皮膚的刺麻感覺，多數人覺得與花椒造成的唇舌麻感相近，但一般人沒有儀器來體會那感覺。但對於有過拔牙打麻藥經驗的人來說就容易揣摩了，與退麻藥時有點脹脹的加上綿密的顫動感或微刺感相似；另一個可揣摩的狀態就是當手腳因為姿勢關係造成血液循環不良短時間麻痺時的麻感，只是這麻感是在唇舌之上。

當前常說的花椒「很麻」實際上是混淆了麻感與麻度，把麻感明顯與麻度強都稱之為「很麻」！按上述的電刺激實驗來說，麻感相當於振動頻率，是粗糙或細緻的感覺差

異，麻度則是電壓高低，是一個強弱的概念。中、低麻度在唇舌間是種有趣的體驗，高麻度就不一樣了，多數人的喉嚨、氣管會產生痙攣感，是種不舒服的感受，因此高麻度花椒無法像高辣度辣椒一樣帶給人強烈的過癮感，更多的是恐懼感。

花椒的麻感不算是刺激性的感覺，與極輕微的辣感相似，但引起的成分及感覺有本質上的不同，辣椒素產生的辣感對人體來說是燒灼感，花椒麻味素引起的麻感卻是真實的麻醉效果，與辣椒素恰好相反，花椒能鎮痛的原因就在此。所以用醫療的麻醉感描述花椒麻感會更接近吃花椒的真實感受。

雖說花椒麻感非純粹刺激性感受，但對沒嚐過的人來說是一種十足的「怪異感」，強烈建議第一次嚐花椒時，先極少量的食用。若是整顆入口，嚼個 5-7 下就要吐出，不管有無感受到花椒麻感，因花椒麻度是慢慢增加的，等有感覺才吐出來，1-2 分鐘後的最終麻度對第一次嘗試的多數人來說是十分難受的；粉狀花椒則較好控制，一般來說食用量大約是牙籤尖的量就足以體驗，一般是入口後大約 5-15 秒才會出現麻感，若覺得可以接受再試著增量。

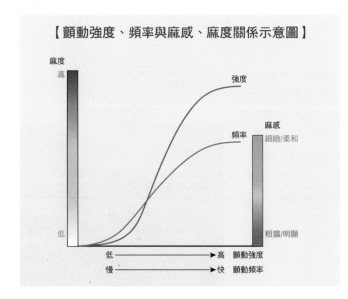

【顫動強度、頻率與麻感、麻度關係示意圖】

麻感使辣感變柔和

多數人對花椒的理解是來自麻辣味型菜品並想當然爾的將花椒歸到增加刺激感的這個位置上，加上花椒麻感也的確具有輕微刺激感，更讓「花椒會強化刺激感」的「想當然爾」變為成見，形成出了川菜地區花椒就幾乎成為川菜的代名詞的現象，隨便一道菜裡出現花椒，肯定有八九成以上的人說這是川菜，更可惜的是花椒在省外真就只是「出現」在菜裡，不太起調味作用，更多與在盤上寫「我是川菜」是一樣目的。

這樣的結果是來自對花椒的誤解，經十多年花椒的研究與感官分析發現，除了普遍熟知的去腥除異、增香添麻外，花椒對辣椒進入四川後具有獨特而絕對的關鍵作用是「和味」！

據前四川烹飪專科學校熊四智教授指出中菜最核心的烹飪哲學就是「和」，調和萬物萬味以適口，即適合送入口中並滋養人身，川菜也自然承襲這一烹飪哲學，也就得出川菜偏好花椒入菜的原因除花椒風味優異外就是調和辣味菜的辣感，「調和辣感、柔和辣度」讓辣味菜更加「適口」，同時讓川菜的辣感獨具特色，我們可稱之為「川辣」——刺激過癮而舒服的辣。

最常見的花椒屬植物

鰭山椒，又名胡椒樹，原產於日本小笠原群島、琉球，植株低矮、枝葉密集、葉小帶蠟質亮感、刺少易修剪而成為景觀用樹，也就常出現在都市的公園及街道綠化，春季開花，初秋果實成熟轉紅，果實帶獨特的花椒野香味，也會麻口。

調和辣感、柔和辣度

從感官的角度來說，花椒的麻感確實與辣椒的辣感有其相似之處，但對感覺神經的實際影響卻是不同的，辣椒的辣椒素對痛覺神經的刺激會有疊加作用，也就是辣椒素越多，辣感，即痛感，越強烈且幾乎無上限，這一強烈痛感會大大影響我們對滋味的感受力，同時對皮膚及整個消化系統都有刺激的作用，這也是吃太辣造成腸胃不舒服的主因。

花椒的麻味素對感覺神經的刺激是有上限的，其上限約等於微辣感，在唇舌間呈現一種微刺感的低頻顫動，據研究其頻率大約是每秒 50-60 次，這感覺就是所謂的「麻感」，但麻味素的另一個作用也同時產生，即「阻斷痛覺」，這阻斷效果不是非常大但足以讓我們感受到因辣椒素造成的痛感降低，且麻味素阻斷痛覺之餘只會輕微影響

味蕾對滋味的感受能力，因此所謂的麻到什麼味道都吃不出來的其實主因是辣椒素，高辣度的菜其辣椒素影響力可佔九成以上，這時花椒幾乎沒太多影響力，主要作用在「調和」辣味菜餚、降低辣度，使菜餚更容易入口。

中醫藥理指出花椒具有「溫中止痛」的效用，現代病理研究也證明這一效用，指出花椒麻味素的主要成分花椒醯胺具有麻醉、興奮、抑菌和鎮痛的效果，多種芳香烯成分具有抗發炎效果，因此花椒在辣味菜中除「和味」作用，更進一步抑制、中和了消化系統因辣椒素強烈刺激可能發生的疼痛或發炎反應，可以說加了花椒的辣味菜餚才具備較不傷身的「適口」性。

【花椒對辣味影響圖表】

辣度 高

高辣度辣味菜

中辣度辣味菜

低辣度辣味菜

不加花椒

加花椒

低

短 ⟶ 長　辣感在口中出現的時間

↑花椒對辣味影響示意圖，可看出花椒可以將辣味感受延遲，也就是辣感較慢出現或變得柔和，這一辣感成就「川辣」的最大特點。紅線為不加花椒，綠線為加了花椒。

有花椒味才是川辣

花椒烹調得宜可為辣味菜餚增香並展現獨特的香辣、麻辣、酸辣或鮮辣味感，才是極具特色的「川辣」。體現川辣增香效果首選優質品種新花椒顆粒，越新的花椒香氣越足，其次是入鍋炒香的油溫、時間，一般四到五成熱（125-145℃）下花椒顆粒、辣椒炒至略轉紅褐色並出香後即可加入主料，成菜香味濃、辣感輕或無，十分可口，避免炒製時間過長讓花椒釋出苦味或造成焦黑敗味。

想獲得川辣獨特麻辣感則應先選定品種以確定麻感風格，考量烹調工藝及煮製時間以選擇使用原顆粒或粗細粉以確保有足夠的麻味素緩和菜品入口瞬間的尖銳辣感，花椒顆粒的麻感、苦味釋出慢適合烹煮時間較長的菜品，花椒碎或粉越細麻感、苦味釋出越快適合烹煮時間較短的菜品並且要精準掌控火力、時間以避免燒焦。使用花椒碎或細粉的菜品也可採熱油激出香麻味或起鍋前後再撒入的方式調味。可說川菜辣味菜品迷人之處就在經花椒調和後的川辣適口性，過癮、舒服，控制好花椒香麻味的釋出才是掌握川菜的川辣精髓。

此外川菜中鹹鮮不辣、不需出現花椒味道的菜品也因

花椒獨具特色，通常給人一種濃郁、乾淨、爽口而鮮的味感，原因就是這些菜品也普遍加入花椒取其去腥除異的作用並利用微量的花椒本味、苦澀味改掉菜品的膩感而後產生專屬於川菜的鹹鮮味感。實際烹調時，湯品類通常只需加入湯品總重量約 1/3000 的花椒粒即可有去腥除異並改變味感的效果，例如一般 4-6 人份的湯量放個 3-5 粒花椒即可；若是菜品，量就要多一些，大約 0.5% 至 1%，因為菜品烹煮時間通常較短，花椒去腥除異成分無法充分釋出，要以花椒量彌補烹煮時間短、有效成分釋出少的問題。

植物分類學源自生物分類學，遵循分類學原理和方法對植物的各種類群進行命名和劃分，以便於確定不同類群之間的親緣關係和進化關係，生物學上的分類層級為界、門、綱、目、科、屬、種等，如花椒為植物界被子植物門雙子葉植物綱芸香目芸香科花椒屬，柑橘類水果則是植物界被子植物門雙子葉植物綱芸香目芸香科柑橘屬。

花椒風味模型

建立風味模型

後面我們將會把花椒的風味歸類出「柚皮味」、「橘皮味」、「橙皮味」、「萊姆皮味」和「檸檬皮味」等五大味型！為何都是用柑橘類水果類比？答案就在接下來要說明的風味模型概念與建立方式。

風味模型的概念可用一句話概括：用熟悉的味道類比、詮釋、分析不熟悉的味道。

概念很簡單，要建立就很難，必須累積夠多的植物學、種植技術、烹飪技術、歷史文化等知識與夠多的花椒味覺經驗，從樹上到桌上各個環節的味覺經驗，才能建立一個具有通用性價值的風味模型，這就是為何要花五年的時間才能得出這一看似簡單的花椒風味模型。

以花椒來說，植物分類學定位為芸香科花椒屬的植物，而柑橘屬的植物也歸在芸香科之下，植物學分類嚴謹，因此同科下就會具有相近的進化關係，若是同屬則具有一定的親緣關係，因同科而有相近的進化關係，其感官上的風味組成化學成分就有共性，差異性則在比例的不同。

因此，基於人們對柑橘風味的熟悉度，再與五年來所累積足夠多的花椒味覺經驗比對，才確定使用柑橘風味作為基礎，建立可描述花椒風味的風味模型。

舉例來說，花椒皮與柑橘皮所含的主要精油成分都有檸檬烯、α-蒎烯、β-蒎烯、月桂烯、α-松油烯、芳樟醇……等等，但聞起來卻有明顯的不同，關鍵就在組成的比例不同，以花椒皮與柑橘皮芳香味成分佔比最多的成分來說，花椒以芳樟醇為主，檸檬烯的含量只有芳樟醇的 1/5 左右（依產地、品種而有不同）；柑橘皮以檸檬烯為主，芳樟醇只有檸檬烯的 1/8 左右（依產地、品種而有不同），精油成分組成比例完全相反，氣味的主從關係顛倒，在感官上就有著明顯不同的味感風格，而我們多數人的嗅覺敏感度都能在花椒的氣味中找到屬於柑橘皮的味道，這些理化分析知識就是風味模型的核心理論基礎，「以熟悉的味道詮釋不熟悉的味道」的概念就有了科學基礎，不是單純主觀的感官認知。

◆ 花椒龍門陣

花椒上的凸起就是油泡，又稱油胞，一般來說油泡大、多且密集的味道較濃、較麻，濃的是好味道還是壞味道就看產地與品種。

花椒的顏色與味道好壞之間有關聯但非絕對，產地與品種才是關鍵，花椒顏色與成菜後的視覺效果較有關係。基於色、香、味要俱全的選購心理，花椒的最基本的分級方式就是顏色，顏色好的等級高，價格也相對高些。

因此，今天要認識不熟悉的風味，就要從不熟悉的風味中找出熟悉的味道來，並加以描述。當前飲食領域的各種風味品鑑，如茶、酒、咖啡甚至是菜品的品鑑都是運用相同的概念，然而，中菜最大的問題就是到今日都還未建立一套具普遍適用的風味模型體系，間接造成中菜在傳播上的無形障礙，無法用普遍可以理解的形容詞或為世人所普遍認識與熟悉的風味來描述中菜的風味特點，讓不同飲食文化圈的人們可以簡單、快速的初步理解中菜。

花椒風味模型

不同產地的同品種花椒的差異性，就和菜餚烹調一樣，同樣的三椒、三料、油鹽醬醋（花椒需要的基本養分）到了每個人（不同產地）手裡，做同樣一道菜（同品種花椒），成菜基礎味道相去不遠，但細部的滋味就是有差異，風格就來自細微的差異！更何況是不同菜品（可類比為不同品種）。

認知到不同品種、產地的花椒有差異性後就是將可用以形容花椒的各種香氣、滋味、特點的熟悉風味與形容詞，並給出適當的定義，而後才能建立一套可供分析、描述、辨別花椒香麻味的風味模型。經過近五年，密集的遊走在各花椒產地，累積上千次的味覺經驗後，歸納出以下多數人可以想像或能找到對比的 22 種氣味及 15 種風格感覺與麻感描述，透過組合就能簡單的想像、揣摩不同品種、產地花椒風味大概風格特點，特別是很少或未曾接觸花椒的人們。

建立風味模型前必須先定義花椒的本味，或說花椒的基礎味，主要在於本味是花椒所獨有，是無法用其他單一味道來類比的混合性氣味，而具有某種風味的花椒就是指在花椒的本味中，你所能聞到或感受到的額外且明顯的氣味！花椒本味按主要品種可區分為西路椒、南路椒及青花椒三大類。

西路椒本味：是一種獨特且混合著木香味、木腥味與揮發性感受的氣味，入口後具有不同程度的麻感與苦澀味，多數西路椒的揮發性氣味明顯或突出。（左圖❶）

南路椒本味：一種獨特且混合著輕微木香味、乾柴味與一定的涼香感及輕微的揮發性感受的風味，入口後具有不同程度的麻感與苦澀味，伴隨明顯的清甜香或熟香味。（左圖❷）

青花椒本味：是獨特且混合著草香味、薄荷味、藤腥味與揮發性感受的風味，入口後有不同程度的麻感與苦味與澀感。（左圖❸）

■ 大師秘訣：蘭桂均

「味」分成「自然之味」、「自然調和之味」、「調和之味」，這是什麼意思呢？「自然之味」就是原料自身的美好味道，這種的味道不要去改變它，就像法國貝隆生蠔，滋味鮮明，就像經過海灘一樣，具清新的味道。而「調和之味」與「自然之味」中間有一個過渡階段，就是「自然調和之味」，例如，伊比利火腿（西班牙火腿 Jamon iberico）、金華火腿、豆瓣、豆腐乳等等，它是經過人工調和之後，再進行發酵，這個都是調和後的自然之味。而「調和之味」，則是指直接由調味料調和的好滋味，中華廚師最強的是調和之味，又能在調和之味時尊重自然之味來進行烹調，以這角度來看，中國人在調和之味和自然調和之味方面實屬非常優秀的。

乾花椒果皮結構

外皮：外果皮即花椒最外層的果皮，具有獨特氣味、滋味。

油泡：學名疣狀突起腺體，又稱油胞，一般來說油泡大、多且密集的花椒味道較濃、較麻。

內皮：指外果皮裡面內卷的一層白色皮，具韌性，花椒苦味與澀味主要來自內皮。

開口：花椒果乾燥後會自然開裂以便將種籽推出，開口大小受果實成熟度及乾燥過程影響，通常開口大、不含花椒籽的花椒品質較佳。

花椒籽：又稱椒目，圓形、黑色、有光澤。無明顯風味、口感差、不適合食用，可藥用即提取油脂，買到的花椒中花椒籽越少越好。

柑橘類果皮結構

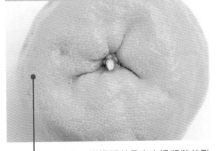

油囊：柑橘類外果皮中透明狀的點稱之為「油囊」，多數揮發性的香氣成分被儲存在油囊中。一般來說油囊越飽滿柑橘的氣味越芬芳。這一特性也適用於花椒外皮的「油泡」，油泡越多越飽滿，花椒風味、麻感越豐富。

外果皮：外果皮即柑橘類最外層的果皮，具有獨特氣味。

中果皮：又稱白皮，指外果皮裡面的一層白色海綿層，因為品種不同，厚度差異很大，多數會有明顯的苦香味與澀感。

/ 花椒風味之類比氣味 /

包含 22 種香味或氣味，15 種風格感覺與麻感描述，都是多數人可以想像或找到對比的：

橘皮味	指椪柑、橘子這類水果果皮的香氣，及其果皮帶有精油類的揮發性香味。
桔子味	這裡主要指青皮桔子和金黃皮桔子的桔皮所具有之純正的清新風味，加上其果皮帶有的精油類的揮發性香水味。
橙皮味	指柳橙皮的清新甜香味或熟成的甜香味，加上其特有的精油類的揮發性香味。
柚皮味	以青綠成熟前的青柚綠皮和白皮所具有的濃郁氣味，及其果皮散發的揮發性精油類香味或是摘下後經陳放熟成，綠柚皮轉為黃綠色時的熟成香氣風味。
萊姆皮味	主要指新鮮的青萊姆綠皮和白皮上具有濃郁濃縮感的綜合性苦香氣，及其果皮所帶有的精油類濃縮揮發性香味。
檸檬皮味	主要指新鮮、爽神的青檸檬綠皮的鮮香感或黃檸檬皮的花香感，帶有濃縮的氣味感及其精油類濃縮的揮發性香味。
陳皮味	柑橘皮經曬乾後就稱之為陳皮，因此陳皮就會呈現出像是陳釀、發酵過後的橘香氣，不同於新鮮橘皮的鮮香。
花香味	泛指各種讓人愉悅，可聯想到花香的味道。
果香味	這裡泛指多種水果的綜合性味道。例如在水果攤所聞到讓人舒服的水果味道。
甜香味	指糖果、蔗糖、冰糖之類所散發出、可明確感覺有甜感的氣味。
莓果味	泛指熟甜的草莓、黑莓等的芳香味道，一般具有類似釀製或發酵熟成的風味。
薄荷味	指一般薄荷葉所呈現的鮮香感、涼爽感。
草香味	泛指清晨草地散發的、令人感到舒適的氣味。
木香味	泛指令人感到舒適的乾燥或剛鋸開的木材氣味。
揮發感香味	就像聞香水、好酒時所感受到的那一股因芳香成分強烈揮發所帶出的愉悅氣味感，有種從鼻腔上沖到腦門的感覺。
揮發感腥臭味	有如聞到純酒精、煤油或具揮發性的化學藥劑所散發的那一股帶嗆且讓人感到厭惡或噁心的氣味感，從鼻腔上沖到腦門的感覺強烈。
乾柴味	乾燥，沒有霉腐也不讓人厭惡的木材味。
乾草味	枯死、乾燥且沒有霉腐的野草味。
木耗味	陳腐老舊而讓人厭惡的木材味道。
木腥味	生鮮木本植物剝去外皮後讓人不舒服的揮發精油味道。
藤腥味	野外攀藤植物搗碎後讓人不舒服的味道。
油耗味	食用油過度加熱或放置過久變質氧化的味道，或是廚房油垢的味道。

除了前面介紹，相對具體的味道外，還有一些帶主觀性的風味感覺也是常常會用在比喻和描述花椒風味上，雖非具體味道，但對花椒風味的個性確立有一定的幫助，也有助於在烹調時快速掌握花椒的調味效果或成菜後的風格；當嘗試對菜品做創新或完善時也可以減少錯誤嘗試的次數。

/ 風格感覺與麻感描述 /

一共有 15 種，如下：

涼香感	香氣中帶著薄荷的涼爽感，是讓人舒服而涼爽的香味感。
香水感	帶有甜蜜感、讓人舒服而愉悅且具有揮發感的香氣感覺，就像聞香水一樣。
生津感	受花椒香氣、滋味刺激而產生像美食在口中，大量分泌唾液的狀態。
回甜感	指在苦味或澀味之後，口腔中隱約產生的甜香感，多半產生於喉嚨或鼻咽處，少數產生於舌根處。
粗獷感	味道變化大或層次感強烈。麻感通常是鮮明的尖銳感，像粗毛刷刷皮膚的感覺。屬個性強烈的感覺。
俐落感	味道變化明快或層次鮮明。麻感是明顯的顫動感，像細中帶粗的毛刷刷皮膚的感覺。為風格鮮明的感覺。
典雅感	味道變化鮮明或層次感適中。麻感細密適中，像細毛刷刷皮膚的感覺。整體呈舒適的感覺。
精緻感	味道變化細膩或層次柔和而豐富。麻感綿密舒服，像柔毛刷刷皮膚的的感覺。
清爽感	頓然放鬆、清新舒服的感覺。
爽神感	整個精神覺得十分來勁與愉快的感覺。
涼爽感	環境溫度不變，卻有涼快放鬆的味覺或感覺。
爽香感	讓人感到過癮且愉快的香氣感覺。
野味感	一種身處在原始大自然中、原始而怡人的感覺。
濃縮感	指上述定義的各種香味、滋味，無論輕、重、濃、淡，能瞬間給人強烈、明確的味感，像是被濃縮過一般，但不等於濃郁感。
濃郁感	指上述定義的各種香味、滋味有一定濃度，能給人厚實、化不開的味感。

五種基本花椒風味味型

四川、重慶地區的花椒品種可説是全國品種最多樣化的地方，優質品種也多，其源頭為花椒屬中的三個種，因地理、土壤、氣候等因素在多個地區特化成所謂的品種，三個種分屬紅花椒與青花椒二大類，紅花椒中有兩個主要品種，一為西路椒，植物學上為花椒種（Zanthoxylum bungeanum），以茂縣大紅袍花椒為代表；二是南路椒，植物學上為花椒亞種（Zanthoxylum bungeanum var. bungeanum），以漢源清溪花椒為代表。當前經濟種植的青花椒不論是低海拔品種還是高海拔品種都屬於植物分類學的竹葉花椒種（Zanthoxylum armatum DC.）下的多個品種，四川涼山州金陽青花椒及重慶江津九葉青花椒是代表性品種，

◆ 花椒龍門陣

采風過程中發現一個不為大家熟知的雷波青花椒品種，也屬食用的青花椒且只在涼山州雷波縣廣泛種植，但風味及樹型特徵和金陽青花椒、九葉青花椒都有明顯不同，或許是獨立的品種或是植物學上的亞種，品種歸屬需植物學家做進一步的確認。

↓貫穿漢源縣境的雅安－西昌高速公路。

謎一般的花椒風味

當前花椒經濟種植中可被確認、符合「美味」之植物分類學意義上的種主要有「花椒種、花椒亞種、竹葉花椒種」等三個種，藥用或極少數人使用的「種」不在本書中討論，加上實際種植端因為欠缺系統性的調查、研究，致使當前的品種名沒有嚴謹的定義與規範，市場中熟悉的花椒名實為商品名，部份在約定俗成下可視為品種名，但因近十多年的濫用逐漸失去意義，如大紅袍花椒、貢椒、九葉青花椒、金陽青花椒、雲南椒、鳳椒、小紅袍、油椒、獅子頭、梅花椒、禮品椒等都是為了種植推廣或銷售需要而取的商品名，在市場中形成大量同名卻不同花椒品種的現象極為普遍，加上花椒的長相差異小、同名不同品種，甚至不同「種」的問題現今成了常態，不只認識有困難，研究更加困難。

花椒經每個產地長時間的種植，因地理、氣候、土壤等因素獨特化後，致使近親之間也有明顯的風味差異性，在市場上被取不同的名字銷售或當成不同品種推廣，名字混亂的歷史問題，致使當前的各種研究都未對各個產地的品種、對應植物分類學上哪一個「種」作出明確梳理與認定，個人在植物學、林業學上雖無能為力，依舊試著利用有限的知識、資料與實地採集的樣本及采風中做粗略的釐清與認定，才能讓所架構的風味模型分類方式有足夠的科學基礎，即使有錯誤也應是可被修正的誤差，可在持續的研究中完善。

風味模型分類方式是建立在將花椒拿來「食用」的基礎上，迷人的花椒香氣、如謎般的滋味、麻感就有了烹調與食用、生活應用及向新市場推廣的可能。

↑傳統的敞開式的花椒販售模式方便了品質、風味的確認，但不利於風味的維持。

■ **大師秘訣：蘭桂均**

真正的鮮味是很淡妙的。說實在，中菜的酸、甜、苦、辣、鹹五味裡面沒有鮮味，因為味道裡面最脆弱的就是鮮味。像這道「功夫鯽魚湯」的鮮味是魚自身的鮮味，很輕卻讓人回味無窮，它不是人工增鮮劑的鮮味。現在很多人吃到某個菜就說：哇！好鮮啊！我就要笑，他們吃的多半是增鮮劑。

氣味保存難

每年農曆 5 月到 9 月依序是青花椒、西路椒、南路椒的產季，部份地理位置的因素會提早或延遲，剛收成的新花椒氣味最豐富、差異性也大，花椒風味的鑑別與分類方式主要建立於氣味上，然而近十餘年密集接觸花椒的經驗或是花椒保存試驗的結果都發現花椒氣味隨時間變化的速度相當快，若是完全敞開的狀態，即使是陰涼乾燥處也只要二至三個月，其氣味的豐富度要比剛曬乾的花椒少了一半以上，因此花椒風味類型的辨別對於陳放較久或儲存條件不佳的花椒來說就有難度，麻感、滋味的變化較慢，透過口嚐還是具有相當足夠的辨識度。

花椒氣味的快速衰減，加上自古偏好產於大山的紅花椒，長途且長時間的運輸致使到了城中後花椒氣味差異已經不大了，形成今日的川菜擅用花椒的滋味、麻感及少部份氣味，未能掌握新採收花椒最具魅力的

豐富香味，其他菜系更不用說了。花椒氣味的消失從剛採收時的高揮發性鮮香氣開始，即使充分乾燥加抽真空後密閉也只需一個月左右就消失，可見鮮香氣除了揮發之外還會裂解、降解；接著就是低揮發性的香味與腥異味消減，一般是 3 至 6 個月就能減少 40%~60%，有些氣味則是會轉變成為熟醸的味感，實際要看保存狀況。在今日保存技術十分多樣加上運輸時間極度縮短的條件下，應進一步開發花椒香氣的運用。

雖然短短幾個月的時間花椒的氣味豐富度會大幅下降，但麻感與滋味依舊豐富飽滿，用於烹調還是滋味滿滿，相較下各種花椒之間的風味差異性已經縮小，對多數人來說愈來愈不容易辨認不同產地間花椒差異性。在四川地區古代貿易主要通道就是大家熟知的茶馬古道及南絲路，也因此許多著名且歷史悠久的花椒產區就是古道上的貿易節點，其中漢源就是經典代表。依早期交通只靠人背馬馱推測，多數四川盆地的人們可買到的花椒大概是採摘曬乾後約 3-5 個月的這個時間點，早期保存技術的局限，此時的花椒已沒了差異明顯的香味，致使人們對於不同產地的花椒風味難以

↑花椒的存放條件對品質有絕對的影響，儲存時最怕陽光與高溫，只要兩個月再好的花椒就只剩下苦味與木臭味、乾草味。左邊為新花椒，右邊是同一花椒置於陽光曝曬的窗邊二個月後的樣貌。

辨別，長時間累積下來造成人們沒有對花椒產生多元而明確的選擇標準，形成「相對錯誤」的經驗讓花椒香味、滋味的運用相對單純，只求麻而有香，不細求特定香味。

滋味、麻感隨時間飛逝

花椒一般乾燥、密閉存放超過半年，陳放轉化的熟醸的氣味達到巔峰，之後會明顯減少，滋味豐富度也開始衰減，麻度還可維持一定水準。存放一年以上，熟醸的風味將變淡到不容易感知，此時乾柴味、乾草味、木耗味就會變得明顯而突出。

通常陳放超過一年的花椒，麻度就會開始下降，且當氣味部份只剩不舒服的木耗味、乾草味時，麻味就處於相對低的狀態（但對沒嚐過花椒的人來說可能還是明顯），而滋味也將很糟糕，只剩乾柴味或木耗味，吃起來的感覺就像是嚼乾樹皮一般。

以上花椒風味的消逝過程是一般密閉、乾燥的條件下，現今一般家庭也能做到真空保存加上冷藏或冷凍。當花椒以抽真空後保存，常溫下一般在一年後花椒氣味會固定在一個明顯的熟醸氣味上，所有味道都攪在一起加上極輕的油耗味感，此時還可感受出部份該品種、產地的花椒特點，麻感則還是豐富；存放二年後在濃濁的氣味中出現明顯的油耗味及乾柴味、木耗味雜味，麻度明顯下降；存放三年以上則是只剩濃濁氣味加明顯的油耗味及乾柴味、木耗味，麻感則消失了。

若是真空後放入冷藏或冷凍，基本可將上述花椒風味衰敗過程往後延一到二年，但不建議把花椒放這麼久，一來是很難保證這麼長時間保存都沒有有害微生物孳生，二來是今日大環境已有條件讓多數人享用每年新採花椒那豐富而美妙的香麻滋味。

因為花椒風味有著隨時間快速變化的特性，讓處於紅花椒到青花椒產地分布過渡帶的巴蜀地區，其花椒風味可以有相對多的選擇，並促使川菜在花椒的使用上能持續推陳出新，在交通便利的今日，要及時品嚐當年新採花椒已經不再是難事，更有冷凍保鮮的鮮花椒產品，對多數人而言，當前的困難是人們不曉得新花椒的風味，無從辨別，要好花椒只有模糊的經驗加上運氣。

掌握花椒風味的變化與差異除了辨別好壞，可以精用巧用花椒入菜外，也能大概推測出花椒的產地風貌與花椒培育的效果，通常花椒的風味若是濃度高、個性鮮明或某個風味特別明顯，其產地通常地形環境的高低差較大，局部氣候的變化較鮮明，或海拔高度相對較高，簡單來說就是大山大水的環境，如阿壩州茂縣的西路椒或涼山州金陽縣的青花椒與高低差大的山地環境之間的關聯性。相對的例子就是風味適中、個性相對柔和的花椒，通常產地地形環境的高低差較小，局部地區氣候的變化較不鮮明或海拔高度相對較低，簡單來說就是屬於中海拔盆地或低海拔丘陵地的環境，如位於大山中卻地形變化緩和的雅安市漢源縣的南路椒或重慶江津青花椒與江津區的丘陵地形環境之間的關聯。

這是巧合嗎？不是，是一種必然。簡單來說是環境的溫差與水氣分布所造成，大山大水的環境肯定比平緩丘陵地的溫差大、水氣分布差異性也大，植物為適應變化較大的環境，在營養轉化後儲存的量與強度上就會較多而強，形成風味上傾向濃而個性強烈，反之就會傾向豐富而不強烈的個性。了解後就能建立風味與地理的連動認知，有助於形成產地印象、增加對產地的辨識能力，這類風味濃淡及風格強弱與花椒的好壞並非正相關，有些情況是不好的味道過濃，以食用來說反而是質量差的。

◆ 花椒龍門陣

「狗屎椒」究竟是什麼花椒？

對許多人來說，聽到「狗屎椒」這名字，多數會聯想到的是不好的味道才會稱之為「狗屎」。但在走訪超過50個產地後得到一個經驗，就是在青花椒產地聽到「狗屎椒」時，可以明確的認定，大家百分之一百講的是腥臭味極濃的野花椒、臭花椒。但紅花椒產地就不一定了，像在甘孜州、阿壩州一些西路椒、南路椒都有種的產地，「狗屎椒」一般是指帶柑橘皮香味的南路椒，是當地人覺得相對好的花椒。若是到涼山州就更複雜了，可能一個產地青花椒、西路椒、南路椒都有，聽到「狗屎椒」就要問清楚究竟是什麼花椒。

↑部份產區南路花椒枝幹上容易附生苔癬或地衣類植物，花白、花綠的長滿枝幹，你說像不像「狗屎」！

↑重慶江津青花椒產地。

↑涼山州金陽青花椒產地。

五大花椒味型簡介

本書第一版出版前的五年透過實地采風累積了四川、重慶地區數十個主要產地、各種花椒近千次鼻聞口嚐的味覺經驗，2012 年親到產地蒐集近百份花椒樣品並集中一一品測後，運用川菜味型的概念總結歸納出五大花椒味型，這屬於四川、重慶地區的五大風味類型能明確對應特定花椒品種，讓滋味與品種間有明確的連結，同時每一風味類型中不同的風格可對應不同的產地，為花椒的品種、產地、質量辨別提供了絕佳工具。

五大風味類型中紅花椒分為柚皮味型、橘皮味型、橙皮味型三大類；青花椒分為檸檬皮味型和萊姆皮味型二大類，可説是目前最有系統並適用於專業人士與大眾的花椒品質和產地判斷的人體感官風味模型，有一定的花椒風味及模型熟悉度後，面對未知的花椒也能推測出其花椒品種並判斷質量高低，即使花椒會隨不同產地、每年的氣候、採收與乾製的差異產生風味特質偏移的現象，但其該有的風味類型基礎風格是不會有太大變動的。2013 年至今依舊每年進入產地一路鼻聞口嚐，從花椒樹上的鮮花椒、曬乾的花椒、產地交易的花椒、城市市場的花椒到餐館菜餚中的花椒，從產地到餐桌全流程的試一遍，五大花椒味型經多年驗證了正確性同時進一步的完善。

柚皮味花椒

對應品種：西路花椒。
代表性產地：阿壩州的茂縣、松潘，甘孜州的康定等。

準確來説柚皮味花椒主產地應是秦嶺南北，南邊阿壩州 2000~2500 公尺的山地及位於秦嶺北邊的甘肅隴南武都區、陝西寶雞市鳳縣，這裡主要討論四川的產地。柚皮味花椒最為人們熟知的商品名就是「大紅袍」，其顆粒是當前主要花椒品種中最大的，顏色為飽滿的紅色到紅紫色，不愧「大紅袍」之名。

柚皮味是西路花椒品種的標誌性味道，類似青柚子青皮與白皮氣味經濃縮後的濃郁氣味加上明顯的木質精油揮發感的綜合氣味，個性上較粗獷，滋味帶野性，對有些人來説有些濃嗆，用量過多會造成搶味或壓味的情形，但回味時可以讓你聯想到青柚綠皮與白皮的綜合性香味。味感強烈，麻感來得快而強，麻度高，容易出苦味。

柚皮味花椒乾燥後顆粒大、結構蓬鬆且紅亮，十分引人目光，隨手抓起一把來就聞到揮發感明顯的柚皮味、木香味時就可斷定是西路花椒。

部份西路椒散發的是濃而嗆的青柚皮苦香味、木腥味而讓人不舒服，並欠缺讓人愉悅的香氣，通常麻感強烈、苦味重，這類花椒多只拿來做去腥除異之用或當藥用，或是與其他花椒混合使用，以創造出具有個人化風格的花椒風味，切記，用量寧少勿多。

不同產地的柚皮味花椒（西路花椒）多少會夾帶柑橘、陳皮或是青萊姆苦皮（白皮部份）的氣味，這部份雖不是主要氣味，卻是構成不同產地柚皮味花椒（西路花椒）標誌性氣味的關鍵。依實地考察、品鑑，如帶有青萊姆苦皮爽香感的就是主產於四川北邊阿壩州山地的大紅袍西路花椒，如茂縣、松潘、九寨溝等。透著淡淡柑橘風味的西路花椒，產地多半是川南涼山州的高原地區，如昭覺、普格、美姑、雷波等。若是夾帶一絲絲熟透柑橘味的多半是川西及川西南的山地，如甘孜康定、九龍，涼山的甘洛等地。

↑涼山州的會理對橘皮味濃的小椒子情有獨鍾。

橘皮味花椒

對應品種：南路花椒。
代表性產地：涼山州會理、會東等。

橘皮味花椒是在南路花椒本味中散發標誌性的明顯柑橘皮香味、熟果香與涼香味，木香味輕微而讓人舒服，有些產地偏向清爽感明顯的青柑橘皮香味。味感豐富且苦味較低或不明顯，麻感緩和而舒適，麻度為中上到強，多數有回甜感，整體風味個性十分雅緻俐落。

橙皮味花椒

對應品種：南路花椒。
代表性產地：雅安漢源、涼山越西、甘孜九龍等。

橘皮味的南路花椒顆粒相對小而被稱之為小椒子，分布得較廣，盛產於四川西部的阿壩州金川縣、小金縣，甘孜州的丹巴縣、馬爾康縣，南部涼山州南端的會理、會東、普格、甘洛等。其中涼山州會理縣的人們對小椒子有強烈偏好，當地產的橘皮味小椒子爽香、涼香滋味極鮮明讓人印象深刻。

橘皮味小椒子油泡多而密，乾燥後果粒扎實，顏色主要是暗紅褐色、暗褐色到黑褐色，因此在大城市的市場較吃虧，因賣相不好出了產地只能低價賣。在產地，不起眼的小椒子一般都賣的比西路花椒（大紅袍）貴，一來是氣味滋味更舒服，二來是產地的人們知道橘皮味小椒子的採收比柚皮味西路花椒（大紅袍）費工。

↑雅安漢源縣的花椒基地碑，後方山坡即著名的貢椒產地牛市坡。

橙皮味花椒本質上屬於南路椒，但因產地環境不同，加上千年以上的人工育種後形成明顯橙皮味特點的紅花椒品種，亦即橙皮味花椒就是橘皮味花椒經人工培育、選種所得到的品種，橙皮味花椒的產區多集中在四川西南的幾個縣，如雅安市的漢源縣、甘孜藏族自治州的九龍縣，涼山彝族自治州的冕寧縣、越西縣、喜德縣等。

相較於橘皮味花椒，橙皮味花椒的氣味濃度適中，較輕而舒服的南路花椒本味中有著明顯的柳橙皮爽神清香味以及突出的清鮮甜香味與香水感，回味帶明顯清新柳橙甜香滋味，木香氣味相對輕微、雜味極低。對剛接觸南路花椒的人來說，辨別橙皮味花椒最好的方式就是能否聞到極為鮮明的甜香感。

橙皮味南路花椒的顆粒中等，油泡中等大小，多而密，乾燥後花椒顆粒結構扎實，麻度屬於中上到強，但強度增加溫和且麻感細緻，讓人有麻口卻舒爽之感，即老四川常說的麻感純正。因橙皮味南路花椒的細膩精緻、香氣怡人而幽長的風格，目前歷史上的貢椒多屬於這類型的花椒，如漢源貢椒、越西貢椒、九龍貢椒等。

萊姆皮味花椒

對應品種：金陽青花椒。
代表性產地：涼山州金陽縣。

萊姆皮味花椒的金陽青花椒是中海拔的花椒品種，因此主要分布在四川、重慶的少數民族自治州，其中以涼山州最多，經推廣後普遍種植於阿壩州、甘孜州 800 到 1800 公尺之間的中低海拔山谷地，四川省以外種植規模最大的是雲南昭通的永善和魯甸。

萊姆皮味花椒的氣味總是在飽滿舒服的青花椒本味中透出明顯的青萊姆皮爽香味與涼爽感，明顯可感覺到的草香味，藤腥味輕微，形成鮮明爽朗的原野風格，麻感舒適、麻度相對高，苦味較低。萊姆皮味花椒顆粒勻稱，油泡多而密，顏色上為亮而飽和的黃綠色，不像檸檬皮味花椒的顏色是偏深的濃郁綠色。

檸檬皮味花椒

對應品種：九葉青花椒，藤椒。
代表性產地：重慶市江津區、壁山區、酉陽縣。

　　檸檬皮味花椒的九葉青花椒、藤椒屬低海拔青花椒，細分的話，九葉青花椒為青檸檬皮味，藤椒為黃檸檬皮味。在青花椒本味屬於濃而濁的感覺，並擁有明顯花香感的青檸檬皮味或熟成的黃檸檬韻味，涼爽感氣味輕或沒有，本味濁的感覺來自明顯的草腥味或藤腥味，帶少許苦味，黃檸檬皮味的草腥味、藤腥味及苦味明顯較輕，屬於清新而爽的風格，麻感都是鮮明到粗糙，麻度則是中等。

　　檸檬皮味花椒的分布因重慶江津九葉青花椒產業模式加上藤椒油市場的成功，促使藤椒、九葉青花椒的大面積種植，至今（2020 年）基本涵蓋了四川盆地中平地少丘陵地多的市縣、地區，如綿陽、巴中、達州、資陽、遂寧、廣安、自貢、瀘州等，重慶市則是集中在相對高度較低區縣發展，如永川、壁山、合川、酉陽等都大力發展九葉青花椒的種植，傳統藤椒種植區在峨嵋山周邊的眉山洪雅縣和樂山峨嵋山市，現今在川北的綿陽三台縣等多個市縣也在發展。

◆ 花椒龍門陣

萊姆與檸檬如何分辨？

萊姆、檸檬對許多人來說常分不清楚，果實顏色在完全成熟前都是濃綠色，風味又十分相似，外觀明顯差異只有果實形狀，以下是兩者的特點、差異：

萊姆（Lime）：原產地是東南亞地區，現今全球各地，台灣、大陸都有種植。萊姆果實為球形或卵形，有點像柳橙的形狀，成熟前果皮為濃綠色，成熟後的果皮是黃綠色，且皮薄並緊緻平滑如細嫩皮膚。現今常見品種屬於大果萊姆，其特點是果大而籽少，市場上為了便於銷售而名其為「無籽檸檬」。

檸檬（Lemon）：原產印度喜馬拉雅山東部山麓，現今也是遍布全球，台灣、大陸都有種植。果實中等，長橢圓形或橄欖形，兩頭尖圓，果皮未成熟時是濃綠色，成熟後呈均勻的黃色（顏色名「檸檬黃」即源於此），果皮較粗糙，像是毛細孔粗大的皮膚。台灣品種以優利卡（Eureka）為主，消費食用青色檸檬為主，而歐美地區則偏好黃檸檬。

↑從上至下，萊姆、青檸檬、黃檸檬。

花椒味型與烹調

初步認識花椒風味之後，進一步利用風味模型來分析花椒香氣、口感及鑑別，並說明應用與烹調的基本原則，建立選購、品嚐與享用花椒奇香妙麻的基本能力。

▌ 柚皮味花椒

風味特點：

風味個性較粗獷，帶野性滋味。除本身固有的獨特味道外，有一股讓人聯想到常見的青柚皮香味，柚子綠皮與白皮的綜合性氣味。此種花椒粒大油重，特有西路花椒本味突出，柚皮味鮮明中帶苦香味，揮發性香氣濃郁並伴有明顯的揮發感木腥味。

明顯的標誌性滋味是木香味的野味感加上西路花椒特有本味，具有可感覺至感覺明顯的苦味、澀味；麻感為粗獷感且來得快，麻度中上到極高。

鑑別重點：

好的柚皮味乾花椒顆粒應該是外皮顏色呈飽滿的紅色到紅紫色，內皮呈乳白色到淡黃色，抓在手中是一種乾燥的蓬鬆感，氣味是濃郁的西路花椒本味中透出明顯的柚皮香味，揮發感木腥味一定都有，原則上少比多的好，多而濃就變成揮發感腥臭味；若出現乾柴味則表示陳放時間較長或是存放條件較差。若顏色變得褐紅或褐黃、柚皮味淡並有木耗味就是品質極差或陳放過久的。

滋味方面，柚皮味花椒的苦味、澀味中帶揮發感木腥味是所有紅花椒中最鮮明、濃郁的，其苦味濃度與麻度高低成正比，因此成為讓人印象深刻且最容易辨識的標誌性滋味。

有些產地的柚皮味花椒會在青柚皮香中混有淡橘香味，此時可用標誌性的揮發感木腥味辨別，因橘皮味花椒、橙皮味花椒幾乎感覺不到揮發感木腥味。

烹調原則：

一般來說柚皮味花椒的麻感強度偏高，怕麻的人要注意用量或避免過度烹煮。柚皮味花椒的本味有較強袪腥能力，特別是腥臭味明顯的，這類花椒入菜容易破壞菜品的滋味，但適量巧用時袪腥能力絕佳，還隱約有種奇香。

柚皮味花椒的麻感能讓辣感變得緩和，但在烹調時要避免因用量過多或烹煮過久致使菜品滋味中西路花椒本味過濃、麻度過高，反客為主，影響菜品該有的味型層次，同時避免釋出大量的苦味破壞整道菜的滋味。

橘皮味花椒

風味特點：

風味個性雅緻俐落，帶爽香滋味。除南路花椒本味上有一股會讓人聯想到極為普遍的橘皮香味，主要是偏過熟橘子皮或青橘子皮的綜合性香味，帶有可感覺到的木香味、陳皮味，和一定程度的陳釀感。

標誌性滋味是在南路花椒本味中有柑橘皮般的滋味，之後出現檸檬苦香味或柑橘甜香味，有苦味、澀味低，多數會出現回甜感；具有涼麻感且典雅，強度上升適度，麻度中到高。

鑑別重點：

優質的橘皮味乾花椒顆粒應該粒小而緊實，抓在手中是一種乾燥、扎實的酥感，外皮顏色呈深紅色到棕紅色，內皮呈米白到淡黃色，氣味應是濃郁南路花椒本味中透出明顯的橘皮清香味，輕微的木香氣味。若乾柴味明顯、顏色變得褐黃為主且橘皮味不明顯，多半屬於品質差或陳放過久的。

有些產地的橘皮味花椒有突出的過熟橘皮氣味而偏向陳皮味。相較之下橙皮味花椒基本感覺不到陳皮味或極輕。

◆ 花椒龍門陣

據火鍋名廚周福祥說在四川曾有麻辣火鍋店因為生意火爆，極欲推陳出新，於是就針對花椒具有提香、生津、開胃的效果和具刺激感的麻味，推出「超麻」辣火鍋，並廣為宣傳，結果連最能吃麻的好吃嘴們都受不了那讓人不舒服的「超麻」感，這新推出的「超麻」辣火鍋也就很快的消失在市場上。

從這裡可以看出川人好吃麻辣，同時要求麻辣要有一個「度」，也就是要適當。所有具刺激性的麻、辣、辛都應該帶給人愉悅的「痛快」，而不是虐待般的「痛苦」，因此大麻大辣的菜品在川人的「辛香」生活中只是點綴性的出現，微麻微辣而香的菜品才是餐桌上的滋味亮點，是讓一頓飯的滋味濃淡交錯的關鍵。那鹹鮮而香的菜品呢？是每日三餐的重點，是吃飽一頓飯的關鍵。

川菜菜品具不完全統計，呈現出符合現代統計學所說的合理分布，可以用以下示意圖做一個呈現。可以發現川菜中極濃而辣與極清淡的菜品數量相對少，而微麻微辣、鹹鮮有味的菜品佔多數。同時加上湘菜系、魯菜系、江浙菜系和閩粵菜系的滋味分布示意曲線後，相信大家對每一菜系的風味特點就有概念了。

【菜品滋味分布示意圖】

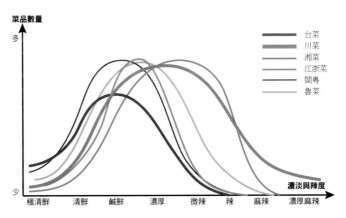

烹調原則：

在使用上，橘皮味花椒可祛腥除異、增香提味，適度的麻感還能讓辣感變得緩和，加上相對溫和舒服的氣味，不容易因用量稍微過多就造成搶味或壓味的情形，苦味有但不明顯，除非過量。麻度與用量及烹煮時間成正比，因此用量與烹煮時間是控制麻度的重點。當麻度過強時並不會過度影響滋味，但會影響滋味的感受及舒適感，目前並沒有效果明顯的方法可以抑制麻度，對剛接觸的朋友來說，慢慢增加用量是最安全的運用方式。

▌ 橙皮味花椒

風味特點：

氣味風格屬於細膩精緻，其香氣宜人而幽長，有著明顯的甜香味。除南路花椒本味外，擁有一股普遍讓人聯想到橙皮味的綜合性氣味，屬於清新的甜橙皮味或金桔皮味，氣味清鮮而濃、甜香突出、清新爽神，木香味輕微，並帶有香水感。

橙皮味花椒滋味清爽且無明顯雜味或極少，帶有可感受的甜味與明顯甜香，具有往腦門衝且舒服的香水感。麻感細緻柔和卻有勁，涼麻感輕，麻度中上到極高，整體苦味、澀感較低，木香味輕而舒適。

鑑別重點：

好的橙皮味乾花椒的顆粒大小介於柚皮味花椒與橘皮味花椒之間，抓在手中是一整體扎實的酥感，其外皮顏色呈略深的紅色到紅棕色，內皮應呈米白色到淡黃色，氣味必須是濃郁的南路花椒本味中透出明顯的柳橙皮清新甜香味，木香味輕微。若出現乾柴味明顯或有木耗味、顏色變得褐黃、黑褐、橙皮味少的情況，該花椒就屬於品質差或陳放過久的。

有些產地的橙皮味花椒除明顯甜香味外，也可能帶有明顯的橘皮香或青桔皮的鮮香

◆ 花椒龍門陣

實際烹調中我們只利用花椒果實的皮，取其香、麻與刺激唾液分泌的成分。那花椒中的黑子，即椒目，是如何取出？不難但費工，即花椒曬乾、裂出開口後，裡面的黑子就有部份自己掉下來，再加上人工或半人工的方式以搓加篩的方式去除，只留下曬乾後開口的果皮。一般來說開口越大，花椒的成熟度越高，風味層次也較多而濃也容易去除黑子。而青花椒要確保均勻而濃郁的青綠，必須在成熟度八九成就採收並曬乾，紅花椒則多半是九成熟或更高，因此篩選後的乾紅花椒中的花椒籽正常比青花椒更少，此外青花椒更容易出現閉目椒（沒開口的花椒）的原因也在此。實際上青花椒夠成熟就會轉紅，但顏色極不均勻且不討喜，卻風味獨特，市場上也可以買到，大多稱之為「轉紅青花椒」，但少見。那紅花椒何時轉紅？基本從幼果就轉紅，一路紅到可採收的熟果。因此市場上青花椒熟了就是紅花椒的說法是完全錯誤的，青、紅花椒不只是不同品種，更是不同「種」。

↑青花椒幼果（上）及紅花椒幼果（下）的對比。

味。相較之下橘皮味花椒基本感覺不到甜香味或極輕。

烹調原則：

一般來説橙皮味花椒雖然滋味最舒服，絕大多數人都可接受，但外觀不如又大又紅亮的柚皮味花椒討喜，使得價格出了產地就普遍性的低於柚皮味花椒，因此當市場上出現色香味俱全的橙皮味花椒時，其價格都是超乎想像的高，除外觀及風味因素外，色香味俱全的橙皮味花椒產量極少。

細緻的香氣與麻感讓橙皮味花椒應用在味型層次要求精緻的菜餚時，總能產生極佳的增香、除異與多層次的口感與香氣，滋味清新不膩人，特別是適度的麻感還能讓帶辣的菜品辣感變得緩和。柔和的花椒滋味不容易因用量過多就出現搶味或壓味的情形。麻感雖然給人精緻柔和感受且出現得慢而緩，麻度卻是高到強的程度，因麻感來得慢，常出現烹調中覺得麻度不夠而多加花椒，上桌時食用時才發現太麻了，因此使用橙皮味花椒烹煮時，用量控制要特別注意，寧少勿多。

▎萊姆皮味花椒

風味特點：

風味個性具有爽朗明快的特質，帶涼爽香麻滋味。其芳香味在青花椒本味外還有讓人聯想到常見的青萊姆皮清爽、純正氣味，是帶濃縮感的青萊姆外層綠皮與內層白皮的混和性爽朗清香味，具有明顯涼爽感及舒適的草香味，少量的藤蔓味。

滋味上偏濃郁的青花椒本味，苦澀味相對明顯但其他雜味較少，滋味顯得較純正，加上濃郁純正的香氣，使得青萊姆皮花椒的韻味較為綿長；俐落的麻感持續力佳並帶明顯的涼爽感，麻度從中上到高。

鑑別重點：

優質萊姆皮味乾青花椒應該是外皮呈飽和的黃綠色到綠色，內皮呈米黃色到淡淡的粉黃綠色，顆粒大小適中，油泡多而密，抓在手中是乾燥且結構扎實的酥感，氣味應具備雜味低而純正的青花椒本味，加上鮮明的青萊姆皮味與適當的草香味；如出現藤蔓腥味和野草味等雜味濃就是品種或種植有問題的劣質花椒；若帶有乾柴味且顏色往褐色轉變、青萊姆皮味淡的多屬於品質較差或儲存不良的萊姆皮味花椒。

有些產地的青萊姆皮味花椒會出現明顯的青桔皮的鮮香味，相較之下檸檬皮味花椒的氣味較沉，多數雜味明顯。

烹調原則：

　　萊姆皮味花椒一般來說顏色不是那麼濃綠、厚重，多數人會直覺的聯想成滋味也相對輕，實際上剛好相反，其萊姆皮的清爽、純正氣味濃郁，麻度更是比檸檬皮青花椒高一些，也更持久。在調味上萊姆皮味花椒的爽香感可強化鮮味的感覺，滋味、麻感又能解膩除異味，且青花椒的香氣不容易散，用在不辣的菜品中也有點睛之妙，適度的麻感還能讓帶辣菜品的辣感變得緩和。然而所有青花椒都容易因用量稍微過多就造成搶味或壓味的情形，萊姆皮味花椒也不例外，雖有苦味但不悶人，除非過量；麻度與用量成正比，但會搶味或壓味的特性，使得用量不能多，常出現香氣、滋味足夠但麻度不足，可加入適量紅花椒來提高麻度，因所有紅花椒的搶味或壓味問題遠小於青花椒。

▌ 檸檬皮味花椒

風味特點：

　　此類青花椒的風味個性為厚實鮮爽中帶清爽花香。除青花椒本味外加上近聞像是經過濃縮的檸檬皮氣味，拉開一點聞則有明顯的花香韻味的綜合性香味，還有涼爽感及可感覺到的藤蔓腥味和野草味等雜味。

　　滋味上相對容易出苦味，咬到時也會有一股說不清楚的雜味感，但其花香般的尾韻十分迷人；麻感為感受明顯的粗獷涼爽感，麻度中到中上。

鑑別重點：

　　優質檸檬皮味乾青花椒顆粒應該是外皮呈厚重的綠色到墨綠色，內皮呈淡淡的粉黃綠色到粉綠色，果粒大小適中，油泡多，抓在手中是一種乾燥而扎實的感覺。氣味應是濃縮的檸檬皮味中帶花香韻味，適當的涼爽感及較少的藤蔓腥味和野草味等雜味。若是花椒中藤蔓腥味和野草味等雜味濃就是品種或種

植有問題的花椒；若出現乾柴味且顏色往褐色轉變，檸檬皮味轉淡就是品質較差或儲存不良的青花椒。

　　檸檬皮味花椒除青檸檬皮味及熟成的黃檸檬皮味外，部份產地會帶有明顯的綠金桔氣味，相較之下萊姆皮味花椒完全沒有花香味感，雜味則是明顯較低。

烹調原則：

　　檸檬皮味花椒與其他花椒一樣可增香除異外，還能為菜品帶入麻感，適度的麻感能令辣味菜品辣感變得緩和。實際使用上要避免使用過量而發苦，過熱油的火候應避免過大而焦煳使得香氣、麻感被破壞殆盡。

　　青花椒鮮爽氣味在新鮮青花椒上最為鮮明突出，因此在乾青花椒外還有冷凍保鮮的青花椒商品，保鮮青花椒為了保有其獨特鮮香味與色澤，烹調時都是在起鍋前下入或起鍋後才置於菜品上，以熱油激出香味後就上桌，而菜品裡的麻、香就要靠乾青花椒粒或是青花椒油、藤椒油，來個裡應外合，才能碧綠花椒誘人食慾，聞來鮮椒味香濃，吃起來又香又麻。

　　青花椒在正式場合使用歷史只有短短 40 多年，傳統正式飲宴中是禁止用青花椒調味的，青花椒從早期用在江湖菜及河鮮菜餚到如今幾乎什麼菜都能加，就因其清鮮檸檬香麻味可以增香、增鮮並抑制腥異味，透過廚師的創意，目前多採與紅花椒搭配調味的手法，讓成菜的花椒香麻味擁有更多的層次。

花椒儲存實驗

花椒的奇妙不只是香氣奇妙、口感麻人奇妙，連保存都存在著奇妙的現象，敞開放氣味很快就散了，真空封死儲存氣味就不鮮活、部份香氣會憑空消失，有種死氣沉沉的感覺，封緊但保留適當通氣小孔可讓花椒氣味的濃度與鮮活感保存得久一些，所謂的久是 4 到 8 個月，還要看環境是否陰涼乾燥，氣味之強烈一般塑膠袋還封不住，需特殊的加厚高密度塑膠袋才行，若氣味竄出則可讓周邊的物品都沾染其氣味，一時間還去不掉，種種特殊性遠超過去對香料保存的經驗。

在花椒尋味過程中，請教過許多椒農、專業花椒公司及花椒銷售商，可歸納出三種目前常見方法：一是乾燥後將空氣抽掉再完全密封，送入冰箱冷藏或是冷凍；二是乾燥後密封、放陰涼處；三是不能密封要留可以呼吸的小孔洞，但要保持陰涼、乾燥。其共通處是都要放在陰涼、乾燥處，避免高溫與陽光，避免與其他香料食材混和儲放，但這三種方法各有利弊，風味鮮活度是方法三優於二優於一，滋味、麻感與氣味濃度是方法一優於二優於三。

下面設計了一個實驗方法，嘗試找出最佳的日常儲存方式，並試著找出上述經驗方法背後的科學原因。實驗方法裡設定了三個最貼近生活的儲存方式做測試，取同一批花椒，裝入三種容器，分別是可以完全密閉封死，有蓋但不能密閉封死的與無蓋敞開，分別放在會曬到太陽的地方、陰涼處與冰箱的冷凍庫。

↑ 在花椒測試中，窗邊日曬組的風味損失最快。

【保存測試圖表】

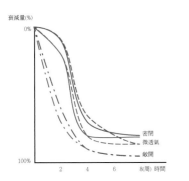

窗邊組：青花椒、紅花椒**香氣**變化示意圖

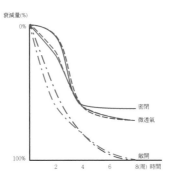

陰涼組：青花椒、紅花椒**香氣**變化示意圖

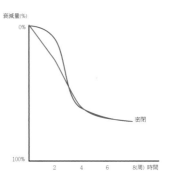

冷凍組：青花椒、紅花椒**香氣**變化示意圖

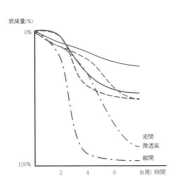

窗邊組：青花椒、紅花椒**滋味**變化示意圖

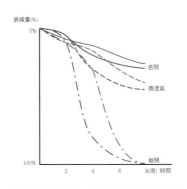

陰涼組：青花椒、紅花椒**滋味**變化示意圖

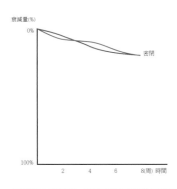

冷凍組：青花椒、紅花椒**滋味**變化示意圖

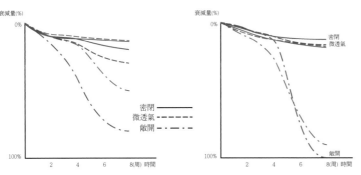

窗邊組：青花椒、紅花椒**顏色**變化示意圖

陰涼組：青花椒、紅花椒**顏色**變化示意圖

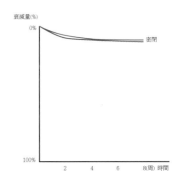

冷凍組：青花椒、紅花椒**顏色**變化示意圖

儲存實驗方法

　　選用 2012 年份的顏色鮮濃的茂縣大紅袍紅花椒、重慶江津青花椒做實驗材料，分別裝在可完全「密閉」的玻璃瓶中，每份 20 克，各三份；而不能密閉，可「微透氣」的玻璃瓶及完全沒蓋的「敞開」容器，一樣每份 20 克，青、紅花椒各二份。分別放在會曬到陽光的通風處、陰涼通風處與家用冰箱冷凍庫中，其中家用冰箱冷凍庫中則不放置敞開組及微透氣組的樣本，因家用冰箱是密閉空間，且充滿雜味，會讓試驗結果沒有參考價值。另考量一般生活中難有恆濕的環境，因此實驗環境單純選擇相對乾燥、無異味的地方，因此實驗結果無法呈現不同濕度對花椒氣味、滋味的影響。

↑ 花椒保存最重要的是保持乾燥及避光、避日曬。

↑ 長時間的保存，建議將花椒放入密閉容器後，置於冷凍庫。

　　依初始放置時看其色、聞其香、嚐其味來當做風味 100%，當完全看不出花椒該有的色澤，沒有芳香味只有乾柴味或乾草味，滋味單調沒有麻味與花椒味時當做風味 0%。分別放置於設定好的位置後，第一次評定是放置二周後，一樣看其色、聞其香、嚐其味，再依感官判定芳香風味的衰變百分比，把衰變百分比做記錄。之後就是四周、八周再各評定一次。其中從冷凍庫取出的密封花椒，是在密閉狀態下回復到室溫時再做評鑑。以此方式比較出色、香、味受光線、溫度與密閉與否的變化程度，按記錄的數據畫成曲線圖如前頁所示。採感官評鑑本就存在有許多不可控變數，但結果仍具有絕佳的實用價值與研究價值。

花椒儲存實驗分析

　　利用實際生活環境做的測試最大好處就是得到的成果可直接應用在生活中，實驗一開始基本就可發現花椒的儲存與陽光、濕度、溫度間有著密切的關係，實驗開始後第一次做風味品鑑就發現置放於窗邊相對高溫、強光的窗邊組花椒色香味明顯衰退，特別是完全敞開的，一下少了大部份的氣味，一個月後窗邊組的完全密閉容器與留呼吸縫容器中的花椒氣味、滋味相較於陰涼組與冷凍組來說衰減程度相當明顯，其中青花椒衰減速度明顯大於紅花椒。

　　二個月後窗邊組敞開中的花椒顏色及各種氣味、滋味都已經衰減到接近不適合烹調的狀態，而完全密閉容器與留呼吸縫容器花椒的香氣衰減超過一半，滋味的衰減倒是比想像中少，只減少大約 1/3。其中二個月後陰涼組完全敞開的青紅花椒都長出黴菌，無法食用。

　　窗邊組與陰涼組不同密閉程度容器中的花椒，在對應時間點品鑑的結果發現，密閉程度會讓花椒的氣味產生轉變。完全密閉容器相較於留呼吸縫容器的花椒氣味來說，明顯變得沉悶、不舒爽，不像留呼吸縫容器的花椒氣味能保有舒爽鮮活感。在第二周及第四周的品鑑發現，兩個環境中完全密閉容器內的花椒氣味衰減速度大約相等，甚至略快於留呼吸縫容器，四周之後留呼吸縫容器內的花椒氣味衰減才快過完全密閉容器內的花椒。

【花椒儲存環境、時間顏色變化圖】

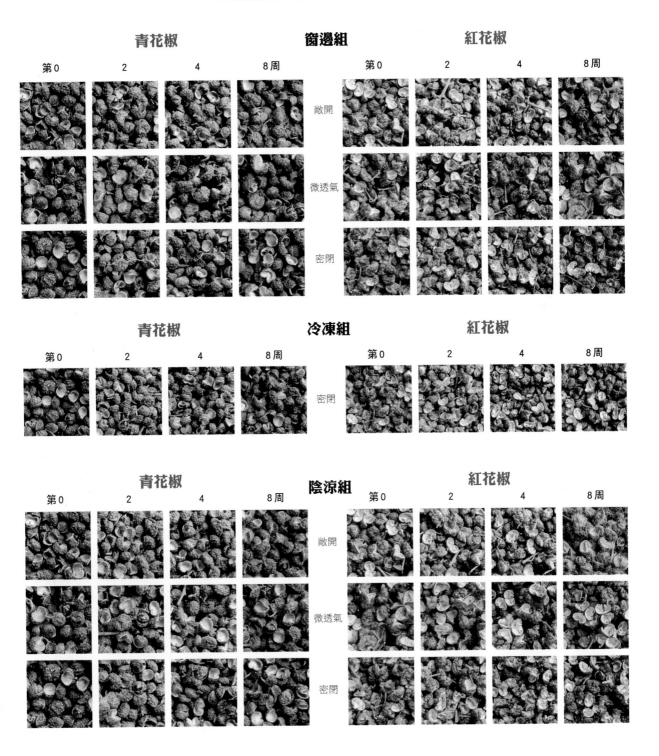

在滋味部份，窗邊組中完全密閉容器與留呼吸縫容器的花椒，大約在二周後就開始出現差異，一個月後留呼吸縫容器內的花椒滋味衰減開始明顯多過完全密閉容器內的花椒，其差異已大到會影響調味效果。陰涼組則是一個月後兩者才開始出現差異，但還沒有大到影響調味，在超過二個月後留呼吸縫容器的花椒衰減幅度大到會影響調味效果。

冷凍組主要與窗邊組、陰涼組比較完全密閉容器保存花椒的效果。在氣味部份，二周時窗邊組可感覺到較明顯的衰減，陰涼組與冷凍組可感覺到有衰減，但兩者之間若沒有並列細聞時感覺不出明顯差異，其次是前面提到，密閉容器中的花椒氣味變得沉悶、不舒爽，冷凍組的花椒氣味有同樣問題。當放置四周後，氣味開始有差異，窗邊組氣味衰減明顯，陰涼組的氣味衰減其次，冷凍組則是基本持平。二個月時窗邊組氣味衰減幅度大，陰涼組的氣味衰減開始持平，冷凍組則是維持緩慢的衰減，三者的氣味還是一貫的沈悶。

滋味上，冷凍組與窗邊組、陰涼組在二周時感覺不出明顯差異，一個月時窗邊組滋味豐富度明顯減低，還不足以影響調味效果，陰涼組的滋味豐富度與冷凍組相較已有差異但不大；到八周時窗邊組滋味豐富度失去超過一半，已會影響調味效果，陰涼組的滋味豐富度與冷凍組的差異開始拉大，但還不至於明顯影響烹調效果。

依使用頻率決定儲存方式

由以上的實驗與分析可以明確得知高溫、強光是花椒氣味、滋味衰變的主要因素，並可得到一個明確的變化關係，就是儲存容器密閉程度越高、溫度越低，氣味、滋味衰減就越慢，但風味會短時間略減，卻得到較長時間的穩定風味；反之密閉程度越低、溫度偏高，風味雖相對較佳，但維持時間偏短，超過 2 至 4 周後氣味、滋味大幅衰減；同時有一現象就是青花椒的氣味、滋味衰減速度在三個環境條件下都比紅花椒快一些。

因此運用實驗結果就可以發現花椒保存方式應按照使用頻率來決定，大概可按照以下原則來選擇保存方式。

一、使用頻率高且可在一個月以內用完，除了避免完全敞開的方式外，只需密閉或加蓋後放在陰涼、乾燥處即可。

二、使用頻率低或是存放時間一個月以上三個月以內，建議完全密閉後置於陰涼乾燥處，也可放入冷藏庫或冷凍庫。但使用前務必先取出令其完全回溫到室溫才打開使用，以避免低溫乾花椒吸附水氣後快速劣化。

三、需保存三個月以上時，建議完全密閉封死放入冷凍庫。使用前務必先取出令其完全回溫到室溫才打開使用，以避免沒用完的低溫乾花椒吸附水氣後快速劣化。

↑ 涼山州金陽縣，著彝族傳統服飾的婦女。

巴蜀花椒 品種與分佈

享受花椒的奇香、妙味就在一念間

輕鬆的辨別花椒特性、巧用花椒

初探花椒品種，掌握花椒產地與品種、風味關係

「花椒」為中華烹飪中使用歷史近二千年的香料，但在認識上卻一直處於相當模糊的狀態，當今林業專業領域沒有明確定義品種，餐飲行業或專業市場只有因地、因產業而異的俗名，此現象非常不利於乾花椒全年大陸總產量從 2009 年的 20 多萬噸暴增二倍至 2020 年的 50 萬噸左右之花椒市場的未來發展，2020 年四川範圍內花椒總產量也已超過 10 萬噸。

從植物學的角度來看，主要食用的紅花椒不是「花椒種」就是「花椒變種」，而調味用青花椒只有一個「竹葉花椒種」，看起來似乎很單純，實際上植物學的分類方式僅能呈現遺傳與血緣遠近關係，無法呈現商業市場所需的香氣、風味、滋味等差異關聯性，在商業市場中無法作為商品差異化的依據。

個花椒市場從 2000 年後逐步進入高速擴張期且競爭激烈，加上花椒顆粒小、外觀上不易分辨導致不同品

↓千年貢椒產區全景，位於雅安市漢源縣的清溪鎮，其中以牛市坡的風味品質最佳。圖中央偏左的三角台地上為清溪古鎮。

種、產地花椒相混合或是任意套用品種名，只求好賣的銷售心態，將品種、產地與風味差異給全部攪混了，可說是花椒市場良性發展的一大弊病。

時至 2020 年花椒產業發展已逐漸飽和，市場交易模式依舊傳統，沒有形成能應付如此大規模市場交易的相應花椒知識與研究，即使產地或是專業批發商都能分辨花椒品質高低，卻無法明確說明花椒品種、產地與風味之間的關係，當前有共識的且與風味有明確關聯的品種只有紅花椒中的西路椒與南路椒（正路椒）以及青花椒、藤椒，但

這不算是嚴謹的品種劃分，只能表達花椒有幾大類，當前零售市場上多數的品種說法屬於商品名的概念，是依託於銷售需要，跟品種、產地和風味的關聯性並不明確。

品種——花椒市場困境

在物流發達及保存技術日新月異的今日，早已具備為市場提供不同品種或產地的不同風味特點花椒的條件，進而在餐飲、食品創造出更多樣的香麻層次、個性滋味，甚至可應用花椒的藥理開闢食療保健市場，但很可惜的是當前花椒知識普及度嚴重不足，難以支撐前述的精緻、多樣化滋味與市場創新的需求。

這裡舉個例子，橘子風味與品種、產地大家都熟悉，也了解同一品種在不同的環境、產地種出來的橘子風味會些許不同，甚至差異明顯，因此買橘子時會確認品種、詢問產地、確認風味再決定要不要買，並據此判斷價格是否合理，這樣簡單而合理的交易過程卻不存在於花椒市場，所謂的優劣就是價格高低，其次是關注顆粒的顏色、大小，關係花椒品質的氣味、滋味只有少數人會考慮，與之直接相關的產地與品種則幾乎沒有人關心，只有少數懂行的人注意到品種、產地與風味之間的關聯性，卻苦於市場標示不規範，花椒商品名或品種名及產地大多是銷售者依照市場偏好標示，品種、產地與質量的對應十分混亂，甚至與該花椒實際的品種、產地一點關係也沒有。

↑當前大城市的花椒交易市場硬體設施已近趨完備。圖為成都海霸王物流園區一景。

此現象不只存在於花椒市場，在花椒產地的農民們也無法掌握自己所種花椒品種及風味特性，傳統種植區的農民只知道種的特定俗名花椒樹是對的、是好賣的，沒有品種意識，新興種植區則是領頭人說種什麼就種什麼，品種意識更薄弱。

花椒名的雜與亂

以當前餐飲行業來說，「花椒」一名可以是大紅袍、西路椒、正路椒、南路椒、南椒，也可以是貢椒、黎椒、清溪椒、秦椒、鳳椒、狗椒，更可以是蜀椒、巴椒、漢椒、川椒，甚至是青花椒、麻椒、香椒子，以上花椒名中有多個花椒名是同一品種或產地的花椒，也有一個花椒名涵蓋了多個品種或產地。如其中的大紅袍可以是六月紅（茂縣）、六月香（甘肅隴南武都）、雙耳椒（喜德）、紅椒、蜀椒、家花椒（農村對可食用花椒的泛稱）。又如南路椒也可以叫貢椒、漢源椒、清溪椒、母子椒、正路椒、南椒、紅椒、蜀椒、狗屎椒（阿壩州金川縣、甘孜州九龍縣）、家花椒、遲椒（甘孜州康定、瀘定）、宜椒等等，花椒名字與品種、產地間沒有準確對應，越是消費者端越混亂。

再如 1900 年起才被川菜廚師大量採用的青花椒，又名九葉青、香椒子、麻椒，品種不複雜，經二、三十年的育種，目前風味相對穩定的品

↓阿壩州松潘城關的老南城門。

中菜常用香料

花椒，八角，桂皮，月桂葉，香菜籽，
草果，茴香，丁香，甘松，陳皮，五加
皮，千里香，砂仁，香茅草，藿香，白
芷，木香，良薑，三奈，枳殼，豆蔻，
紅蔻，白蔻，草蔻，山楂

◆ 花椒龍門陣

《何謂「城關」？》

因古代的城鎮基本上是基於軍事區域來劃分的，而每個縣城重
要的軍事設施叫做鎮，每個城鎮都設有關卡，於是城鎮的關卡
名為「城關」。基本上只要是縣級城市，就會有一個鎮名為城
關鎮，且城關鎮都是一縣之都，也就是全縣政治、經濟、文化
中心，因此它的經濟實力往往是全縣各鄉鎮中龍頭老大，也讓
城關鎮總是成為全縣第一鎮。

現今的行政區劃分還是部份沿用這一概念。但在稱呼上，發展
較快的縣城多半拋棄了「城關」這一傳統說法。較傳統的地方
縣多保留了這一稱呼，因此到城裡，當地人多習慣說進城關。
像我是台灣人，從沒接觸過這說法，第一次接觸時是要從農村
打車進城，客運車師傅遠遠就看我一副要進城的樣子，將車停
在我面前問說：到城關，坐不？我滿臉問號、愣頭愣腦的回說：
不是，我要進城。開車師傅一臉好氣又好笑的表情，再次強調
說：這就是到城關的，坐不？我還是滿臉問號的回說：不，我
要進城。二三個來回後客運車師傅才意會到我不懂「到城關」
就是「進城」的意思，趕緊說：對對，就是進城。我還是傻愣
愣的說：我是要進城，但不是到城關。這時車上的人都笑翻了！

↑四川菜市場中售賣花椒、香料及各種乾貨、
調料的典型商鋪。

種就三、四種：有樂山市峨嵋山周邊縣市種植的藤椒，涼
山州金陽縣的金陽青花椒，重慶市江津區培育的九葉青花
椒，雲南青花椒等。

短時間形成規模或出名的青花椒產地也多，如涼山州
金陽縣、眉山市洪雅縣、樂山峨嵋山市、涼山州鹽源縣、
攀枝花市鹽邊縣；新興的產地有重慶市璧山縣、重慶市西
陽縣、自貢市沿灘區、瀘州市龍馬潭區、瀘州市合江縣、

資陽市樂至縣、綿陽市鹽亭縣、三台縣，廣安市岳池縣、巴中市平昌縣、達州市達川區，還有重慶市的江津區、璧山區、酉陽縣……等，同時 2010 年後雲南省青花椒產量也大幅度擴張，這麼多產地的青花椒在市場上卻只有一個籠統的名字——「青花椒」！

從產地到市場

花椒從產地到消費者手中的旅程，一般是椒農將曬好並初步篩選過的花椒拉到集市（鎮或縣），由當地收購商收購後轉手給市州較大的盤商，或接發給有能力銷售到全四川或全國的大型盤商，大型盤商再依價格和市場特性將品種相近、質量（單指香氣濃度）差不多的花椒混合後出貨給中小型銷售商，之後才進入市場銷售，食品加工業之類大用戶除了跟批發商購買，部份委託專業產地的收購商直接在產地收購。

到目前為止，因品種研究不足、知識欠缺與模糊導致多數收購商不在乎收到的花椒是什麼品種，只憑經驗判斷花椒顆粒、顏色與氣味是否為想要的花椒，是否符合期待的收購價格，銷售商也僅憑經驗判定質量與價格是否對應來進貨，品種、產地只是做為評估價格的參考與品質的關聯性低，同時為了取得穩定且符合市場定價的成本，常將不同產地、有高低價差的花椒進行混合，這類花椒借用咖啡業的行話就是所謂「調合（Blend）」花椒，是目前花椒

市場的主流產品。

這類經過多次混合的市售花椒難以討論品種、產地與花椒風味滋味之間的關聯性，烹飪應用就無法做到真正的精用、巧用及可複製性，進而嚴重限制花椒市場升級及產業附加價值提升的可能性，這就是花椒市場現況。可喜的是自本書第一版於 2013 年發行至今日，有系統的花椒知識廣為傳播後，促進了消費意識升級、市場自我調整，最明顯的例子就是超市中的花椒銷售狀態，從以前的所有品牌廠家只賣一種「紅花椒」轉變成「大紅袍」、「貢椒」、「紅花椒」的初步細化的市場銷售模式，青花椒市場也有相似的改變。

話說回來，當前市場處於細分市場、建立產地、品種區隔的摸索混沌期，要買到特定產地加特定品種的花椒產品依舊很難，絕大多數銷售店家在無心或無奈的引導或誤導下，消費者也只能跟著傻傻分不清，花椒市場自然一直處於價格敏感狀態，價格的

【花椒產地到餐桌流程圖】

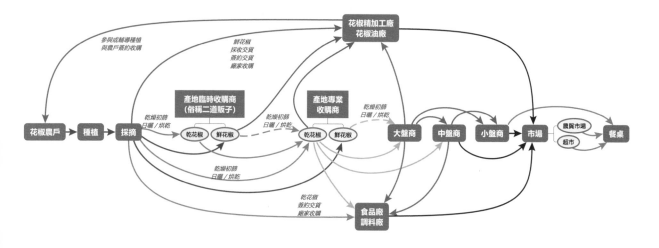

重要性大於品質，花椒產業各環節也只能繼續徘徊在低利環境中。

　　產生這樣的結果很正常，試想有人會為一個說不清楚的商品付出高價嗎？所以釐清花椒品種、產地、風味與滋味的關係，並形成系統化知識加以推廣、教育是花椒產業升級換代的重要基礎工作，才能讓原本不用花椒的人用上花椒，讓原本就用花椒的人們熱衷於嘗試不同品種、品質、產地的花椒所帶來的多樣味覺體驗。

↓近 10 年新興的青花椒產地已開始重視品種問題，但聚焦在產量，風味只要求及格，風味作為品質高低要素則還未形成共識。圖為巴中市平昌區的青花椒基地。

食用花椒的英文名

在西方大眾市場中使用最廣泛的花椒英文名是「Sichuan pepper」，源自「四川菜特色香料，像胡椒」或「四川菜用最多，像胡椒」的個概念稱呼花椒，再加上來自英國、曾定居成都多年、熱愛川菜、研究川菜，更在四川烹飪專科學校學習過正宗川菜的歐美川菜暢銷食譜書作家扶霞‧鄧洛普（Fuchsia Dunlop）在其著作中統一使用「Sichuan pepper」指稱花椒，對此英文名的普及對花椒的認識有極大的推廣作用，是西方翻譯「花椒」一詞的共識為「Sichuan pepper」的主要因素。

其中，紅花椒就是 Red Sichuan pepper，青花椒就是 Green Sichuan pepper。另外還有一些花椒英文名如 Chinese pepper，Prickly ash peel，Zanthoxylum，，Sichuan pepper fruit 等，但使用的普及度較低。

花椒在中藥領域及指稱藥用植物時名為 Sichuan peppercon、Pericarpium Zanthoxyli 或 Sichuan peppercon {Zanthoxyli Pericarpium}。

植物學中，紅花椒的學名為 Zanthoxylum bungeanum（花椒），青花椒學名為 Zathoxylum armatum（竹葉椒），都是屬於芸香科（Family Rutaceae）花椒屬（Zanthoxylum）。

再談花椒種、變種與品種

　　花椒為芸香科（Rutaceae）花椒屬（Zanthoxylum）植物，依種的不同而可能是喬木（有明顯主幹的多年生木本植物，高度多在 6 米以上）或灌木（無明顯主幹的多年生木本植物，高度多在 6 米以下），因為和柑橘類樹種同屬芸香科，雖是遠親，但其果皮風味成分的組成有一定程度的相似。現今在市場上或中藥店看到的顆粒狀花椒都是經過長時間選種、育種的良種花椒乾燥果皮，花椒樹本身全株都可作藥用，花椒樹葉也可以食用，但其精華及烹調食用主要還是集中在花椒的果實。

　　目前在市場上依顏色可分為紅花椒與青花椒兩大類，品種的定義、規範不完善，但屬於什麼種或變種則是可以透過嚴謹的植物學來確認並重新認識當下的花椒種問題。

　　花椒屬（Zanthoxylum）植物就目前所知，主要分布在亞洲、非洲、大洋洲、北美洲的熱帶和亞熱帶地區，溫帶較少，在全世界約有 250 個種。依大陸《中國經濟植物誌》所收錄數十個花椒種中，食用與醫藥價值的主要花椒種分別是花椒（俗名：西路椒、大紅袍、南路椒）（Zanthoxylum bungeanum）、竹葉花椒（俗名：青花椒、藤椒、野花椒）（Zanthoxylum armatum）、樗葉花椒（俗名：紅刺蔥、椿

↑九葉青花椒是竹葉椒種中的一個品種。

葉花椒、塔奈、鳥不踏）（Zanthoxylum ailanthoides）、兩面針（Zanthoxylum nitidum），別稱蔓椒、山椒、雙面刺、鵓婆竻、鸄殼刺、紅椒　、入地金牛、葉下穿針、大葉貓爪　、毛刺花椒（Zanthoxylum acanthopodium）、勒欓（狗花椒）（Zanthoxylum avicennae）、刺異葉花椒（刺葉花椒、散血飛）（Zanthoxylum dimorphophyllum）、朵花椒（樹椒）（Zanthoxylum molleRehd）等，另在「中國數字植物標本館」網站則收錄了當前兩岸已知的 54 個花椒種（含變種）。

　　其中主要用於烹調、食用的花椒種僅有「花椒」與「竹葉花椒」

↑食用花椒的近親「樗葉花椒」，又名「紅刺蔥」、「鳥不踏」。

這二大種及透過育種、嫁接改良的品種。如西路椒的代表「大紅袍」或南路椒的代表「清溪椒」都是屬於花椒種（*Zanthoxylum bungeanum*）被不同自然環境馴化的不同品種；當前的青花椒或藤椒幾乎都是竹葉花椒種（*Zanthoxylum armatum*）經過自然馴化或人為培育的品種。以這兩個花椒種為基礎，每個產地的日照、土壤、溫差、海拔都有不同，加上對花椒樹不同程度的育種、嫁接、修剪和種植技術改良，不同產地產出的花椒也就產生不同風味特色。

植物學上的分類純粹但不具備商業與日常實用價值，當前的種與品種之間關係的研究不足，產生究竟是自然原生的「種」、「變種」或只是種植環境、技術造成差異的「品種」認知混亂，是花椒植物學研究上的極大空白，至少在本書完成前，未有各產地對品種做出明確的認定、研究與色、香、味、麻的定性描述，在實地探訪過程發現這樣的缺憾形成農民栽種花椒只有依靠經驗來選苗、栽種，是否選對種苗，要等三、四年後，花椒樹開始掛果才知道，完全不利於花椒品種的優化、產品品質與價值的提升，對農民或推廣種植的企業或政府單位都是極大的風險。

花椒種、變種與品種間關係的模糊，使得本書討論重點著重在已知品種和產地的關連與差異性，並以品種在不同產地之間的花椒風味差異作做為歸納分析的對象，提供能直接應用在選擇、使用與分辨花椒的直觀、簡易且具系統性的知識。

目前有研究單位將四川、重慶常見的花椒栽種品種做初步辨別與統計，但並沒有研究、界定風味與品種的關連性，因此風味與品種的關係仍舊模糊，想要全面的將花椒風味與品種做出明確歸屬界定需要有正確的樣本收集、花椒成分分析並橫向比較，加上植物學、種植與育種技術等專業知識，牽涉的廣度深度已不是一個「川菜與文化研究者」就能做出成果的，需要花椒產業發力支持相關研究。

椒鹽普通話

在西路椒與南路椒都有種植的產地，與椒農閒聊時，問說：買花椒苗時如何分辨西路椒與南路椒？椒農回答說：要準確分辨有困難，特別是買上幾百上千株時，一般都是賣花椒苗的商人說是什麼就是什麼。不過椒農們補充說花椒苗商人都是自己育苗，生意要做得長不會亂說，偶爾會發現夾有不對的花椒品種，但比例很低。買的品種沒有問題但是否是適合自己土地種植的品種，多半要等種下二、三年後掛果後才知道。

↑左為西路花椒，右為南路花椒，植物學上都屬於花椒種。

花椒龍門陣

目前已知，經辨別與統計後分辨出的四川、重慶地區花椒栽種品種

品種名	學名	植物學分類等級
花椒	Zanthoxylum bungeanum Maxim	種
油葉花椒	Zanthoxylum bungeanum var. punctatum Huang	變種
毛葉花椒	Zanthoxylum bungeanum var. pubescens Huang	變種
大木椒	Zanthoxylum bungeanum Maxim	品種
大紅袍花椒	Zanthoxylum bungeanum Maxim	品種
清（溪）椒	Zanthoxylum bungeanum Maxim	品種
高腳黃花椒	Zanthoxylum bungeanum Maxim	品種
六月紅花椒	Zanthoxylum bungeanum Maxim	品種
七月紅花椒	Zanthoxylum bungeanum Maxim	品種
八月紅花椒	Zanthoxylum bungeanum Maxim	品種
竹葉花椒	Zanthoxylum armatum DC.	種
九葉青椒	Zanthoxylum armatum DC. Var. novemfolius	變種
狗屎椒	Zanthoxylum armatum DC.	品種
青椒	Zanthoxylum armatum DC.	品種
藤椒	Zanthoxylum armatum DC.	品種
川陝花椒	Zanthoxylum piasezkii Maxim	種
微柔毛花椒	Zanthoxylum pilosum Rehd. et Wils.	種
毛刺花椒	Zanthoxylum a. var. timbor Hook. f.	變種
刺蜆殼花椒	Zanthoxylum d. var. hispidum（F. et C.）Huang	變種
貴州花椒	Zanthoxylum esquiroolii Lévl	種
狹葉花椒	Zanthoxylum stenophyllum Hemsl	種

註 1：本表格資料節錄自《四川林業科技》2011 年 12 月第 32 卷第 6 期「四川花椒種質資源調查與資源圃的建立」一文，作者吳銀明，李佩洪，楊琳，曾攀（四川省植物工程研究院）。

註 2：植物學分類等級中「種」、「變種」、「品種」的定義。

種 (Species)：是植物分類的基本單位。種是具有一定的自然分布區和一定的形態特徵和生理特性的生物類群。在同一種中的各個個體具有相同的遺傳，彼此交配可以產出能生育的後代。種是生物進化和選擇的產物。

變種：是一種種在形態上多少有變異，而變異比較穩定，它的分布範圍（或地區）比亞種小得多，並與種內其他變種有共同的分布區。

品種：只用於人工栽培植物的分類上，野生植物不使用品種這一名詞。品種是人類在生產中培養出來的產物，具有經濟價值較大的差異或變異，如色、香、味，形狀、大小、植株高矮和產量等，因此品種可理解為「商品化的物種」。在中藥材領域中所指稱的品種，多為分類學上的種，但有時又指栽培的藥用植物的品種。

四川、重慶主力花椒品種

四川、重慶地區當前明確的花椒分類是以外觀顏色區分，分別是「紅花椒」與「青花椒」，這兩大類中的已知品種分別是紅花椒的西路椒與南路椒，西路椒又分大紅袍花椒、小紅袍花椒；南路椒則是清溪椒、小椒子等；青花椒則有金陽青花椒、九葉青花椒和藤椒等。

「品種」一詞不具備植物學上的嚴格定義，而是市場運作或產地種植需要約定俗成的「名字」，其定義是「為商品化、差異化的需要而區分的種類」。

花椒果實的生物特點屬於植物學中的「蓇葖果」類型，常見的八角也是屬於蓇葖果類型，這類果實生長成型的過程會沿心皮癒合處形成腹縫線，其對側會形成背縫線，果實成熟後只會沿腹縫線或背縫線開裂並彈出種子，不會兩條縫線同時開裂，因此

【花椒品種樹狀圖】

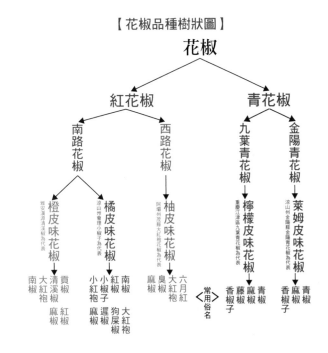

花椒

├─ 紅花椒
│　├─ 南路花椒
│　│　├─ 橙皮味花椒（雅安漢源清溪椒為代表）：南椒、大紅袍、清溪椒、貢椒、麻椒、紅椒
│　│　└─ 橘皮味花椒（涼山州會理小椒子為代表）：小紅袍、小椒子、紅椒、大紅袍、遲屎椒、狗屎椒、麻椒
│　└─ 西路花椒
│　　　└─ 柚皮味花椒（阿壩州茂縣大紅袍花椒為代表）：麻椒、臭椒、大紅袍、六月紅、南椒
└─ 青花椒
　　├─ 九葉青花椒
　　│　└─ 檸檬皮味花椒（重慶江津區九葉青花椒為代表）：香椒子、藤椒、麻椒、青椒
　　└─ 金陽青花椒
　　　　└─ 萊姆皮味花椒（涼山州金陽縣金陽青花椒為代表）：香椒子、青椒

〈常用俗名〉

「蓇葖果」類果實成熟後永遠只沿一條縫線開裂，市場上俗稱為「開口」，而開口與成熟度有關，所以開口率及大小是花椒品質的重點指標之一。

漢源椒

▌ **學名**：花椒種（*Zanthoxylum bungeanum*）

▌ **常用品種名**：南路椒、正路椒、南椒、紅椒、紅花椒等。

▌ **名特產常用名**：貢椒（漢源）、越西貢椒、清溪椒、黎椒、母子椒、大紅袍等。

▌ **產地常用名**：狗屎椒（阿壩州金川縣、甘孜州九龍縣）、家花椒、遲椒（甘孜州康定、瀘定）、宜椒等。

▌ **文獻可見品種名**：椒、蜀椒、川椒、椒紅、山椒等。

▌ **分布狀況**：主要分布在雅安市漢源縣、涼山州喜德縣、越西縣、冕寧縣。主要生長、種植在 1200 米至 2500 米的山地緩坡。

花椒樹
的分辨

1. 漢源椒為落葉灌木或小喬木，高 2 至 5 米，莖幹通常有增大皮刺；喜陽光充足的地方，適合溫暖濕潤及土層深厚、肥沃的壤土、沙壤土，耐寒，耐旱，抗病能力強，不耐積水，短期積水就會導致死亡。**2.** 枝灰色或褐灰色，有細小的皮孔及略斜向上生的皮刺；當年生小枝會有短柔毛。**3.** 奇數羽狀複葉，葉軸邊緣有狹翅；小葉 5 至 11 個，紙質，卵形或卵狀長圓形，無柄或近無柄，長 1.5 至 7 釐米，寬 1 至 3 釐米。葉片先端尖或微凹，基部近圓形，邊緣有細鋸齒，表面中脈基部兩側常有一簇褐色長柔毛，無針刺。**4.** 果實為球形，通常 1 至 3 個，成熟果球顏色以濃郁紅色為主，部份偏濃紫紅色，密生疣狀凸起的油點。花期 2 月中至 4 月中，果實成熟期 8 至 9 月。

南路花椒

▌**學名**：花椒亞種（*Zanthoxylum bungeanum*）

▌**常用品種名**：正路椒、南路椒、南椒、紅椒、紅花椒等。

▌**名特產常用名**：貢椒、母子椒、雙耳椒（喜德）、靈山正路椒、大紅袍等。

▌**產地常用名**：狗屎椒（阿壩州金川縣、甘孜州九龍縣）、家花椒、遲椒（甘孜州康定、瀘定）、宜椒等。

▌**文獻可見品種名**：椒、蜀椒、川椒、椒紅等。

▌**分布狀況**：主要分布在涼山州越西縣、冕寧縣、喜德縣、鹽源縣、木里縣、甘洛縣。阿壩州金川縣、小金縣，甘孜州康定縣、瀘定縣、丹巴縣、九龍縣。主要生長、種植在1300至2500米的山地緩坡。

花椒樹的分辨

1. 南路椒為落葉灌木或小喬木，高度約2至5米，莖幹通常有增大硬皮刺；喜陽光，適合溫暖濕潤及土層深厚的壤土、沙壤土，耐寒，耐旱，抗病能力強，耐強修剪。不耐積水，短期積水會致使死亡。**2.** 枝呈灰色或褐灰色，有細小的皮孔及略斜向上生的皮刺；當年生小枝條會有短柔毛。**3.** 奇數羽狀複葉，葉軸邊緣有狹翅；小葉5至11個，紙質，卵形或卵狀長圓形，無柄或近無柄，長1.5至7釐米，寬1至3釐米。葉片先端尖或微凹，基部近圓形，邊緣有細鋸齒，表面中脈基部兩側常有一簇褐色長柔毛，無針刺。**4.** 果實為球形，通常2至3個，成熟果實顏色以濃郁紅色為主，部份紫紅色，密生疣狀凸起的油點。花期2月中至4月中，果實成熟期8至10月。

◆ 花椒龍門陣

《紅花椒的生長循環》

豐產期紅花椒樹的生長階段依品種、產地、緯度高低與海拔高低而有先後變化，不同品種、產地的花椒成熟採收期時間差最多可達三個月以上。

南路紅花椒樹一般 2 月初就開始萌新芽，西路紅花椒樹要推遲半個月左右，3 月中旬出現花蕾苞，4 月就全面盛開，5 月中下旬開始掛果，剛掛果的嫩果一曬到陽光外皮就會轉紅並一路紅到成熟，花椒可採收的成熟期則是西路椒比南路椒早一個月左右，一般 7 月初到 8 月中旬，南路椒則是 8 月初起到 9 月中旬，採收後會最短時間內曬成乾花椒。若是要育種的就需讓花椒持續成熟，一般是採摘期後 2 至 3 周種子才完全成熟。接著進行適當修枝，花椒樹葉隨冬天的靠近而落光進入冬眠期，待隔年春天再發新芽，開始新的一個循環。

一年生的紅花椒苗栽種 2 年後即能開花掛果，3 至 4 年後開始大量結果進入豐產期，紅花椒的豐產與壽命時間和品種關係密切，一般可持續豐產 10 至 20 年，花椒樹壽命也可達 30 至 40 年，也有特別短的。

過早採摘的花椒果實通常色澤偏暗淡且香味、麻味、滋味都較弱；過晚採則容易出現落果和裂嘴，此時遇上雨水更會讓花椒果發黴。適期採收的花椒果皮顏色紅艷均勻，皮上的油泡凸起、飽滿而呈半透明狀。採摘花椒的最佳時間是在晴天且椒樹上的露水乾之後，一般是上午 9 點 10 點過後，用手指甲或剪刀將穗柄剪斷，一穗一穗地摘下。最忌諱用手緊抓椒粒、扯拉式採摘，這樣會壓破油泡，造成花椒乾燥後色澤發黑，同時香、麻味也大減。

好天氣上午採摘的無露水紅花椒應盡快在午後的陽光下晾曬乾燥，採摘到陽光下曬乾的乾花椒果品質最佳，若遇連續陰天、水汽重或下小雨後採摘的花椒則應攤開在陰涼、通風處晾 1 至 2 天，當天氣放晴、出太陽時攤在陽光下曬乾。

晾曬時，忌諱直接將紅花椒攤曬在大晴天的熱燙的水泥地面或石板上，會導致顏色發黑影響品質，此時應攤曬在草蓆或竹筐上。

↓漢源花椒產地（圖左）及採收風情（圖右）。

西路花椒

▌ **學名**：花椒種（*Zanthoxylum bungeanum*）

▌ **常用品種名**：西路椒、大紅袍、紅椒、紅花椒、大花椒等。

▌ **名特產常用名**：六月紅（茂縣）、六月香（甘肅隴南武都）、大紅袍、梅花椒等。

▌ **產地常用名**：香椒、家花椒、椒紅、秦椒、山椒、狗椒、紅椒、紅花椒。

▌ **文獻可見品種名**：椒、秦椒、蜀椒、川椒、花椒等。

▌ **分布狀況**：阿壩州茂縣、松潘縣、馬爾康、理縣、九寨溝縣、黑水縣。甘孜州瀘定縣、康定、丹巴縣、九龍縣。涼山州西昌市、昭覺縣、美姑縣、雷波縣、金陽縣、布拖縣、德昌縣、甘洛縣、喜德縣、冕寧縣、木里縣。主要生長、種植在 1500 米至 3000 米的山地緩坡。

花椒樹的分辨

1. 西路椒屬落葉灌木或小喬木，高 3 至 7 米，莖幹通常有增大硬皮刺，整體的長勢較大；適宜陽光充足，濕潤及土層深厚肥沃壤土、沙壤土，耐寒，耐旱，抗病能力強，耐強修剪。怕積水，短期積水就會死亡。**2.** 枝灰色或褐灰色，有細小的皮孔及略斜向上生的皮刺；當年生小枝會有短柔毛。奇數羽狀複葉，葉軸邊緣有狹翅；小葉 5 至 11 個，紙質，卵形或卵狀長圓形，無柄或近無柄，長 2 至 9 釐米，寬 1 至 4.5 釐米 **3.** 葉片先端尖且較為舒展，基部近圓形，邊緣有細鋸齒，且多為波浪狀，表面中脈基部兩側常有一簇褐色長柔毛，無針刺。**4.** 果實為球形，通常 2 至 4 個，果實顏色以艷紅色為主，少數紫紅色或紫黑色，密生疣狀凸起的油點。花期 3 至 5 月，果實成熟期 7 至 9 月。

小紅袍花椒

▌ **學名**：花椒種（*Zanthoxylum bungeanum*）

▌ **常用品種名**：小紅袍花椒、小椒子、南路椒、紅椒、紅花椒、米椒等。

▌ **名特產常用名**：香椒子（涼山州會理、會東）。

▌ **產地常用名**：家花椒、椒紅、山椒、紅椒、紅花椒等。

▌ **文獻可見品種名**：椒、蜀椒、川椒、椒紅、山椒等。。

▌ **分布狀況**：涼山州會理縣、會東縣、德昌縣、甘洛縣、鹽源縣、木里縣等。主要生長、種植在 1200 米至 2200 米的山地緩坡。

花椒樹
的分辨

1. 小紅袍花椒為落葉灌木或小喬木，高 3 至 6 米，莖幹通常有增大硬皮刺；喜陽光充足、溫暖濕潤且土層深厚的肥沃壤土、沙壤土環境，耐寒，耐旱，抗病能力強，短期積水可致死亡。**2.** 枝灰色或褐灰色，有細小的皮孔及略斜向上生的皮刺；當年生小枝會有短柔毛。奇數羽狀複葉，葉軸邊緣有狹翅；小葉 5 至 11 個，紙質，卵形或卵狀長圓形，無柄或近無柄，長 1.5 至 6 釐米，寬 1 至 2.5 釐米。**3.** 葉片先端圓尖或微凹，基部為略尖橢圓形，邊緣細鋸齒不明顯，表面中脈基部兩側常有一簇褐色長柔毛，無針刺。**4.** 果實為球形，通常 2 至 3 個，成熟果球顏色大多為艷紅色，少數紫紅色或者紫黑色，密生疣狀凸起的油點。花期 2 至 4 月，果期 8 至 10 月。

金陽青花椒

▌ 學名：竹葉椒種（*Zanthoxylum armatum*）

▌ 常用品種名：青花椒、香椒子、麻椒等。

▌ 名特產常用名：金陽青花椒。

▌ 產地常用名：青椒、青花椒、竹葉椒等。

▌ 文獻可見品種名：蔓椒、山椒等。

▌ 分布狀況：涼山州金陽縣、雷波縣、西昌市、德昌縣、甘洛縣，攀枝花市鹽邊縣。主要生長、種植在 650 至 1800 米的山地緩坡。

花椒樹的分辨

1. 半落葉小喬木，高 2 至 6 米，樹皮綠色到褐色，上有許多皮刺與瘤狀突起，分枝角度開張，樹冠傘形。金陽青花椒樹在開花和掛果期怕較大的風，會造成大量的落花落果，因此山頂和風口不宜種植。**2.** 金陽青花椒為喜溫樹種，冬季氣溫在零度以下會進入冬眠狀態；耐乾旱，不耐澇，短期內積水樹就會死亡；枝一年生為紫色，二年生為麻褐色，三年生色澤逐漸加深；一年生枝條上的刺 1 至 2 釐米，呈紅色之後隨時間硬化並轉成褐色。**3.** 奇數羽狀複葉，葉子為長卵形，葉柄兩側具皮刺，葉厚，顏色綠到濃綠，對土壤適應性較強，喜光照，可承受大幅度修剪，鬚根發達，具有保持水土的作用。**4.** 金陽青花椒果實掛果後呈綠色一直到成熟，而當種子成熟時呈轉為暗紫紅色，果皮上有疣狀的油泡突起，一個果實中含 1 至 2 粒圓形種子，種子顏色濃黑色光澤。

◆ 花椒龍門陣

《青花椒的生長循環》

進入盛產或 3 年以上青花椒樹的生長階段依品種、產地、緯度高低與海拔高低而有先後變化，不同品種、產地的花椒成熟採收期時間差最多可達二個月。低海拔的藤椒、青花椒冬季不會落葉冬眠，持續生長，沒有絕對的發新芽時間點，中海拔的金陽青花椒於冬季會落葉並冬眠，因此一般是 2 月底 3 月初才發新芽，發新芽後 1 至 2 周內開始長花苞，再過 2 至 3 周開始盛開，3 月中下旬掛果後開始發育果實，掛果後嫩果將保持青綠直到熟透才會不均勻的轉紅，5 月初到 5 月底的青花椒果實適合採收做成保鮮青花椒。

製作乾花椒的話，低海拔的藤椒、青花椒則需要 6 月初到 7 月上旬的成熟度，大約是端午前後；中海拔的金陽青花椒就到 8 至 9 月才能採收乾製。若要留做育種的就需讓花椒持續成熟，一般是採收期後 2 至 3 周種子才完全成熟。接著進行修枝，目前低海拔青花椒沒有冬眠問題，主要採取全修枝的技術，中海拔金陽青花椒會落葉並冬眠因此只能適度修剪，確保來年有足夠的枝條開花結果，隔年 2 月再發新芽並開始新的一個循環。

通常青花椒一年生苗高可達 1 米以上，一年苗移植到花椒地後 1 至 2 年可開花結果，3 至 4 年進入盛產期，並可持續 10 至 15 年，生產壽命最多可達 20 至 25 年。

青花椒主要集中在 7 月至 8 月採摘，這時採摘加工的乾青花椒的色澤好，風味品質佳。

青花椒的採摘方法與紅花椒相同，以手工採摘最佳，目前低海拔的藤椒、規模種植區多發展出結合修剪枝條的方式進行採摘，效率高、節省人力；中海拔金陽青花椒則因不能過度修枝，依舊保留純人工採摘的技術。採收青花椒應選晴朗天氣並等樹上花椒的水氣乾的時候才開始採，一般是上午 9 點之後。摘下的花椒應當天鋪在石板、水泥地或蓆子上曝曬，當天上午採當天下午曬乾的品質最好，色澤、氣味、開口度都相對好，涼山州椒農稱之為「一個太陽的花椒」。現在規模產區則是以機器烘乾為主，顏色多半較佳，但開口及氣味略差。

↑江津九葉青花椒產地及風情。

九葉青花椒

▌ **學名**：竹葉椒種（*Zanthoxylum armatum*）

▌ **常用品種名**：青花椒、香椒子等。

▌ **名特產常用名**：江津青花椒等。

▌ **產地常用名**：蔓椒、山椒等。

▌ **文獻可見品種名**：蔓椒、山椒等。

▌ **分布狀況**：重慶市江津區、璧山縣、酉陽土家族苗族自治縣。四川省的自貢市沿灘區，瀘州市龍馬潭區、合江縣、瀘縣，廣安市岳池縣、華鎣縣，綿陽市鹽亭縣，巴中市平昌縣，南充市營山縣、資陽市樂至縣，達州市渠縣、達川區。主要生長、種植在 450 米至 800 米的丘陵地或坡地。

花椒樹的分辨

1. 半落葉小喬木，高 2 至 7 米，規模化種植均經人為矮化在 2 至 3 米高；樹皮綠色到褐色，上有許多瘤狀皮刺突起，分枝角度開張，樹冠呈傘形。避免種植在風口處，九葉青花椒開花和掛果期若遇到較大的風會造成大量的落花落果。**2.** 九葉青花椒為喜溫樹種，冬季溫度在零度以下時容易有凍害；耐乾旱，不耐積水，短期積水樹就會死亡；樹枝由一年生的紫色到二年的麻褐色，色澤逐漸加深；一年生枝條上均勻長有 1 至 2 釐米的深紅色皮刺，之後隨時間轉成褐色並硬化。九葉青花椒對土壤適應性較強，需充足的日照，可承受高強度修剪，鬚根發達，具有保持水土的作用。**3.** 樹葉屬奇數羽狀複葉，葉數 3 至 7 葉，樹齡 3 年以下的枝條葉數則較多 7 至 9 葉，葉柄兩側具皮刺，葉形相對偏細長，葉厚而綠，**4.** 青花椒果實掛果後呈綠色一直到成熟，當種子成熟時果皮轉為紫紅或暗紅色，果皮布滿突起油泡，通常一個果實中含 1 至 2 粒圓形種子，種子顏色濃黑色光澤。

藤椒

▌ **學名：**竹葉椒種（*Zanthoxylum armatum*）

▌ **常用品種名：**藤椒。

▌ **名特產常用名：**藤椒。

▌ **產地常用名：**藤椒、香椒子、油椒、坨坨椒等。

▌ **文獻可見品種名：**蔓椒、山椒等。

▌ **分布狀況：**眉山市洪雅縣、丹棱縣，樂山市峨嵋山市、夾江縣、馬邊縣，即峨嵋山周邊丘陵地區。主要生長、種植在 450 米至 1000 米丘陵坡地上，目前四川有多地發展大面積種植，如綿陽市三台縣、樂山市井研縣、廣安市岳池縣。

1. 半落葉小喬木，高 2 至 7 米、規模化種植會利用矮化技術將樹高控制在 2 至 3 米高，樹皮綠色到褐色，主幹上有許多瘤狀的皮刺突起，分枝角度特別開張且枝條相對較長。避免在風口種植，較大的風會造成大量的落花落果。**2.** 藤椒為喜溫樹種，氣溫過低容易受凍害；耐乾旱，不耐積水，短期積水樹就會死亡；成熟樹枝從麻褐色色澤逐漸加深；一年生枝條上均勻長有 1 至 2 釐米的深紅色皮刺，之後隨時間轉成褐色並硬化。**3.** 樹葉屬奇數羽狀複葉，葉尾較鈍圓，葉長稍短，葉厚而濃綠，藤椒對土壤適應性較強，充分的光照可獲得較佳的風味，能耐高強度修剪，鬚根發達，具有保持水土的作用。**4.** 藤椒果實掛果後呈綠色一直到成熟，當種子成熟時果皮轉為紫紅或暗紅色，果皮布滿突起油泡，每顆果實中含 1 至 2 粒圓形種子，種子顏色為濃黑有光澤。

花椒樹
的分辨

巴蜀花椒產區特點

花椒的分布極廣，北起遼東半島，南至海南島，西起青藏高原東緣的青海省、甘孜藏族自治州，東到台灣，從熱帶到溫帶分布著不同花椒種。紅花椒的主要規模產區在四川、重慶、甘肅、陝西、河南、河北、山東、山西等省，青花椒則是四川、重慶、雲南、貴州等省，其中巴蜀及周邊地區的花椒品種、風味多樣且質量俱佳，秦嶺以北產區總產量大，超過全大陸總產量的八成。

秦嶺以北因緯度較高、氣候相對乾燥、年均溫較低，不利青花椒生長，近年的品種改良也開始種起青花椒。但秦嶺以北的自然條件卻十分適合紅花椒，特別是西路椒的大紅袍及小紅袍的種植，著名的產地如甘肅的隴南市，陝西的韓城市、鳳縣，山東的萊蕪等。雲貴高原水氣夠加上平均溫度因海拔高度而異，一般在海拔 800 米到 1800 米左右的緩坡、平壩處十分適合中海拔青花椒品種的種植，且有質量俱佳的產地如雲南昭通市、曲靖市，雲南海拔 2000 米至 3000 米的高原氣候環境則適合紅花椒，但早期山地交通不便加上不是紅花椒的原生產區而限制了紅花椒產業的發展，直到近三十年交通改善、花椒需求驟增才開始大規模發展。

地理氣候複雜，品種多樣

巴蜀是重慶、四川的古名，位於秦嶺以南，雲貴高原以北，是紅花椒與青花椒分布的過渡帶且地形變化大，自然形成花椒品種多樣且質量優異的特點。紅花椒品種主要有南路花椒（又名正路花椒）、西路花椒、小椒子等；青花椒品種則有金陽青花椒、九葉青花椒、藤椒等。

紅花椒種植主要分布在四川盆地周邊 1800 米到 2800 米的緩坡或高原上，最低種植海拔約 1500 米，最高海拔可到 3200 米，屬於花椒的傳統種植區，有文字記錄可查的莫過於種植歷史 2200 年以上的雅安市漢源縣，具經濟規模種植的產地主要分布在雅安市、涼山彝族自治州多數縣治、甘孜藏族自治州的特定縣治和阿壩藏族羌族自治州多數縣治。

青花椒分布在四川盆地的丘陵地區及重慶市郊縣的丘陵及部份山區，主要分布高度為 400 米到 1200 米之間，種植的最高海拔大約 2000 米，擁有種植傳統的地區分別是眉山市的洪雅、丹棱，樂山的峨眉山市，涼山彝族自治州的金陽縣、雷波縣等，1990 年代後竄起的大規模產區則不能不提重慶市的江津區，不只帶起了青花椒產業，更讓川菜新增了青花椒味、藤椒味，在此之前的館派川菜（指餐館酒樓所烹製，有一定禮制規範的宴席菜）中青花椒屬於野調料，是上不了檯面的，只能見於窮困百姓或窮困地區的日常三餐或是泡醃漬菜中，是物資匱乏、物流不暢之時代裡的紅花椒替代品，讓人意想不到的是青花椒風味隨著經濟起飛、川菜興起，短短三十年就成為「青」透半邊天的當紅香料食材。

↑ 重慶青花椒產地，酉陽縣。

↓四川南路紅花椒產地多為地形較緩和的中高山或高原。圖為阿壩州金川縣。

紅花椒以川西、川南高原為主

想具體認識四川花椒產地的具體地理分布建議準備一張四川地圖對照。現在讓我們從四川成都的西面開始依逆時針方向介紹，首先是阿壩藏族羌族自治州以西路椒的大紅袍花椒為大宗，部份南路椒，具規模種植的有小金、金川、馬爾康、理縣、汶川、茂縣、松潘、黑水、九寨溝等縣之海拔 1800 至 3000 米的緩坡或河谷地。

接著轉向西偏南的甘孜藏族自治州，甘孜州北邊西路大紅袍花椒多，以康定、瀘定、丹巴等地為主，甘孜州南邊則是南路椒多，以九龍縣 1800 至 3000 米的緩坡或河谷地為主。

目前阿壩州與甘孜州少數海拔較低的區域已成功發展青花椒種植，然地廣人稀因此規模擴展慢、初具產量且品質參差不齊，最大優點就是種植環境優異適合發展綠色種植。

西南方的雅安市為高原到盆地平原的過渡帶，花椒品種以南路椒為主，其中的漢源縣就是著名的千年貢椒產地，主要種植在海拔高度 1200 至 2400 米的山區緩坡，低海拔則少量發展青花椒種植。

四川正南方是涼山彝族自治州和攀枝花市，屬於雲貴高原到青藏高原的過渡帶，地形複雜且偏南（緯度低），雖是高原卻陽光、水氣充足且少有酷寒，全境都適合花椒種植，青、紅花椒皆有，呈垂直分布，海拔 800 至 1800 米種青花椒，1600 至 2200 米種南路紅花椒，2200 至 3400 米種西路紅花椒，可說是品種最多元的區域，幾乎每個縣都有其主力品種，如金陽、雷波的青花椒，越西、喜德、冕寧、鹽源的南路椒，會理、會東的小椒子，昭覺、美姑的大紅袍，屬攀枝花市的鹽邊縣也以青花椒出名。其他縣多少都有青花椒、紅花椒種植，品種較雜，西路椒、南路椒、小椒子、青花椒都有，產量不少卻分散，並沒有形成集中而規模化的種植。

↓ 四川紅花椒產地，涼山州鹽源縣。

青花椒始於重慶，今日遍地開花

花椒市場自古到 1980 年為止只認紅花椒，只有紅花椒才是符合飲食禮制的香料，這之前只有紅花椒具經濟價值，又四川地區紅花椒都要種在海拔 1200 米以上的山上，四川盆地、丘陵及重慶主要農林業地區集中於海拔 400 至 800 米且群山環繞，因此不是傳統的花椒經濟產區。

重慶市地理環境幾乎滿布丘陵及最高近 2800 米的連綿山脈，嘉陵江在此滙入長江後一路東流，全年水氣充足、均溫偏高，是青花椒原生地也是現代經濟種植的創始地區。

據歷史記載，重慶地區自十四世紀的元朝起就有各種花椒使用與種植的記錄，但不是所謂花椒產區，直到 1990 年江津區把上不了檯面的低海拔野花椒（即青花椒）透過育種改良加上市場推廣，一戰成名，那青綠、爽麻、鮮香迥異於紅花椒的赤紅、醇麻、熟香，讓四川餐飲市場及好吃嘴們（川人對特別愛好美食的人們的暱稱）驚艷，成為餐館酒樓的創新利器，更讓江津區發展為數一數二的青花椒產地並培育出經典品種——九葉青。目前重慶全境都有種植，具規模的種植區有江津區、璧山縣、酉陽土家族苗族自治縣等。

二十多年來青花椒的成功模式帶動了全四川、重慶的青花椒產業，風靡全大陸餐飲市場，成了最佳的農村經濟轉型與脫貧的重點林木品種，讓無數依靠發展青花椒種植的農民提高了收入。

四川盆地及丘陵地區的人們在早期沒有紅花椒可用時同樣只能尋求野花椒，亦即生長於低海拔的青花椒替代紅花椒的習慣與風情，這現象最為突出的就屬峨嵋山周邊地區的洪雅縣與峨嵋山市等，因為鄰近大山峨嵋山，野花椒（即藤椒）風味有特點因而產生在自家院壩、田地裡栽種幾棵野花椒以便日常或應急使用，且產生將採摘下來的青花椒果實經閹製成藤

↓四川綿陽市鹽亭縣新開發的青花椒種植區。

【四川、重慶地區青、紅花椒種植分布示意圖】

南路椒（清溪椒、小椒子、正路椒等）

西路椒（大紅袍、六月紅等）

青花椒（金陽青花椒、九葉青花椒等）

椒油的習慣，是十分具地方特色的調料，1990年後，在規模化種植與燜製工藝改良下進一步將藤椒油的清香麻推廣到全國。目前四川省具規模的青花椒、藤椒產地有綿陽市三台縣，廣元市朝天區，巴中市平昌縣，達州市渠縣、達川區，廣安市岳池縣，南充市營山縣，資陽市樂至縣，樂山市井研縣，自貢的沿攤，瀘州的合川縣、瀘縣，涼山州金陽縣、雷波縣等等。

■ **大師秘訣：周福祥**

花椒在麻辣火鍋底料中主要起一個麻，同時在裡面增香，另一個效果是和辣椒作為一個風味上的互補。此外，以我多年的經驗來說，使用這個花椒的時候一定要把它過水潤濕，很多人都沒有過水潤濕就直接下鍋，這會有問題的，因為花椒本身很乾的，而油的溫度又很高，一下去就焦煳了，整個味就要變糟，使得麻味無法很好的釋放出來。將花椒過水潤濕一下，再進行炒製的過程，就能避免掉上述的問題。

【花椒種植垂直分布示意圖】

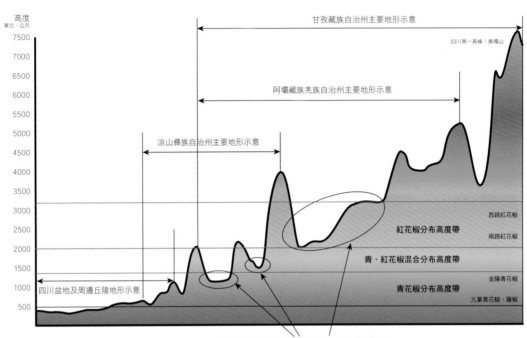

高度
單位：公尺

甘孜藏族自治州主要地形示意

四川第一高峰：貢嘎山

阿壩藏族羌族自治州主要地形示意

涼山彝族自治州主要地形示意

四川盆地及周邊丘陵地形示意

西路紅花椒

南路紅花椒

紅花椒分布高度帶

青、紅花椒混合分布高度帶

金陽青花椒

青花椒分布高度帶

九葉青花椒、藤椒

山地主要人口聚居地形區；河谷平壩、高海拔平原

獨特的花椒交易風情

花椒盛產的季節每一個產地因地理環境、民俗習慣或民族風情與小地區氣候的差異性而產生多樣化的集市或交易型態，例如有只交易曬好的花椒的集市，有只收新鮮花椒的集市，有些是收購商到農戶家收，也有需要椒農自行背到收購商指定地方賣給收購商的；還有定點集市，也有在交通要衝處設立的臨時集市，各集市的交易時間會透過各種方式傳遞到花椒農耳中。

四川、重慶的大小菜市場中都有乾雜店賣乾的青、紅花椒粒、花椒油、藤椒油或冷凍保鮮青花椒等，離產地不遠的城市市場在產季時還會賣新鮮花椒。青花椒產地就賣新鮮青花椒，紅花椒產地就賣新鮮紅花椒，位於產地的農貿市場中賣新鮮花椒的多半是椒農自己種、自己採、自己賣，涼山州多數縣城都可見這純樸風情。若是產地周邊的城市就多半是市場中的菜販在賣從產地收購來的新鮮花椒，如成都市、攀枝花市就是屬於這種風情。

↑攀枝花市城區的菜市場中，普遍會在青花椒產季時賣新鮮的青花椒。

紅花椒種植地都在山上，一般山里城關街上的新鮮紅花椒都是來自城關周邊或鄉鎮小量種植花椒的農民，他們多半將前一天採收的一大簍新鮮花椒，約10幾20公斤背著走上半小時甚至2小時才能到城關，為何不坐車？因為花2至5元人民幣坐農村客運車對農民們來說依舊是沈重的，此情況在多數的紅花椒產地都有，如甘孜瀘定、九龍，阿壩州金川、小金，涼山州的越西、喜德。

多數生活在產地以外的人們來說，極少接觸過新鮮花椒，一般會想新鮮花椒是拿來做菜嗎？對也不對，因只有極少量新鮮花椒直接用於做菜以享受產季限定的鮮花椒風味，大多數新鮮花椒的目的有二個，其一買回家自己曬成乾花椒，雖然4至5公斤鮮花椒只能曬成1公斤乾花椒，但是4至5公斤鮮花椒相對於1公斤乾花椒是便宜的，且自己曬製、揀選可以做得更確實、吃得安心，這樣的民情習慣普遍存在紅花椒產地的縣城，青花椒產地較少，更多的是買新鮮青花椒自己煉製花椒油。

自己煉製花椒油就是買新鮮花椒的第二目的，也是主要目的，花椒油也可以用乾花椒來煉製，但效果較

↑涼山州鹽源縣城的收購商除了下鄉收紅花椒之外，離縣城近的椒農也會主動送過來。

◆ 花椒龍門陣

《花椒選購技巧》
選購花椒的技巧很簡單，只要熟記最五大花椒基本風味，再加上所有優質花椒都適用的外觀、乾燥度、香氣三大感官原則即可避開劣質花椒。

1. 看：花椒的色澤應具飽和感，顆粒大小、顏色均勻，果實都應開口，且開口較大的通常成熟度較高，香氣濃郁、麻味足。不含或只含極少量黑色花椒籽、枝桿及花椒葉，不應該出現不屬於花椒樹的沙、石等各式雜質，明顯的破碎或受其他香辛料味道竄味的情形。

2. 抓：一把抓起花椒，手感應該糙硬並有扎手的乾爽感，輕捏就碎，撥弄花椒時有清脆「沙沙」聲，表示花椒乾燥度較好並且儲存條件好，這樣的花椒不容易走味或變質，一般來說質量不會太差。

3. 聞：聞一下抓在手中的花椒，花椒氣味鮮明，氣味中不應有油耗味或受潮、沉悶的不舒服氣味，應是乾淨的花椒氣味感，符合這條件基本就是品質合格的花椒。

再將手中花椒適度的搓一下再聞，若是散發的氣味明顯變得十分濃郁豐富且舒服，恭喜！這是好花椒。

※關於假花椒：
在川菜地區以外的市場常出現所謂的假花椒，這是不良販子利用人們對花椒的不熟悉的欺騙。實際上假花椒十分好辨識，因假花椒多是用澱粉做出形後染色，外觀是絕對沒有開口、呈不規則的圓粒狀且顏色相當一致但不自然，同時一捏就粉碎，氣味有但不自然或有油耗味，少數能做到開口但不會是只有內外兩層皮的中空模樣。假花椒多是用澱粉做的，因此流傳著一個玩笑段子：買到假花椒不必太緊張，整把下鍋煮一煮就能當麵疙瘩吃！

差，因花椒曬乾後會損失相當多的揮發性芳香味，且存放時會繼續損失芳香味，而小量煉製新鮮花椒油的技術簡單、風味較市售的更佳，還可按喜好調整新鮮花椒與油的比例、選擇油的品種，如選用地方上小作坊榨的濃香菜籽油來煉製的花椒油風味更加濃而醇，因此買新鮮花椒回家煉製花椒油幾乎成了產地周邊的人們在產季期間的重要工作。市售產地在四川、重慶地區的青、紅花椒油也以新鮮花椒煉製大宗，但規模化生產與成本考量，成品風味對產地的人們來說還是差了些，許多位於產地的特色餐館就是以自製花椒油的鮮香麻風味來吸引並留住客人的。

江津青花椒場風情

　　江津地區屬於大規模的種植，乾花椒交易集中在江津區花椒綜合交易市場（位於先鋒鎮的楊家店），鮮青花椒則受益於公路交通發達，都是農民與廠家交易好後安排卡車直接到戶收貨。在楊家店只要天氣好，交易是從早上天未亮到太陽下山都不間斷的，每天交易量超過50噸，100萬市斤。

金陽青花椒場風情

　　金陽因為山高、路險的關係，鮮花椒的交易量較少，採取到鄉鎮直接收購。因此交易上以乾花椒為主，集市除縣城的固定集市外，主要分布在金沙江邊縣道上的蘆稿鎮、春江鄉與對坪鎮。金陽山高深谷多，因此平壩極少，椒農多利用屋頂來曬製青花椒。

越西紅花椒場風情

　　越西的花椒交易以曬好的花椒為主，較大的交易集市是位於距離城關約 10 公里處的新民鎮，雖說乾花椒的交易較沒有時間上的限制，但基本集中在中午前，大約 7 點多，椒農就人背馬馱的帶著花椒陸續聚集到新民鎮的街上，收購商則開著貨車過來，在 9 點多到 11 點之間達到交易的顛峰，可說是人頭鑽動，議價聲此起彼落。

喜德紅花椒場風情

　　喜德地區因紅花椒都種在山上，欠缺平壩曬製花椒，因此農民都是將採好的新鮮花椒一簍簍的從山上背下來，聚集在交通要衝金河大橋的橋頭做交易，產季時每天早上5點半到8點半，這橋頭就成了熱鬧的新鮮花椒集市，也吸引一些賣早點與日用雜貨的攤販聚集。

　　喜德的收購商因為是收新鮮花椒，因此負責曬製與揀選，曬花椒多集中在城關周邊的平壩地區與部份較寬敞的公路路段。而開放椒農、椒商在公路上曬花椒是喜德縣政府因應喜德地理環境欠缺平壩而特許的。

花椒 川菜之妙

願意在恐懼中追尋那味蕾的天堂！

在經過有如面對天堂（香）與地獄（麻）的抉擇後，

有些還帶討喜的甜香味，讓多數不熟悉花椒的人，

花椒擁有誘人食慾及香水般的柑橘類香氣，

SICHUAN
PEPPER

↑四川「泡」菜的最大特色是它那混合了椒香味的乳酸香味，其次是活乳酸菌含量很高。

花椒在作為調味辛香料來說具有除異味（腥、羶、臊等）、增香、解膩、添麻（不是添麻煩喲）這四大特點，然而，川菜地區以外的多數人想到「麻」就對花椒投降，不知道該如何應用在日常菜餚的烹煮調味，此時就要展現花椒的奇妙了，簡單的透過「量」的控制就能運用花椒的四大特點：除異、增香、解膩、添麻。

簡單來說，就是加極少量花椒入菜可以除異、解膩而無香麻味，或碼味時加入少量花椒一起碼勻醃漬以除去腥異味；量多些就有一定的增香效果而不帶麻感；烹調時使用一定量以上的花椒，透過煎、煮、炸、熗、淋、燒、烤等工藝就可以得到不同層次的麻味與香味。四川特色「泡菜」調製泡菜水時多數都要加點花椒進去，一是去除食材生異味，泡製出來的泡菜吃來奇香飄飄，讓人兩頰生津！

體驗花椒風味最最簡單的方式，就是取花椒粉或花椒油搭配其他調料做成蘸碟蘸食各種菜品，多、少、濃、淡隨心所欲，輕鬆體驗花椒之奇妙、生津的香麻味。

■ 大師秘訣：伊敏

從全球華人市場的角度來談川菜，只能說川菜的辣可以被普遍接受，但麻就不被普遍接受。但這只是一個過程，只要我們把花椒的麻，依當地習慣調節到適當的程度，同時將更多重點放在凸顯花椒的香及花椒功能性的運用，特別是去腥異味，相信川菜市場的擴大可以是跳躍式的。

揭密花椒滋味，享受絕妙風味

香氣、滋味、麻感獨特的花椒總讓人有未知的恐懼！現在將前面篇章詳細介紹的花椒品種與風味與菜品、烹調做初步連結，揭密花椒滋味、破除對花椒之未知的恐懼，建立精用、巧用花椒的基礎。

妙用花椒的六種滋味

花椒的基本味有香味、麻味、甜味、苦味、澀味、腥異味等六種，要靈活運用花椒就必須認識花椒這六種滋味

↑川菜/煳辣荔枝味的絕妙處就是花椒與辣椒混和產生的煳香味。圖為煳辣荔枝味代表菜品「宮保鱈魚」。菜品製作：蜀粹典藏。

在菜餚中的作用，這些作用對多數有經驗的川菜廚師來說應該是心領神會，卻無法用言語文字說清楚的存在，經過梳理與分析大量的烹調經驗與味覺體驗，將明確說明花椒六個基本味在菜品中的作用，相信喜愛川菜、花椒的入門者可以更快掌握花椒特性，餐飲專業與前輩大廚能觸類旁通、發現花椒應用的新可能。

奇香搭對風味菜加分：香味

青、紅花椒香氣的最大差異點有二，一個是花椒基本味的差異，青花椒的基本味屬於草藤類的氣味，而紅花椒是木質類的氣味；二是香氣部份，青花椒是檸檬皮味或萊姆皮味，紅花椒則是柚皮味或帶甜香的橘皮味，由此就能依照成菜味型或類型在烹調前選擇適當的風味類型花椒，減少氣味相剋抵消或味感怪異的情況發生，縮短菜品研發的時間成本，例如清鮮類的味型適合青花椒入菜，醬香、甜香類味型適合紅花椒入菜，麻辣味型則可按偏好選擇，又如素菜類與水產類運用青花椒調味多半都會相契合。而禽、畜等陸地上的葷類食材多半適合用紅花椒；花椒香氣需要熱力使其揮發出來，但過多的熱力會造成香氣的散失，因此火候會影響花椒香味的豐寡。

這只是一個基本原則，是當你不確定該用何種花椒為菜品增香調味時的一個嘗試原則，有熟悉度後建議可以嘗試更巧妙的應用或是更大膽的做創造性運用。

是感覺不是味道：麻味

「麻味」更準確的說應該是「麻感」，因為她是一種感覺，不是味道，因此很難用有美感的形容詞描述，一般最常見的比喻是像看牙醫打過麻藥後，麻藥剛退時的漲麻感，雖然容易想像但讓人覺得很恐怖，且會誤導人們覺得花椒會讓味蕾失去作用。經過體驗分析，花椒麻感應更像是手腳因姿勢不當壓迫而產生的輕微漲麻或麻刺感，發麻的位置除了痛覺減少，其他感覺都基本正常，只不過這感覺是發生在口中。

又或許可以將「麻感」形容成像是無數隻螞蟻在唇上跳舞或踩小碎步；也有點像是微電流流竄的顫動感；又有如吃跳跳糖般的新奇感，並非跳跳糖會麻，而是那種綿刺感就像彼此的親密接觸，一種又驚又喜的新奇感。這些比喻或許還不準確，卻是具體而有「美味感」的形容或比喻。

花椒產生的麻感是十分多樣的，在烹調應用時要注意幾個問題，一是麻感的差異性，二是麻感出現的時間點，最後是麻感的強度。首先不同產地、品種的花椒其麻感是不同的，那差異性可想像成不同粗細、軟硬度的毛刷刷皮膚的感覺差異。一般來說柚皮味西路椒的大紅袍花椒的麻感是屬於密刺感的麻感（細硬毛刷）；而橙皮味南路椒中的漢源椒是屬於綿密的麻感（細軟毛刷）；橘皮味南路椒中的小椒子的麻感則是微刺感的麻感（粗軟毛刷）。

青花椒的麻感原則上都是屬於粗糙而偏深的刺麻感，若細分的話萊姆皮味的金陽青花椒是細密略深的刺麻感（粗軟毛刷）；而檸檬皮味花椒的江津青花椒是鮮明而略深的刺麻感（粗硬毛刷）。

↑在四川、重慶地區，想體驗多種的麻辣滋味的最佳選擇就是涼菜、滷貨店，除了五香味以外，就屬麻辣味的品項最多。

麻感具有實質的「止痛」效果，因此可確實為菜餚減少或延緩「刺激感」而增加「口感層次」，因為是花椒素成分滲入表皮下細胞影響痛覺神經作用所產生的效果，可算是深層的口感。麻感的產生與各種滋味一樣是經由滲入表皮下細胞作用形成的一種感覺，但麻感更複雜，是從裡到外的綜合感覺。

此外紅花椒的香氣與麻味比起青花椒來說具有相對強的生津感，也就是紅花椒的香味與氣味會刺激唾腺，而產生像美食在口中，大量分泌唾液的現象，因此單單花椒的香與味就能讓人生津開胃，精確妙用這奇妙的特質可讓許多的佳餚更加滋潤、誘人。

這也是為什麼麻感又常被稱之為「麻味」。

其次是不同品種、產地的花椒麻感出現快慢也有差異，如柚皮味大紅袍花椒一入口麻感就出現，一般適合味道強烈、粗獷的菜品；橘皮味越西花椒的麻感則相對慢一些，一般適合味道精緻的菜品，因此在烹調時可以考量麻感出現時間的差異性。因此針對不同的菜餚滋味濃度與口感，可以選擇不同麻感出現時間的花椒，加上善用麻感與麻度的差異，相信可以讓菜餚滋味的完美度更上一層樓，讓一道道經典菜產生超越經典的滋味。

那，紅花椒、青花椒那一個更麻？

這是剛接觸花椒的朋友們最常問的問題，也是四川、重慶的人們一直無法明確回答的問題。喜歡青花椒的說青花椒麻，喜歡紅花椒的說紅花椒麻，各說各話。經過我仔細品嚐辨別近 50 個產地，超過 80 份的樣本後得到一個結論，麻度是紅花椒強，麻感明顯度是青花椒明顯。青花椒的麻感有如粗硬毛刷刷皮膚，因此其麻感帶有一點吃到辣椒才會有的刺痛感，實際麻度卻不高，一次吃 3 至 4 顆也不會讓人有麻到氣哽或口齒不清的感覺；而好的紅花椒，其麻感是一種細密的漲麻感有如細軟毛刷刷皮膚，一樣 3 至 4 顆的量就會讓人麻到氣哽且有舌頭不聽話、口齒不清的感覺，有些人可能一顆紅花椒就會麻的不舒服。

因此，青花椒較麻的印象實際上是一種錯覺，因為青花椒的麻感帶有明顯刺感，讓人很容易感覺到並印象深刻，而紅花椒的細密麻感相較起來就只是漲麻，漲與刺這兩種感覺對多數人來說肯定是刺感讓人印象深刻，也就是多數人將麻感粗細差異與麻度強弱搞混了。

↑在南路花椒產地偶爾可見的「團狀油椒」，麻度、腥異味都極高，強到讓人發暈，只需要一點點就能強力袪除牛羊肉那極重腥羶味，但只有產地掌握使用技巧並有得用。

■ **大師秘訣：蘭桂均**

四川歇後語：「一斤花椒炒二兩肉，你就麻嘎嘎（四川方言，『肉』的地方說法）。」這是什麼意思呢？早期物資缺乏時，肉比花椒貴，這菜本來是以肉為主料，但端上來卻都是花椒，意指忽悠人、騙人的意思。這歇後語反映出一個時代現象，今天的花椒快比肉貴，餐館也不可能會一斤花椒炒二兩肉，因此這句歇後語現在用得少了。換句話說，就廚師的思路一定要跟著環境作調整，不然就像歇後語一樣也是會被遺忘、淘汰。

聞來發甜嚐過回甘：甜味

花椒的滋味中存在回甜感與甜香味，其中回甜感是指在苦味或澀味之後，口腔中隱約感覺到的甜味感，類似喝茶後的回甘感，這樣的感覺多半產生於舌根或鼻咽處，少數出現在舌下；甜香味則像是深聞糖果、蔗糖、冰糖等給人一種發甜的氣味感，一種可明確感覺有甜感的氣味。

花椒的甜味輕，在菜品中不具備突出風味的效果，但能夠在味感層次與滋味和諧感上起輔助性作用，讓菜品滋味更飽滿有味、甘鮮感更豐富。花椒甜香味對滋味較輕、爽而醇的味型影響較明顯，如宮保雞丁，是煳辣小荔枝味，微酸而甜香，若使用甜香味較輕的花椒，此菜的滋味就要打折扣了。

善加妙用能解膩：苦味、澀味

花椒所含有的苦味、澀味成分其實不少且必定存在，區別在於多寡與適口性，同時苦澀味與麻度有一定的關聯，多數的青、紅花椒入口苦味明顯或重的其麻感或麻度通常較強，雖非絕對，但適用於多數花椒，可作為選花椒的一個參考。

花椒在烹煮過程中會隨時間而持續釋出苦澀味，釋出量與時間成正比。對許多的川菜大廚來說，苦味、澀味的出現通常會敗味，意即破壞滋

↑一般來說好的花椒雜味少，相對的甜感與甜香味就會明顯。此為剛採收下來的漢源花椒。

↑製作花椒粗粉時，可將花椒的內層白皮篩除以減少苦、澀味並減少顆粒感，可得到較純粹的香麻味，但厚重感較弱。

味的好感度，都採欲去之而後快的態度，不願正面面對苦澀味！閃躲不如正面面對，充分了解花椒苦澀味的特性與出現規律自然就能避開缺點。

所有帶有苦味、澀味的食材、調輔料在調味中有一個關鍵的作用，就是苦味、澀味能解膩！只要控制得當、善加妙用就可讓許多容易膩口的菜餚風味更爽口，花椒的苦味、澀味同樣具備這關鍵作用。這道理就和吃完膩口的美食後想要來一杯氣味清香、滋味卻略帶「苦澀」的茶湯，利用苦、澀感刮去口腹中膩人腴脂味感。

因此，烹調使用到花椒時，為了萃香取麻怎麼整都沒關係，只要掌握一個簡單原則：控制花椒入鍋的時間以控制苦澀味的釋出量，做到成菜不會吃到苦澀味就對了。養成做菜前拿顆花椒入口感受一下那苦味來的快慢，就能更好的的掌握花椒用量與入鍋烹煮時間，或許可以因此有創新妙用。

「以毒攻毒」之妙：腥異味

紅花椒的獨特性除「麻」以外，就屬她獨特的本味加腥異味讓人印象深刻，花椒腥異味主要有揮發性腥臭味、乾柴味、木耗味、木腥味、油耗味等5種，任一味道太突出都會敗味，但巧妙的組合與用量可讓人有粗獷的美味感。

↑腥異味本身並非絕對不好，善加利用就是一種特色，像松潘的牛肉乾就在香氣、滋味濃郁之餘，還有明顯的大紅袍獨特味道，讓人印象深刻。

紅花椒的腥異味雖讓人不舒服，但這些成分卻是腥、羶、燥的大剋星，可說是「以毒攻毒」的最佳範例，為食材去腥除異大部份是靠花椒這些腥異味。如何在烹調時控制或避免這些腥異味冒出頭？首先是以短嗆鍋的高溫破壞腥異味成分的方式控制保留量，二是依據菜餚主食材的腥、羶、燥厚薄加上味型的厚薄濃淡，選擇適當風味類型的花椒是最根本的方式，一般來說柚皮味花椒腥異味較濃，去腥、羶、燥效果強，必須精準控制用量及入鍋時間；橙皮味花椒腥異味極輕；橘皮味花椒則是去腥、羶、燥效果適中，避免量大及長時間烹煮即可。

青花椒也有腥異味，但其特性對除腥異來說效果較不明顯，壓味特點倒是明顯，主要有揮發性腥臭味、乾草味、藤腥味這3種腥異味，當某一腥異味太強就會變成川人口中的「臭椒」，像是野外攀藤植物搗碎後讓人不舒服的藤腥味，一濃就從腥變臭。青花椒最大的特點就是會壓味，雖沒能將食材的腥、羶、燥去除，卻可將其壓蓋住，然有一利就有一弊，青花椒味幾乎能壓一切味道，因此使用量的控制是十分重要的，量過多整道菜就只會有青花椒味，主料、香辛料、調料氣味幾乎都會被壓住。至於選用萊姆皮味還是檸檬皮味花椒，要考量的就只有最後成菜滋味的需要，相較於紅花椒要單純一些，但挑戰也在此，如何讓青花椒的應用範圍更廣、產生更多樣的味感經驗是大家可以努力的方向。

花椒粒、碎、粉、油的風味差異

　　花椒的使用有四種基本形態，分別為粒狀、碎粒狀（刀口花椒）、粉末狀（花椒粉）、油狀（花椒油），不同形態花椒在烹調中會產生不同的香、麻、苦、澀等風味成分釋出量的組合，善加利用就能讓菜品滋味的特色更鮮明、層次更豐富，應用不當就會產生成菜只見花椒而沒有花椒味，或是花椒香麻味過重破壞成菜滋味的協調性，或麻度過高讓人吃不下去等問題。

　　一般的情況下，花椒形態決定了成菜滋味中花椒味的風格與強度，決定香為主或麻為主，或香麻並重，搭配不同的烹飪工藝則影響花椒風味的呈現效果，可以只是去腥除異，亦或是先香後麻、先麻後香、增香解膩或香麻交替等效果。

　　不同花椒形態產生的滋味風格有明顯的差異性，若一道菜中花椒粒、碎、粉、油都用上了，滋味才能絕佳，又不破壞菜品形象，為何不用呢？所以實際應用時不應拘泥在只能用一種或兩種花椒形態，應以最後的滋味效果作為決定使用幾種形態花椒的標準。

花椒粒

　　花椒粒就是成熟花椒採下後曬乾，去除椒子、雜質後的空殼狀顆粒，即一般市場上可見的花椒，有紅花椒與青

花椒之分，兩者外觀顏色差異明顯因此一般不會搞錯，烹調運用方式的差異還是在於對成菜滋味的需求。

　　花椒顆粒是花椒用於調味的基本形態，可以透過烹飪工藝與火候的控制達到只取香或香麻並重，或是吃不到花椒的滋味的去腥除異效果，如汆燙葷食材、燉湯時丟幾顆花椒進去。再進一步是讓花椒的香融入菜餚的整體滋味中，起一個增香、生津開胃的效果，如熗炒鮮蔬、泡菜製作等，用量少從幾顆到二三十顆不等，這類應用以感覺不到麻感為原則。

　　當菜餚需要濃香輕麻的滋味時，花椒的用量要多但入鍋的時間要短，一般用熱油激出香氣同時製熟主輔料，通常在香氣大量溢出就要出鍋，時間一久、出鍋晚了麻味也會大量釋出，這類菜品多半是煳辣味型的，煳香味濃、麻辣感輕是其特色，如辣子雞、煳辣肉片、宮保雞丁等。

↑保鮮青花椒都是利用冷凍技術將鮮青花椒的鮮香麻味保存下來，因此要避免買到已解凍或解凍後再凍起來的，已出水的就是解凍了，顏色明顯發黑多半是解凍過後再次冷凍的或是本身品質不佳。

花椒讓人印象深刻的另一亮點就是與辣椒搭配後的麻辣味，麻辣味強調花椒的香麻滋味要與辣椒的辣香並重，通常要重用花椒並分成二或三次入鍋來分別取香、取麻，或運用多種工藝如熗、炒、炸、煮、煸等等，盡可能的將香、麻味取出來，必須注意的是避免花椒的苦味過度釋出，讓成菜入口發苦，常見菜品如功夫毛血旺、盤龍脆鱔、酥香麻花魚等。

帶鮮爽氣味的青花椒雖突出卻有壓味問題，初入門建議依循簡單規則使用，調味時多搭配綠色輔料如青蔥、青辣椒、小黃瓜、芹菜等，再加上藤椒油輔助提味，成菜美味且減少壓味的問題。保鮮青花椒是 2000 年前後誕生的花椒產品，保鮮青花椒通常用於加強菜餚中青花椒的鮮香氣，青花椒風味還是要靠乾青花椒或青花椒粉、藤椒油、青花椒油的使用來體現，通常是菜品起鍋後，將保鮮青椒放在面上以五至六成熱的熱油激出香味隨即上桌，如青椒肥牛、碧綠椒麻魚片等。也可替代紅花椒來做椒麻醬，其碧綠、鮮香、鮮麻的滋味與蔥香搭配也十分協調。

保鮮青花椒除了用在菜品中，也開始應用於西點中，取其碧綠、鮮香製作口感綿密的「椒香慕斯」。青花椒的可能性還是很大，有賴廚藝界一起努力。

顆粒狀乾花椒在應用時十分具有彈性，但對不熟悉花椒特性與滋味的人來說很難精確掌握想要的效果，可能成菜後沒有花椒風味而讓花椒淪為裝飾，或是苦、麻味過重讓菜品難以下嚥，在與多位四川名廚交流加上親自實驗後發現，浸炸花椒粒固定為 10 秒鐘時，以油溫 140 至 160℃ 時椒香氣最濃，但焙香味較淡，可適度延長時間增加焙香味並增加麻味，但過久苦味就出來；若油溫為 170 至 190℃，在浸炸時間為 10 秒的條件下，呈現花椒香氣和焙香味、椒麻味並重的效果，想要更麻建議採取降低溫度、延長時間的方式，170 至 190℃ 的溫度下時間稍微過長花椒就焦掉了。再高的油溫基本上難有香氣只有焦焙味，獨特香氣被高溫大幅破壞且十分容易焦焙。

菜品種類、烹飪工藝繁多，應熟悉基本原則後視味型、花椒量、油量、火力與入鍋的調輔料、主料做靈活調整。從油溫與花椒的香味、麻味的關係曲線圖可以直接的理解三者間的變化關係。

■ **大師秘訣：周福祥**

四川火鍋底料的關鍵基礎香辛料有 8 至 10 種，輔助或營造風格的香料多而雜，可產生無數種組合，因此每天炒火鍋料這種才是真正的師傅，一個月炒不了幾次火鍋底料的不是師傅，為什麼呢？因為火鍋底料用的香辛料種類實在太多了，只有每天炒才能掌握整鍋火鍋底料顏色變化、時間變化的細微差異，這能力只能是長時間累積經驗，只有天天看才能準確掌握那個變化。因此真正完美的火鍋底料配方都在炒料廚師的心裡，是在炒料廚師勤奮的手上。覺得花椒味少了點就多加點花椒；還差點丁香味，就再加一點，就是這樣缺什麼味就加什麼香辛料，因為每一批進來的香辛料味道，都有些許差異，要知道如何去控制最後成品的那個味道，讓它的味道感覺是一致的。

就像以前在「譚魚頭」做培訓時，即使是有經驗的炒料師，一樣的材料，10 個人炒出來少說有 8 種風味，我就是負責找出問題，進行調整，讓風味達到一定程度的一致性。按當時的配方要求，這火鍋底料一炒出來的最佳狀態就是要能讓整個廚房裡都充滿濃郁、多層次的芝麻香，這是最理想的效果，但實際上很難很難，通常十個廚師，能有兩個做到就不錯了。

【花椒香味、麻味與油溫關係示意圖】

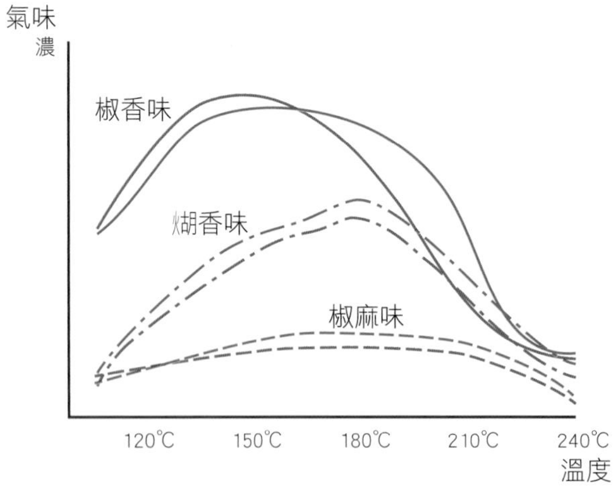
氣味
濃
椒香味
煳香味
椒麻味
120℃
150℃
180℃
210℃
240℃
溫度

顆粒組：青花椒、紅花椒經熱油浸炸10秒

↑實驗說明：家庭環境中使用小家電實驗，重點放在呈現油溫與氣味的變化關係與趨勢。

刀口花椒

刀口花椒即花椒碎，將花椒炕、炒或炸得酥香後用菜刀切碎，在川菜行話中稱之為「刀口花椒」。刀口花椒較少單獨使用，多與辣椒搭配運用，正常是辣椒量比花椒多，此時稱之為「刀口辣椒」。通常川菜裡若需要用到刀口花椒做輔料調味，那幾乎都是大麻大辣而濃香的菜餚，如有名的水煮牛肉、水煮黃辣丁的水煮系列菜。

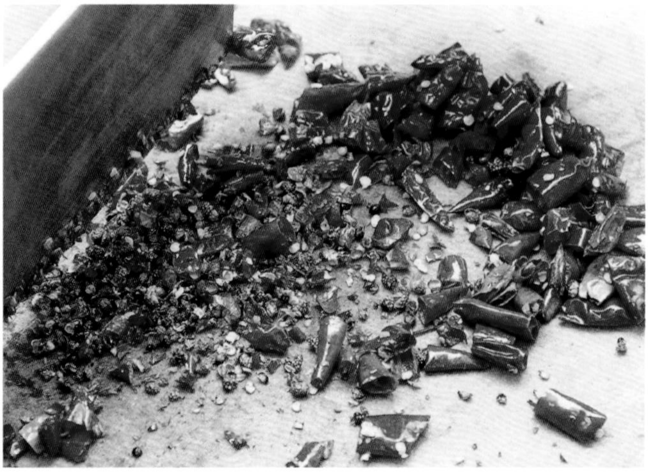

花椒中含有糖份、澱粉質，在鍋中炕、炒或炸至褐變就會產生焦糖香而得到椒香味濃郁的效果，再以刀切碎讓麻、辣刺激成分與熱油接觸面積加大，最大程度的釋放出麻與辣。待菜餚成菜後撒上刀口花椒，用五成油溫的熱油將香與麻全激出來，通常菜還沒上桌，撲鼻的濃郁香氣已經讓人垂涎三尺。需注意的是刀口花椒一定要刀切成碎，不能使用磨粉機磨，否則熱油激時細粉狀的花椒會焦掉，成菜的煳香味就會夾雜著不舒服的「焦」味。

若想要刀口花椒的濃郁麻香，卻又不想要有刀口花椒碎渣影響成菜型態或產生扎口的不適感，也可以先將刀口花椒以熱油煉製成刀口花椒油再拿來調味，但這方法有一大缺點就是香氣的濃郁度較現做的不足。

使用青花椒調味時要注意青花椒量多會蓋味的問題，紅花椒的滋味能與其他「味」相輔相成，甚至融合於無形而無蓋味的問題，頂多是太麻了。青花椒蓋的味不只辣椒的香辣味，包括其他調輔料的味道也會被青花椒氣味、滋味蓋掉，此時就要青、紅花椒混合著用，一般青花椒量不能超過總花椒量的1/3，基本能突出青花椒風味特色、確保足夠的麻度並避開壓味問題。

回顧川菜史，藤椒、青花椒進入館派川菜只有二三十年，在當前的四川餐飲市場中，仍可以感覺到川菜廚師對藤椒、青花椒的運用存在一定的實驗精神，現已有部份青花椒味為主的創新菜品成功的達到美味的標準、造成市場風潮而成為了一個時代的經

↑青花椒進入館派川菜只有三十多年卻已成為今日各大餐館酒樓的寵兒。

典,如大蓉和酒樓的「石鍋三角峰」,不可否認的是藤椒、青花椒風味的獨特性與美味度已廣受喜愛,也讓川菜界產生獨立出一新味型「藤椒味型」的共識。

刀口切成的碎粒狀乾花椒在應用時多是採用熱油激香的方式,對不熟悉花椒特性與滋味的人來說,精確掌握油溫是獲得豐富滋味效果的關鍵,實驗後發現當油溫為 150℃上下時,可以激出豐富的花椒香氣但煳香味較淡,帶一點點麻;若是使用油溫 170℃左右,可以激出豐富的花椒香氣和煳香味並重的效果,麻度濃。再高的油溫基本上只有帶焦味的煳香味,相當於好的煳香味大幅減少,同時花椒的獨特香氣也因溫度大幅減少,若是高溫油的油量過多花椒還會焦掉。

要產生理想的香麻應熟悉基本的油溫、火候與花椒的香、麻的關係,油溫與花椒的香味、麻味的變化關係示意曲線圖可以更直接的理解其三者間的關聯。

【花椒香味、麻味與油溫關係示意圖】

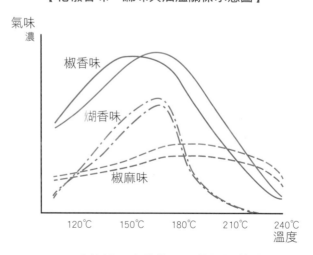

刀口碎粒組:青花椒、紅花椒經熱油激

↑實驗說明:家庭環境中使用小家電實驗,重點放在呈現油溫與氣味的變化關係與趨勢

〔刀口辣椒〕

材料：乾紅花椒粒 10 克，乾紅辣椒 50 克

做法：

1. 取乾紅花椒、乾紅辣椒入淨鍋，加適量油以小火炒酥香，當花椒、辣椒變為棕褐色（川菜行業暱稱蟑螂色）至香脆後出鍋，鏟入大平盤中攤開，晾冷。
2. 將已涼且炒得香脆的花椒、辣椒置於砧板上，用刀剁成碎後即成刀口辣椒。

〔刀口辣椒油〕

材料：乾紅花椒粒 25 克，乾紅辣椒 150 克，熟香菜籽油 500 克，老薑 20 克，大蔥 30 克，洋蔥 20 克

做法：

1. 將沙拉油入鍋旺火燒熱。關火後再下大蔥、老生薑、洋蔥，用熱沙拉油炸至香氣散出。撈去料渣，備用。
2. 乾紅花椒粒、乾紅辣椒入淨鍋，加適量油以小火炒酥香，待花椒、辣椒變為棕褐色（川菜行業暱稱蟑螂色）至脆後，出鍋鏟入大平盤中攤開、晾冷。
3. 將已涼且炒得香脆的花椒、辣椒置於砧板上，用刀剁成碎後，置於湯碗或湯鍋中。
4. 將煉熟至香的沙拉油再加熱至五成熱，倒入容器內的刀口辣椒中。往容器中沖入熱油時邊用鏟子攪動辣椒末，使之受熱均勻。涼冷後即成刀口辣椒油。

花椒粉

花椒粉是將乾燥的青、紅花椒粒直接打磨成粉，或是將青、紅花椒下入淨鍋中以小火炕過，放涼後再打磨成粉狀即成。

製作花椒粉的花椒要選用香氣足、雜味少、麻度夠的上好花椒，增香、提味效果才明顯。因花椒磨成粉後其花椒本味、香味、麻感會快速且大量釋出，若選用不好的花椒則腥味、苦味、澀味等雜味也一樣大量釋出，這些不好的味道通常更強勢而凸顯。

那有炕過的與沒炕過的花椒有差別嗎？

對新花椒來說差異相當大，因為新花椒的揮發性芳香味仍然豐富而濃郁，若是入鍋炕過，熱力會將新花椒的揮發性芳香味帶走一大部份，反而讓花椒粉成品的芳香味變少，即使好花椒炕過後會產生類似焦糖的芳香味，但為了容易獲得的焦糖香而損失大量而獨特的花椒揮發性芳香味似乎不太值得。

若是確定手中花椒是當年度質優新花椒充分乾燥也夠乾淨，建議直接打成花椒粉，有條件使用低溫打粉機的話就能保留下更多香氣，一般打粉機會因馬達與刀片的高速運轉而產生溫度，導致粉打好的同時也損失了一些香氣。鑒於新花椒的豐富香氣以揮發性的為主，最好是現磨現用才能充分發揮其香氣，若是條件不許可，建議每次打的花椒粉量為 5 天至一周的量，用完再打。

當年度新花椒買回後，在生活環境中放超過半年以上且紅花椒香氣感覺有明顯乾柴味，青花椒香氣感覺有明顯乾草味時，建議入鍋炕過後再打成粉。此時的花椒多少吸收了濕氣，品質已經下降且揮發性芳香味也大幅減少，透過小火炕至乾、脆反而可以將不好的氣味，如乾柴味、乾草味透過熱力帶走一些，同時為做好的花椒粉增添一股烹熟的舒服乾香氣味。為充分享用花椒的滋味、香氣，與新花椒一樣最好是現磨現用。若是條件不許可，同樣建議每次打的花椒粉量為 5 天至一周的量，用完再打，否則久了不只沒了香氣同時花椒粉比整粒花椒更容易因為受潮、變質而後變味。

青、紅花椒粉的使用方式基本上是一樣的，常用於炒、拌、炸收、撒等烹調工藝成菜的菜餚，炒如乾鍋鱔魚，炸

↑花椒放超過半年以上，且香氣明顯感覺變少時，建議炕過後再打成花椒粉，一來殺菌，二來去除陳味。

美味食譜

〔現磨花椒粉〕

材料：乾紅花椒粒 10 克

做法：

1. 取乾紅花椒粒，入淨鍋小火略炕至花椒乾、脆後出鍋，鏟入大平盤中攤開、晾冷。

2. 將已涼且乾、脆的花椒粒置於磨粉機研磨，即成花椒粉。

美味秘訣：

1. 若有烤箱，可使用烤箱將花椒烤至乾、脆，一般以 180℃ 烤約 3 至 5 分鐘，取出後晾涼即可磨粉。

2. 要製作青花椒粉則改用乾青花椒粒，做法相同。

收如麻辣牛肉干，拌如麻辣雞塊，撒如麻婆豆腐，或調製成搭配菜餚的蘸碟。

調味時要特別注意，青花椒的滋味、氣味具有明顯的壓味問題，用量上需再三斟酌，避免過量而讓菜餚一入口只有青花椒味，其他滋味全被壓住吃不出來！

南路紅花椒如清溪椒、冕寧椒基本上沒有壓味問題，其滋味一般來說都能與各種「味」相輔相成，甚至融合，加多了就是把人麻慘了而已，還不至於吃不到其它滋味。而西路紅花椒如知名的大紅袍花椒，雖不壓味但苦味重、麻度高且基本味中有一股標誌性的腥異味，加多了不只苦味、麻度、腥異味都會破壞味感。

花椒粉入鍋烹調最怕焦煳，一般下鍋時的油溫不能高，或是在鍋中菜餚有湯汁時加入一起炒煮，確保風味釋出又不會焦煳；此外花椒粉的芳香味極易揮發，若是製作熱菜，建議最少分兩次下花椒粉，第一次下取其麻感、滋味，起鍋前再下一次取其香味，或是待熱菜完成後才將花椒粉撒上。

花椒粉特別適用於製作沒有加熱過程的涼菜,但也少了熱氣促進香味大量散出,且相當於直接食用花椒的滋味,因此對花椒粉的質量要求較高。花椒粉用於涼菜要注意的是掌握好使用量以控制麻度,避免量少風味不足、量多發苦或太麻,加了花椒粉的涼菜應現拌現吃,避免久放香氣散失產生麻重而香氣不足的問題。

花椒粉在熱菜中的應用多是採起鍋前加入拌炒、成菜後撒入或是熱油激香的方式,對不熟悉花椒特性與滋味的人來說成菜後撒入是相對安全的調味方式。這裡同樣做了不同油溫激香的實驗,結果顯示油溫135℃上下可以激出豐富的花椒香氣加足夠的的煳香味,麻度充足;若是油溫在150℃左右時能激出豐富的花椒香和煳香味並重的效果,麻度濃。再高的油溫就完全不建議,因高溫油一下去就將花椒粉燙焦了。

花椒粉的使用同樣要視菜餚份量、油量、火力靈活調整用量。油溫與花椒香味、麻味關係示意曲線圖可讓大家更直觀的理解其關聯性。

花椒油

花椒油有青花椒油、藤椒油與紅花椒油三大類,但花椒油並非是直接壓榨花椒粒的油,主流工藝是傳統熱油煉製工藝,將花椒下入中高溫的食用油中煉製、萃取出花椒的芳香與麻味物質後去掉花椒粒即為花椒油;其次是現代食品加工技術與花椒的風味成分提取技術的進步,產生利用提取的花椒精油和花椒麻味素調入油中的花椒油,當前以純提取加調合工藝生產的花椒油的風味層次感仍明顯不如傳統熱油煉製工藝,因此多數優質廠家都是以傳統熱油煉製工藝為主,提取加調合工藝為輔,可兼顧風味豐富度與風味穩定性。

目前花椒油原料花椒有鮮花椒與乾花椒二種,市售花椒油大多是利用鮮花椒,少數使用乾花椒,椒香味較

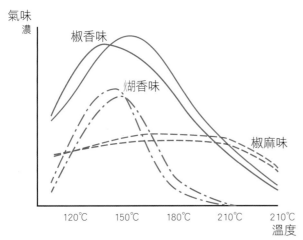

【花椒香味、麻味與油溫關係示意圖】

氣味濃

椒香味
煳香味
椒麻味

120℃　150℃　180℃　210℃　210℃
溫度

花椒粉組:青花椒、紅花椒以熱油激

↑實驗說明:家庭環境中使用小家電實驗,重點放在呈現油溫與氣味的變化關係與趨勢。

↑漢源牛市坡傳統的花椒油的煉製比例為1公斤油加500-700克鮮花椒。製作時將七成熱,約200℃的菜籽油沖入大桶中的鮮花椒同時適度翻攪,沖完油後靜置,當溫度剛低於3成熱約85℃,油面不再冒泡時將花椒撈出,熱油不加蓋靜置至涼即可,成品椒香味、橙皮味、甜香味非常濃郁,麻感細緻。

為濃郁；鮮花椒在產地外取得困難，因此一般家庭以乾花椒加上熱油煉製工藝為主，椒香味一般，麻感差異性不是很大。花椒油的風味除了花椒本身的風味質量外，選用何種食用油煉製對風味影響也很大，四川地區習慣用黏稠度高且帶有獨特香氣的壓榨式菜籽油，相較於使用去色去味精煉油如沙拉油來說醇感更佳，但增添的菜油氣味是否被接受就因人而異。

當排除油本身的味道而專注在花椒油的風味特質時，多數市售花椒油是取成熟、新鮮的花椒煉製而成，其風味是帶有滋潤感的花椒鮮香氣和醇麻感，附帶因煉製必定會出現的少許苦、澀味，適度而少量的苦澀味可以讓花椒油的滋味更加豐富、不膩而有層次。另一個重點是少了花椒粒、碎、粉的濃濁色澤干擾，成菜在視覺上可以更明快。

三大類花椒油中，紅花椒油一般選用新鮮南路椒煉製，取其鮮明而誘人的柑橘甜香味，西路椒的大紅袍因為有股獨特氣味加上苦味過於鮮明，一般不拿來煉製成油。最常讓人分不清的是青花椒油與藤椒油的差異，不同品種的藤椒與九葉青花椒或金陽青花椒在植物學上都是同「種」，只是經長時間的環境、氣候加上人工培育影響，此三品種實際上已產生滋味上的差異。

因此青花椒油與藤椒油的主要差異首先是選用的青花椒品種，二是製作工藝。青花椒油多半使用九葉青花椒或金陽青花椒，並用熱油煉製工藝和提取加調合工藝，大部份使用的基礎油是去色去味的精煉食用油，風味是檸檬鮮香味足、爽麻而純粹，口感層次較少。

藤椒油主要使用洪雅、峨嵋山地區特有的藤椒品種，以當地傳統獨特的熱油燜製工藝加上提取工藝輔助，使用的基礎油是只過濾雜質、特有氣味豐富的壓榨式菜籽油，

因此藤椒油的香氣一般來說都是醇厚感鮮明的檸檬清香味，尾韻帶菜籽油的特有氣味，口感醇麻、層次豐富。

花椒油的使用容易，加上市售花椒油質量穩定，因此多數情況下只需控制用量與使用的時機點，不需考量火候這類需經驗累積的工藝，加上成菜在視覺上可以更明快、清爽而使花椒油的市場快速擴張，特別是川菜系以外的省分、地區。

花椒油的用量與滋味的關係，一般來說使用極少量到少量可起增香效果，多數人感覺不到麻感；適量花椒油可以帶出香麻兼備的滋味；而相對大量的使用就是滋潤而麻感重的效果，這個「大量」的限度就是成菜調好味後不能吃到明顯的苦澀味。

在使用的時機點上，若是用於涼菜就沒有什麼禁忌，但也要避免過早調入、過慢出菜，因花椒油的香氣具揮發性，常溫下同樣會揮發。用於熱菜時，因為花椒油香氣的揮發性，加上長時間烹煮會破壞其醇麻感，使用的基本原則與香油一樣，就是熱菜出鍋前再調入花椒油，迅速拌勻後就裝盤上桌，讓菜品上桌當下椒香的溢出達到最高，誘人食慾、生津開胃。

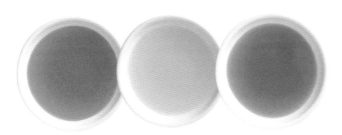

↑由左至右分別為紅花椒油、青花椒油與藤椒油。

進一步的精用花椒油就不是只考慮椒香味，還要兼顧入味與滋味調和調合的問題，這時可以採取分次加入花椒油的方式，烹煮中先加入所需花椒油的 1/3 或一半，起鍋前再加入其餘的花椒油就能兼顧滋味與香味。

享用花椒風味之餘最困擾的莫過於保存問題，花椒油比起乾花椒顆粒有優勢，在未開封前基本上能維持相對穩定的風味，只是當花椒油開封後優勢就沒了，因氣味揮發加上油質本身經過高溫加熱後容易劣化的問題，花椒油的風味衰減相當快，因此花椒油開封後應盡快使用完。

美味食譜

〔花椒油的煉製〕

材料：乾紅花椒或乾青花椒 50 公克、食用油 250 公克。

做法：

1. 乾花椒用溫水泡 10 分鐘後，撈出瀝淨水分。
2. 將瀝乾的花椒下入放有食用油的湯鍋中。先大火燒至四成熱再轉小火慢慢熬製。
3. 待油面水氣減少，花椒味香氣四溢時離火靜置晾冷。
4. 晾冷後瀝去花椒粒即成花椒油。

簡單烹調吃香香

花椒擁有香水般的柑橘類香氣，有些還帶討喜的甜香味，在多次向不認識花椒風味的朋友分享花椒的經驗中發現，八成以上的人對花椒的香氣是有好感的，但一說到花椒會「麻」就也有八成的人顯露出害怕被麻到的反應，通常經過說明與引導如何簡單的嘗試、體驗後，通常一半以上有極高的興趣與意願想買回去進一步細品。花椒以一個大多數人不熟悉的辛香料而言，其香氣的誘惑力驚人，在經過面對上天堂（香）或下地獄（麻）的困難抉擇後，依舊那麼多人願意在恐懼中追尋那滋味的天堂！

對剛接觸花椒的美食愛好者來說，運用花椒有一個最基本簡單的原則就是「寧少勿多」！因為花椒的麻感與特殊風味過量時會大大的破壞味感，加上很容易入味，一旦麻味進入食材就無「藥（香料、調料或工藝）」可解，只能稀釋或「變味」，把原本要的口味往重口味調製，否則味薄而重麻的滋味對有些人來說吃了會產生些許噁心感，讓菜品難以下嚥。

剛開始使用花椒的朋友，無論哪個菜系，都建議先在自己熟悉的拿手菜中做花椒調味的嘗試，可在烹調過程中

↑花椒與他的好搭檔「辣椒」一樣，對剛接觸的人來說都是「寧少勿多」！

◆ 花椒龍門陣

《緩解花椒麻感》

對剛接觸花椒的人來說，知道如何緩解花椒麻感是十分重要的，這裡介紹幾個個人以神農嘗百草的精神換來的經驗供大家參考。

不小心麻到時可以用冰開水漱口來大幅度降低過度的麻感，對想體驗花椒香麻味卻又不想太刺激的人來說是喝溫開水，又能保有花椒香味、滋味與奇異的細麻感，但這方法對怕麻的新手來說效果較差。

也可以吃些甜食，因為花椒麻味成分會刺激唾液分泌，利用甜味緩和花椒的麻感；或是吃些油脂或膠質較重的菜餚，利用油脂或膠質來稀釋、隔離麻味成分，減少對味蕾的刺激。

以上方式都能不同程度的緩和花椒麻味成分對味蕾、口腔的刺激，但已經有的麻感仍會持續，不過強度與時間都可以大大降低和縮短。

■ 大師秘訣：史正良

川菜雖然以味多聞名，但在傳統裡有句俗話說：「百般美味離不了鹽，走盡天下離不了甜，錢是人的膽，衣是人的臉」，就是提倡百般美味，不管你調什麼味，關鍵就是要把鹽的投放量掌握好，掌握好你就是一個最好的廚師。

試著加入極少量花椒或成菜後加花椒粉、花椒油，既可以快速熟悉花椒的香氣、麻感、滋味，又可以認識到什麼樣的食材、味型適合加花椒調味。

　　花椒的簡單運用方式以蘸、拌、燉、煮、熗、炒與成菜後用少量花椒粉或花椒油提味為主，以下分別介紹使用技巧與實用食譜。

簡單蘸拌就美味

蘸、拌的運用對初嚐花椒風味者來說是最為簡易的調味體驗方式，因為可以直接用在既有的成菜上（自己烹煮或直接購買），只是花椒形態的運用上以花椒粉與花椒油為主，這兩者的質量應以中上等級的為佳，蘸、拌工藝的滋味「融合」過程短且直接入口，所以需要香氣足、麻味夠、腥異味少、苦味低的好花椒粉或花椒油，才能很好的為已是成菜的佳餚再加分。滷製品或鹹鮮味的雞、鴨、豬、牛肉等葷的熱菜或涼菜是最佳的體驗、品嚐花椒的風味菜品，既可以調製味碟來搭配蘸食，也能拌入各式現成的滷味如滷豬耳、滷大腸、滷豆干等就成為川式滷味菜品。

蘸、拌的食用方式中花椒粉或花椒油的使用角色都是在成菜的基礎上增香、增麻，用量上建議採漸進式增加，找到適合自己也能增加菜品風味的用量。如花椒粉的使用可以先參考胡椒粉用量，花椒油則可參考香油的用量，都是先少量加入的方式來品嚐或調製蘸碟，再依口感或偏好增加用量。

要說運用花椒烹煮最容易上手的方式莫過於成菜後加入少量花椒粉或花椒油提味，而且可以在每個人熟悉的菜系或菜品中以實驗性的方式添加，用量基本上都是屬於極少，對多數沒接觸過花椒的人來說，這概念就像是在用胡椒粉或香油為既有的佳餚提味，還能避免不熟悉的花椒味過重而影響食慾。

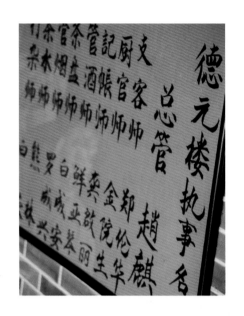

對於清鮮的湯品只須小量的花椒粉或花椒油就能有十分明顯去腥、解膩、增香效果，如台式家常「蘿蔔排骨湯」的滋味是脂香醇濃，喝多了有點膩口，這時只要加入一點點花椒粉，滋味馬上大轉變，嚐不到花椒的任何氣味卻變得香醇爽口，可以說花椒解膩味的效果在某種程度上是「改味」，而且是改得讓人嚐不出來又頻頻叫好。

基於體驗的精神也可以嘗試加多一點來突出花椒味，特別是使用藤椒油或青花椒油、青花椒粉時，因這兩種花椒的風味屬於清香爽麻又提鮮的特質，且不易與其他滋味混味，故能營造明顯的滋味層次。以經驗來說，像是清炒菇菌類的菜品，在成菜起鍋前加少量的藤椒油或青花椒油，可以為成菜強化菇菌的鮮香氣並帶來一股奇香。要注意的是使用青、紅花椒油調味時只能在起鍋或食用前加入，久煮的話香氣就會散失，只留下空麻且加多了會發苦。

↑九葉青花椒之鄉重慶江津小餐館老闆調製的豆花飯蘸碟在香辣中帶輕重極度恰當的青花椒香麻，不壓味更鮮香，極具地方特色。

↑ 提到花椒油的使用就不能不提洪雅著名、以藤椒油調味的藤椒缽缽雞，許多人到洪雅就是到著名的缽缽雞酒樓嚐那獨特的藤椒香、麻。

美味食譜

〔椒麻味碟〕

材料：乾紅花椒 5 克，香蔥葉 20 克、川鹽 1 克，香油 2 克，冷鮮高湯 10 克。

做法：

1. 乾紅花椒用溫水浸泡 2 小時後，撈起瀝乾水分。

2. 香蔥葉切成碎末後加入泡過溫水的乾紅花椒一起用刀剁成細茸狀就成為椒麻糊。椒麻糊可以直接用來調製涼菜。

3. 將製好的椒麻糊用冷鮮高湯調散成稀糊狀，再加入川鹽、香油調味後盛入味碟中即成。

〔五香粉〕

材料：桂皮 40 克、八角 20 克、花椒 15 克、小茴香 8 克、陳皮 6 克、乾薑 5 克。

做法：將全部的料入淨鍋中以小火略炒至熱透後，攤開晾涼使其完全乾燥，再全部一起磨碎成粉末即成。

〔椒鹽味碟經典配方〕

取川鹽 1 克，味精 1 克，花椒粉 2 克，混合均勻即成。

〔麻辣香乾碟經典配方〕

取川鹽 2 克，辣椒粉 12 克，花椒粉 1 克，花生粉 3 克，孜然粉 0.5 克，混合均勻即成。

↑登高賞洪雅縣鄉村景致並遠眺峨嵋山。

燉煮熗炒簡單入門

　　一般來説燉、煮菜對花椒的風味呈現要求比較低、用量少，主要是去異除腥，以紅花椒為主，也可使用青花椒，因此花椒的選用只要是沒有太強烈的腥異味或是陳放過久只剩乾柴味或木耗味的即可。常見的菜品如鄉村連鍋湯、豌豆肥腸湯、大千圓子湯、清燉牛肉湯等。

　　燉、煮菜的主食材以異味偏重的肉類食材為多，花椒使用時機點有兩個，首先是在燉、煮前搭配蔥、薑加在沸水中氽燙肉類食材以去異除腥；其次是燉、煮過程中入適量花椒，若是取其清鮮、重視主食材本味的菜品一般只需不到十顆，千萬不要過量，一旦花椒過量容易發苦、麻口，產生「敗味」的問題，也就是突兀的花椒味反客為主，破壞了主食材的滋味。

　　現今青花椒的使用越來越普遍，雖然使用原則和紅花椒一樣，但相較於紅花椒而言，青花椒的香麻味較難與

↑在川菜中調味料與輔料的使用極為多樣，因此如何讓所有的味產生協調感再進一步成為美味感就是川菜「調味」的精髓。

其他調輔料的味道產生融和的滋味感，一過量就容易產生「壓味」的問題，務必控制好用量。

在家常熗、炒菜品的運用上花椒的品質要求較高，主要是熗、炒類的菜品中，花椒的角色主要是增香，其次是除異和增麻等，因此花椒的香氣足或不足就變得很關鍵，使用上紅花椒可適應絕大多數的食材、味型，青花椒則稍微受限，以水產類食材與鮮香、鮮辣味類為主。

花椒的角色在素菜，即以蔬菜為主不加葷料的菜品中只有增香，在四川「齋菜」才是宗教素菜，成菜後不能吃到麻感或只能帶似有若無的麻感，常見菜品如炒蘿菜桿、香熗土豆絲、熗萵筍條、熗蓮花白（熗高麗菜）等。使用時機與蔥薑蒜一樣，都是主食材，如各種蔬菜入鍋前先炒

◆ 花椒龍門陣

《蔬菜、素菜與齋菜》

相信許多到大陸旅遊，特別是茹素的台灣人都有一個經驗，就是覺得內地餐館分不清「素菜」與「葷菜」！即使一般人到內地，進餐館點菜也因常被問到：要不要點些「素菜」！而覺得莫名其妙。這其實是兩岸飲食文化的差異，雖然大家說著同樣的語言。

在大陸，所謂的「素菜」就是台灣清炒「蔬菜」或「青菜」的意思，指沒有加葷料的蔬菜菜餚。而台灣所說的「素菜」又為何呢？就是宗教說法「齋菜」，故若有「宗教素」的需要，在大陸點菜你要說「齋菜」，餐館才會端出宗教意義上的「素菜」，完全不沾葷，否則那香噴噴的「素菜」就有可能是用豬油加大蒜炒出來的。

因台灣市場基本不用「齋菜」指稱宗教素，於是「素菜」一詞就成了宗教素的代名詞，也出現新名詞「蔬食」來代表健康素。

↑川菜的小煎小炒的完美詮釋最常出現在被暱稱為「蒼蠅館子」的小館子，看老闆娘隨意翻炒、一鍋成菜，色、香、味、鑊氣皆完美。

香或爆香，用量也不多，就是抓一小撮的量，大概幾顆到十幾顆的花椒。炒香後，道地四川人不會將花椒撈出就直接加入主食材續炒成菜，他們已經習慣偶爾直接吃到花椒的過癮感。但建議初入門的朋友將花椒撈起，避免食用時直接吃到還沒習慣的濃重花椒麻味，麻到自己也就算了，把客人、朋友麻傻了可就糟了。

葷菜中花椒除了增香還要能除異味，常見菜品如乾煸四季豆、宮保腰塊、炒鴨脯等。使用的時機點：一為入鍋前的碼味或加工時加入花椒以除去葷類食材的腥異味；其次是將花椒入鍋與食材一同烹製成菜。炒葷類菜品的烹調過程中，花椒在鍋中的時間較久且與主食材接觸的時間較

長，因此一般都會有微麻感，多數成菜後帶微辣感，若希望減少麻感可在入鍋炒香後就撈出花椒，但這樣成菜的香氣相對較輕。

燉、煮、熗、炒、蘸、拌的是飲食生活中最常運用且相對簡單的烹調工藝，透過簡單的花椒運用介紹後，相信每一個川菜愛好者或花椒好奇者都能依樣畫葫蘆，輕鬆的讓味蕾來一趟花椒的奇香妙麻之旅。

選對花椒，色香味更完美

選對花椒是做好川菜的第一步，特別是突出麻香、麻辣味的菜品，然而什麼是好花椒？有沒有所謂的極品花椒？不同花椒對菜品有什麼影響？這三個問題應該是讀者們最想知道答案的問題。

回想一下，到市場買花椒，老闆都是怎麼向你推銷花椒？「這花椒麻得很！」「這花椒香的很！」這兩句話應該就是你所能聽到的二句，再難聽到其他推銷說法，更別說極具參考價值的品種、產地信息或滋味特點差異信息，究竟「麻得很」是怎麼個麻法？「香得很」是怎麼個香法？是我偏好的滋味嗎？能提升想做的菜餚滋味？還是會令菜餚的滋味走調！相信

你只要多這幾個問題就會發現老闆因詞窮而不耐煩。這是為了認識花椒而與各地的椒農或賣花椒的老闆大量的互動後最常遇到的結果。簡單的說就是種植、銷售與烹調的三角彼此沒有交集、交流，彼此的知識無法成為彼此進步的養分。

近二三十年花椒產業的一二十倍的高速發展都是建立在經濟利益上，而忘記了花椒做為香料是要帶給人們飲食品質或美食享受的提升，花椒作為中華原生香料卻有著說不清道不明的市場現象，除了前述的近因還有歷史與環境的因素。

話說花椒有二千多年的食用歷史，自從澱粉類種植技術的普及促使飲食結構的改變，明朝起花椒使用的普遍性大幅下降，加上以高原、山區為主，交通不便的花椒產地環境，多數人難以親近而使相關知識難以走入日常生活中，於是形成了椒農和今日的專業花椒種植企業知道怎樣將花椒種好，但對於花椒與菜品滋味好壞不了解；收購商人知道如何挑出好花椒，對於花椒與菜品滋味好壞的影響同樣說不清楚；到了市場端，負責銷售花椒的店家、老闆忙著買賣，沒時間關注花椒風味與菜品之間的基本關聯性，最後只有依賴花椒的使用者沿用他人經驗或瞎摸索。

於是，川菜在花椒的使用上雖然最為豐富而多樣化，對於花椒如何影響菜品滋味的相關知識卻只限於經驗法

■ 大師秘訣：蘭桂均

傳統飲食文化中的味性互補的概念相當符合養身之道，可惜的是，還沒被當今科學所驗證的傳統、經驗，大家都選擇忽視或迴避討論，而不是想辦法證明傳統的優異性在哪！因此許多傳統、經驗多成了一種形式，面對經典、傳統的菜品、工藝，廚師們就容易落入應用陷阱，有些人開始異想天開、開始亂用。

↓涼山州鹽源縣的花椒產地。

則，川菜廚師可以利用花椒烹調出奇妙風味的菜品，但是對於為什麼花椒的品種、產地、新、舊之間的香、麻、滋味的具體差異卻不甚了解，並產生花椒使用歷史悠久卻相較於多數香辛料、調輔料而言相對神祕且難掌握，原因就出在於缺乏讓更多人可以輕鬆認識、簡單運用花椒的具體、實用且系統化的知識梳理與建立，間接成為川菜滋味在傳播上的一道無形的障礙。

今天，出了四川的川菜，最常見的問題就是獨特、迷人、奇妙的香、麻滋味不見了！為什麼？因為不熟悉花椒奇妙的香氣、滋味、麻味，就更不用說要透過烹飪工藝掌控、提取花椒的奇香妙味來產生讓人垂涎的誘人香氣與滋味。在寧少勿多、避免犯錯的保守前提下，川菜出了四川後做為香料的花椒在川菜菜品中常常是有形無味、猶如裝飾品的現象。

「知識」源自系統化且經過驗證的經驗，回溯源頭到餐桌，一路從產地、椒農、收購商、銷售商到你我的餐桌，我依舊感激椒農、椒商、川菜廚師們在歷史長流中所保留下來，並一直在運用的大量花椒相關的實踐經驗，有他們積累下的豐富扎實經驗，才有機會利用研究方法，將這些鬆散的經驗轉化為系統化的知識，讓我們可以更輕鬆的進入花椒知識殿堂。轉化過程，依靠的是科學方法，一個從經驗的結果中逆向找出變化的規律與邏輯，並加以驗證及系統化的方法，成果就是讓花椒關鍵風味的認識與應用有跡可循，讓人人都說得出川菜中的香、麻滋味為什麼如此美妙！

好花椒的選購技巧

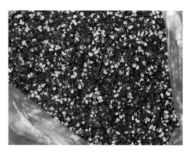

品種、產地是花椒風味特色與值價對應的重要參考資訊，受限於當前市場尚未脫離傳統的粗放交易模式，品種、產地依舊不清不楚的情況下，還是有通用的花椒品質辨別原則可以選購到好花椒，這原則總結了椒農、椒商與川菜廚師的經驗，同時歸納出以下口訣：一看、二抓、三觀、四聞、五嚼，只要符合各項要求條件，即使不確定花椒品種、產地依舊可以挑出品質佳的花椒。具體挑選法如下：

一「看」：花椒的色澤均勻、自然而飽和，顆粒大小均勻，整體能見的花椒黑籽、閉目椒、枝桿及雜質越少越好。

二「抓」：用手撥弄花椒時應有清脆的「沙沙」聲，一把抓起要有明顯的粗糙、頂手、乾爽的感覺，若符合這些特點就是乾燥度佳的花椒。乾燥度較高的花椒不容易走味或變質，同時表示保存環境較佳。

三「觀」：抓一小搓花椒鋪在掌心仔細觀察果實，每顆花椒都應開口；內皮應是帶乾淨、新鮮感的白、白中帶黃或白中帶綠。其中花椒果皮開口大的表示成熟度較高，內皮色澤帶新鮮感的多為當年度新貨，一般來說香氣、麻味相對濃郁而強。

四「聞」：首先抓一小搓花椒鋪在掌心近聞花椒氣味，此時應聞到明顯的花椒氣味與極少的雜味，若在市場則可能有少量其他香辛料的味道，若重了表示存放不當被雜味污染。

接著握住掌心的花椒搓個5至7下，再近聞花椒氣味，此時應發現前述花椒風味模型中的特色氣味鮮明而豐富，好氣味為主就是不錯的花椒，若否就屬於一般花椒，可用於花椒氣味要求不高的菜品；若是不好的氣味為主則屬於較差的花椒，去腥除異沒問題，不適合大量使用，容易破壞味感。

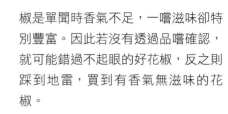

↑↓傳統市場中最常見的問題就是百味雜陳，香料之間相互竄味。

椒是單聞時香氣不足，一嚐滋味卻特別豐富。因此若沒有透過品嚐確認，就可能錯過不起眼的好花椒，反之則踩到地雷，買到有香氣無滋味的花椒。

五「嚼」：需要更準確地辨別時取 1 至 2 顆花椒放入口中，咀嚼一下，感覺到有花椒味出現時就將花椒吐出，之後細細感覺口中的花椒香氣、滋味、麻感、麻度，通常木腥味、乾柴味等各種腥、異味越少越好，麻感、麻度就視需求或偏好選擇，多數情況下麻度越高苦味越明顯，若只感覺到苦味，麻度卻不高時，調味效果多半不佳，容易使菜餚帶苦味。

剛接觸花椒的朋友，建議在有經驗人士的協助下，嘗試將花椒放入口中「嚼」，因為直接嚼食花椒會讓不適應的人產生大量唾液分泌、口舌發麻，進而造成口齒不清並伴有氣管輕微痙攣造成的輕微噁心感，多數情況下只要 15 至 30 分鐘就能緩解且不至於傷身，但為了避免把喜愛花椒的朋友嚇到還是先提醒注意。

若是川菜粉絲或渴望找到好花椒者還是要訓練吃花椒的能力，以品嚐超過 50 個產地，上千次嚼食花椒的經驗，發現有些花椒單聞時香氣十足，一嚐，滋味淡薄或有異味，讓人覺得像是「被燒了」（川話，被騙的意思）；有些花

↑ 2018 年新設立的金陽縣城花椒交易點。

極品花椒何處尋？

掌握選購好花椒的基本原則後，我們會想究竟有沒有所謂的極品花椒？

要討論「極品」必須先定義何謂「極品」？我認為的「極品」定義：絕大多數人覺得優異的風味、滋味，這一定義又具有兩個面向，一是「絕對的極品」，用在任何味型、菜餚都能展現出絕佳的效果，是特定品種、產地花椒的好壞之分；另一個是「相對的極品」，某一品種、產地花椒只在某些滋味味型中會產生無以取代的效果，是適才適所、相生相剋考量下的最優選擇。在中菜烹調概念中，主輔食材以「相對的極品」為多，因為調味、烹飪工藝的豐富性可以克服許多口感、滋味不夠完美的問題。

花椒在川菜的特色味型中是絕不可少的第二主角，如麻辣味、椒麻味、椒鹽味、　辣味、香辣味等，除此之外

↑市場上有所謂「梅花椒」，實際上是精篩細選、賣相最好的花椒，指三或四個果並生的花椒顆粒，風味不一定最好但通常不會太離譜，不是新品種，只能算是「商品名」。且只有紅花椒才能篩選出「梅花椒」，西路花椒篩出比例高，南路椒篩出比例低比較不具經濟效益，因此「梅花椒」都是西路花椒品種。青花椒因先天的掛果特性，基本篩不出具經濟效益的量。上：西路花椒，中：金陽青花椒，下：南路花椒。

◆ 花椒龍門陣

臺灣沒有調味用的花椒品種，但有花椒的近親，俗名「臭刺」，姑且歸類為「野花椒」，野腥味濃，並不拿來入菜，祖輩們傳下來的土用法有二，一是將枝桿曬乾切片後泡入米酒頭（高度米酒）一段時間後當活血去瘀的外用藥；二是枝桿曬乾後打成粉末狀當作腸胃藥吃。

在兩岸開放交流之前，香料花椒或其他台灣沒有但可歸於中藥材的香料進口，多是以中藥材的名義進入台灣，於是產生了一個獨特現象，就是台灣人想買好的香料時都是到中藥店，這對四川人來說是無法想像的，因藥材用與香料用的風味要求標準是不一樣的，有時連品種也不一樣，有些需經過炮製才能成為藥材。

這讓我想起 1990 年代還是學生時，因攝影工作而認識台灣川菜，當時總對川菜中加花椒這個動作感到十分不解，因為當時在超市所能買到的花椒都是黑褐色、帶著木耗味、乾柴味或油耗味，更沒什麼好的味道或麻感，在經多年深入四川研究花椒及兩岸川菜的異同後終於知道原因了，以江浙閩粵烹調習慣為主的台灣菜在花椒、香料方面本用得少，好的花椒、香料也就不會出現在一般超市中，加上兩岸關係的特性形成上述「到中藥店買香料」的現象。

↑台灣的「花椒」——「臭刺」。

都是擔任豐富口味的配角，如怪味、五香味、陳皮味、鹹鮮味等；近幾年的新派川菜逐漸重用花椒風味，開始有少數以花椒風味為主角的味型，如麻香味、藤椒味，重用鮮、乾青花椒與藤椒油、青花椒油調製。花椒入菜最多的川菜系，花椒香、麻味在成菜滋味中屬於畫龍點睛的靈魂型「小」角色，用量不多卻至關重要，其他菜系中花椒的角色多半處於隱形狀態，也就是說只利用花椒去腥除異的特性，不能出現花椒香、麻味。

不同品種、產地的優質花椒本身都具備鮮明本味與個性風味，對應調味需求要做的是找到增益、互補都完美的風味類型花椒。花椒的本味與麻感獨一無二，其風味卻隨產地不同而有不同的個性，如氣味濃郁帶粗獷感的大紅袍紅花椒；沁麻開胃、清新甜香帶精緻感的貢椒；熟甜香濃郁、麻香涼爽帶俐落感的小椒子；清新舒爽、香麻明快帶鮮爽感的青花椒等。

因此從定義與實際應用來說普遍存在「相對的極品」花椒，「絕對的極品」只能說是一種理想，也就是說從產地加品種的組合中可以選出色、香、味極適合某些特定味型、菜餚的花椒，而要找到這「相對的極品」花椒讓成菜滋味更上一層樓、趨近完美的不二法門，就是擁有足夠的花椒知識，包含品種、產地、種植、採收及其風味差異。對於能普遍適用各種味型、菜餚的花椒反而是風味、香麻上較為中庸的一般花椒。

那傳頌千年、大家都說最好的花椒——漢源貢椒算不算「絕對的極品」花椒？從泛用性、風味美妙度與可接受度來看，漢源貢椒是最接近「絕對的極品」，因不管加入哪種菜餚、調哪種味都不敗味，都可以獲得風味不差到極佳的滋味。然而真正的漢源貢椒只產於漢源縣清溪鎮牛市坡一帶，是歷史上有記載的貢椒指定產地，現今已是水果樹遠多於花椒樹，產量極少，一樣的花椒苗種在牛市坡以外的土地上就是硬生生多出雜味、異味，因此幾乎不存在於大眾市場，當前市場中可見的漢源貢椒從質量上來說只能叫做「漢源花椒」，種在漢源卻不是最優質的貢椒等級產區，但平均品質還是優於四川多數南路椒產區。

今日市場上的「漢源花椒」雖有「中國地理標識產品」的保護，卻是有名無實，問題出在沒有足夠的花椒知識與科學數據，來對「漢源花椒」的品種、風味、品質等標準

↑ 屬於南路椒中的極品——雅安市漢源縣牛市坡的花椒。

做出清晰明瞭的界定，造成市場濫用或假冒其名，而使得水準以上的「漢源花椒」賣不到相對應得的好價錢，並讓最接近「絕對的極品」、擁千年貢椒之名、產自牛市坡的「漢源花椒」消失在市場上。此外，造成市場混亂還有一個關鍵因素：花椒知識的不普及！當大眾不知道「好花椒」的真正美妙滋味是什麼樣子時，自然有人魚目混珠，甚至刻意讓市場的品質與價格一團亂！

回到現實，先暫時拋開「絕對極品」花椒的追求與執著，從挑選「好花椒」入手再運用川菜最擅長的烹飪工藝和調味功夫，山不轉路轉，只要用的巧、用的精妙就會發現許多特色花椒就是「相對的極品」、可以增益滋味與菜餚風味的好花椒，讓飲食生活的色、香、味更完美。

↑一樣種植南路椒的涼山州喜德縣，種植歷史不長但品質卻比想像中好。

妙用花椒，老菜也高檔

　　花椒入菜時可以是煎煮炒炸燉燒烤，也可以是拌淋泡蘸醃以調和滋味或突出風格，卻不是都運用花椒的香麻，有些菜品只需花椒去異除腥的效果，有些菜品香氣重於麻感，有些菜品是香氣、麻感並重，這些效果則是透過花椒粒、碎、末、油等形式的選擇，加上以油或水當介質與不同溫度加以萃取所需要的滋味、風格。

　　花椒香麻味，不認識「她」時，是最恐懼的滋味，當你認識「她」後會發現這是最誘人的滋味。

　　掌握這極端的心理滋味、創造奇妙的味覺體驗應是每一個川菜廚師對自我的最高要求！真正的美食不應該是一道用高檔食材堆砌卻味感貧乏的「夢幻逸品」；真正的美食應該是可以讓多數人從其豐富味感中得到幸福滋味，真正的美食只需要自然、新鮮的平凡食材，加上精湛而具創意的烹調功夫。

　　味多味廣加上工藝多樣的川菜可精緻可家常，在餐飲市場中全面覆蓋高中低端市場且最貼近生活，現透過巧用、妙用風味因產地而有所差異的花椒，百年傳承的經典川菜風味、滋味將更上一層樓，在新時代中繼續趨近完美並傳承令人感動的經典滋味，相信每個人都能在川菜裡找到屬於自己的幸福滋味。

↑菜品製作：悟園餐飲會所（南門店）。

味型與花椒

用好花椒就須了解川菜中的基本味與複合味的概念，再進一步了解與味型的關係。

川菜的基本味有鹹味、甜味、麻味、辣味、酸味、香味、鮮味、本味、苦味、腥味、臊味、羶味、澀味、異味等十四種，這十四種基本味也是指在所有食材、調料、輔料與辛香料中可以自然而相對突出存在的味道。這些基本味屬於無法透過人為調味產生且天然存在的，人的介入只能調整或控制，雖然現代食品技術已經可化合出部份基本味，但多數情況下不是直接使用的，因此不再討論之列。若某調味料是以一種基本味為主的，在川菜中稱之為基礎調味料，如鹽、醋、糖、醬油、花椒、辣椒等等，混合二種以上的基礎調味料並經過初步加工就稱之為複合味調味品。

↑四川、重慶地區的菜市場中總是有讓人眼花撩亂的調輔料。

24 種基本味型

家常味型、魚香味型、麻辣味型、怪味味型、椒麻味型、酸辣味型、煳辣味型、紅油味型、鹹鮮味型、蒜泥味型、薑汁味型、麻醬味型、醬香味型、煙香味型、荔枝味型、五香味型、糟香味型、糖醋味型、甜香味型、陳皮味型、芥末味型、鹹甜味型、椒鹽味型、茄汁味型。

川菜常見 30 種烹調工藝

炒（生炒、熟炒、小炒、軟炒）、爆、溜（鮮溜、炸溜）、乾煸、煎、鍋貼、炸（清炸、軟炸、酥炸、浸炸）、油淋、熗、烘、汆、燙、沖、燉、煮、燒（紅燒、白燒、蔥燒、醬燒、家常燒、生燒、熟燒、乾燒）、㸆（㸆、軟㸆）、燴、燜、煨、𤆵]、蒸（清蒸、旱蒸、粉蒸）、烤（掛爐烤、明爐烤、烤箱烤）、糖粘、炸收、滷、拌、泡漬、糟醉、凍。

複合味：精湛的和諧

　　川菜菜品除了常用複合味調味品外，更常在一道菜中加入多種同類型但味感有差異的調料，具體將基礎味調味品或複合味調味品的調料、輔料與辛香料，經過不同比例混合、調配後搭配各種工藝烹煮、調和，如回鍋肉的醬香來自豆瓣醬、豆豉與甜麵醬三種帶醬香味調料所融合的複合型醬香味，因此聞到、嚐到的川菜味道多是「複合味」，複合味調製的好就能產生讓人愉悅或誘人食慾、讓人驚喜、意想不到的滋味，或者複製出近似天然存在卻會因烹調而丟失的某種誘人滋味，也是川菜偏好複合味滋味特點的主因。

　　調味時機與烹調工藝相搭配後可以將調味技巧分為加熱前調味、加熱中調味、加熱後調味與混合調味等四種，美味就是透過這些技巧將食材、調料、輔料按順序、比例

↑豐富滋味與極簡形式的和諧。菜品製作：玉芝蘭。

調出渾然一體的和諧或驚喜而誘人的感覺，對應到千百年來中菜所傳承的核心概念，就是一個「和」字，味與味之間的和諧，人與味之間的和諧，味與季節、天地之間的和諧，這樣的「和」是可以讓人因順天應時的飲食而獲得滋潤與健康。

不同組合不同味感

　　近代川菜因味多味廣而梳理總結出二十四種基本味型，有八種基本味型與花椒關係密切，分別是麻辣味型、椒麻味型、椒鹽味型、煳辣味型、怪味味型、陳皮味型、醬香味型、五香味型，若加上近幾年因藤椒味的廣泛應用，有望成為川菜行業認可的第二十五個基本味型「藤椒味型」，也就是有九個味型都會用到花椒。因應不同味型成菜風味的需求，花椒的用量從少量使用到大把大把加的都有，成菜滋味的呈現從不出花椒味，只單純利用花椒去腥除異或防腐功能，到取部份氣味滋味的醬香味型、五香味型，再到濃香微麻辣的煳辣味型、陳皮味型、怪味味型及大麻大辣的麻辣味型，還有以花椒風味為主軸的椒麻味型、椒鹽味型、藤椒味型。

　　各味型中決定呈現何種花椒香麻味滋味有其基本流程，首先選擇青花椒或紅花椒或混用，接著依滋味強弱決定所需用量的多寡，或搭配不同形態的花椒如：整顆的、切碎的刀口狀、花椒粉或花椒油，同時搭配適當烹飪工藝。將流程環節與花椒品種、形態做不同組合，就能獲得期待的香、麻或其他風味成分，在菜品中展現不同香麻程度與味感，分別是成菜中見不

到花椒、甚至嚐不到花椒味的除腥去異，花椒香麻味極低的增鮮、解膩，柔和花椒香帶微麻的提香增味，突出的花椒香味、輕麻感的香辣味，到花椒香麻鮮明、濃郁、具刺激感的麻辣滋味。

↑川菜的味多味廣在涼菜中展現得淋漓盡致。
菜品製作：成都蜀風園壽喜堂。

◆ 花椒龍門陣

《中菜與西菜調味思維的差異》
中菜調味哲學是以「融合」為主軸，融合食材、調料、輔料、辛香料與烹飪工藝後產生渾然一體的滋味，「融合而不混亂」是最高境界，亦即入口時只感受到一股飽滿的味，但在咀嚼、吞嚥過程中，口內的味覺、觸覺，鼻子的嗅覺卻能明確感受到主食材與各種輔料的滋味，而這滋味又被調料、辛香料的滋味所圍繞而形成一個完整的美味，完整的美味中味與味之間是漸進式的過渡，以色彩概念來說每道中菜就像是漸層色的組合。
西菜調味哲學是以「堆疊」為主軸，經烹飪工藝熟成與堆疊食材、調料、輔料、辛香料的各種滋味後，產生明顯的主從關係，也就是主食材滋味為主，調料、輔料、辛香料是襯托、烘托、強化主食材滋味的輔助角色，味與味之間的過渡具有跳躍性，以色彩概念來說每道西菜就像是色塊的組合。

【以色彩概括中西菜調味思維差異】

中菜調味思維：味味相融，層次豐富，味與味之間無明顯界線。可用漸層色的感覺來概括。

西菜調味思維：味味分明，層次分明，味與味之間界線明顯。可用色塊組的感覺來概括。

帶花椒的味型一覽

椒麻味、椒鹽味、陳皮味、五香味、糖醋味、麻辣味、煳辣味、鹹鮮味、鹹甜味、家常香辣蠔油味、家常薑香味、家常藤椒味、五香味、五香椒香味、五香麻辣味、五香椒鹽味、五香香辣味、五香家常麻辣味、五香麻辣孜然味、鮮椒麻辣味（拌）（冷菜）、紅油麻辣味（淋）（冷菜）、鮮辣麻辣味（蘸味汁）、奇香麻辣味（炸收）、家常麻辣味（水煮型）、老油麻辣味（水煮型）、香辣香辣味（燒製）、家常麻辣味（傳統燒製）、酥香麻辣味（炸炒）、乾香麻辣味（乾煸）、火鍋麻辣味、糯香麻辣味（蒸製）、香辣麻辣味（油燙法）、鮮椒鮮香味（蒸）、麻香味、家常麻辣味、蔥香麻辣味、鮮椒麻辣味、泡椒麻辣味、鮮椒椒麻味、香辣味①（熱熗冷食）、香辣味②（熱熗熱食）、香辣味③（拌）（冷菜）、香辣味④（炸收）、香辣茄汁味、香辣荔枝味、香辣荔枝味①（宮保型）（香辣小荔枝味）、香辣荔枝味②（香辣大荔枝味）（炸、炒）、香辣香麻味（炸、乾煸）、香辣鹹甜味、香辣家常味、醬香味⑥（醬醃）、香辣豉香味、啤酒家常味、鹹酸香辣味、鹹酸香麻味、醋香味、怪味淋味汁、怪味拌味汁、鮮椒怪味汁（蘸食）、怪味糖粘型、怪味炸收型、臭香泡椒怪味、沖香怪味、孜然味型、醃菜香味。

※ 以上味型整理自四川成都‧冉雨先生所著的《川菜味型烹調指南》（賽尚出版）。

烹調應用從麻婆豆腐說起

不同花椒品種對應柚皮味、橘皮味、橙皮味、萊姆皮味、檸檬皮味等五種風味該如何應用？其角色關鍵為何？而要談花椒風味應用及在菜品中的關鍵性，就要從「麻婆豆腐」談起，接下來將透過一道道名店酒樓的菜品，以説菜的方式闡述花椒的使用邏輯、思路並從中發掘新的烹調應用可能性。

花椒，麻婆豆腐的核心滋味

麻婆豆腐是川菜中經典的家常麻辣味菜品，其獨特的香麻味讓人印象深刻，讓簡單的家常燒豆腐不只是老少皆知，更變成全球最有名的川菜，全球多數人在認識川菜前多半已經嚐過麻婆豆腐。從調味的手法來看麻婆豆腐，就是在燒好的豆腐上撒一把花椒粉，看似簡單，實際上卻有著一連串不簡單的選料、刀工、火候、調味與出菜速度的功夫。

當今的餐飲界多認為「麻婆豆腐」就是一道簡單不過的家常菜品，消費者覺得做來做去不都是一樣嗎？而忽略了其中讓無數人吃了 300 多年還想吃的關鍵秘密──花椒的點睛之妙。撒入花椒粉是為龍賦予神韻的簡單「點睛」動作，前面的烹調過程就是「畫龍」的過程，然而，若是前面畫龍的功夫太差，畫龍成蟲，這「點睛」動作做得再好，結果還是一條蟲，因此用上真材實料並按部就班的做好每一個環節，才能相輔相成、接近完美。

花椒的沁心香麻是最後讓麻婆豆腐展現其個性的關鍵，但試想豆腐質量不佳甚至有異味，調味的豆瓣是醬香滋味寡淡的速成豆瓣，豆豉沒滋

↑陳麻婆豆腐店雖是百年老店一樣可以有新風情。

味，刀工隨便，輔料沒炒香，燒製沒入味或燒焦，勾芡過稀或過濃，這樣的成菜就算撒下最好的漢源貢椒，你覺得最後是一道美食還是一盤垃圾？

因此，不論什麼菜品在選料、刀工、火候、調味、盛盤與出菜速度等各方面都做到位了，才能探討花椒或任一主料、調輔料在菜品中的角色與影響。花椒的香麻做為麻婆豆腐的特色滋味是大家認同的就不多說，其完整的美味是綜合了滋味醇厚的郫縣豆瓣、豆豉、醬油，讓醬香滋味豐富而具層次感；氣味獨特的菜籽油將牛肉末煵得酥香後把薑、蒜、辣椒粉、郫縣豆瓣續炒至香氣撲鼻，加入切出適當大小的豆腐塊燒製，其大小應在所有滋味因燒製而完美融合的瞬間，也剛好豆腐塊入味的大小，再分兩次勾出濃稠度適當的芡汁，減少單次勾芡卻因豆腐出水而拖芡的機會，濃稠適當的芡汁將全部的滋味裹在豆腐上，讓每一塊豆腐的滋味在口中都是飽滿而不膩人，盛盤後灑入香氣襲人、麻感沁脾的橙皮味漢源紅花椒粉，讓所有滋味穿上極具個性又誘人胃口的濃郁花椒香及舒麻而辣的味感，應在花椒芳香味強烈散發之際盡快上桌、拌勻、享用，此時香氣、滋味濃郁飽滿且層次豐富，麻感舒爽，生津開胃。

這時花椒風味特點與滋味好壞就成了麻婆豆腐最後是否滋味完美的關鍵，經 300 多年的經驗累積，以南路椒中

橙皮味花椒風味特點

以雅安漢源，涼山越西、甘孜九龍所產之南路椒（正路椒）為代表。

顆粒大小介於大紅袍與小椒子，整體扎實，麻度中上到極高，麻感細緻，橙皮味鮮明並帶有明顯柳橙清甜香味，宜人而幽長，乾燥木質氣味輕微或極低，滋味舒適、苦味低、尾韻回甘明顯，整體為細膩精緻的風格。

美味食譜

〔01. 麻婆豆腐〕

材料：汩水豆腐 400 克，牛肉末 60 克，青蒜苗節 30 克，豆豉末 15 克，薑米 10 克，蒜米 10 克，鹽、醬油、辣椒粉、花椒粉、郫縣豆瓣茸、太白粉水、鮮湯、熟菜油各適量。

做法：

1. 汩水豆腐切成小方塊後納盆，倒入加鹽的開水浸泡除去澀味。

2. 炒鍋中放入熟菜油燒至六成熱，投入牛肉末煵至酥香，下豆豉末、薑米、蒜米、辣椒粉和郫縣豆瓣茸炒香出色，摻鮮湯，放入豆腐塊，調入鹽和醬油，用中火燒至入味。

3. 下青蒜苗節推勻後改大火，下太白粉水勾芡，待汁濃亮油時即可起鍋，盛入碗內，撒上花椒粉即成。

美味關鍵：炒牛肉末時，一定要炒乾炒酥；摻湯量以剛好淹過豆腐為宜；勾芡收汁時，可多勾幾次芡，一定要做到亮油汁濃。

菜品製作與食譜提供：中華老字號——陳麻婆豆腐店

的橙皮味花椒中的漢源貢椒為首選，其柳橙甜香味鮮明、麻感細緻、滋味回甘、苦味低與醬甜香濃郁的麻婆豆腐底味是絕配。其次就是一樣屬於橙皮味花椒但甜香感稍低的的越西貢椒、九龍貢椒，再其次是爽香感的橘皮味花椒如冕寧、喜德、金川的花椒。

有花椒才叫香麻辣

　　花椒風味的代表菜不能不提「辣子雞」，菜品一上桌那濃郁的椒香與煳辣香讓人滿口生津，滿滿的花椒、辣椒考驗著食客的膽識！花椒在「辣子雞」裡的角色是增香提

麻，因此花椒本身椒香味的好壞對成菜影響很大，麻度要求較低，需要的是濃郁花椒香而麻感適中煳辣香，一般使用紅花椒，柚皮味的大紅袍與橘皮味的南路椒能分別為菜品產生不同的滋味風格，也可另加少量青花椒營造香氣的層次，但不建議完全改用青花椒，因為青花椒的味太突出且有蓋味的問題，會讓煳辣香的味感變弱。

　　「橙香銅盆雞」的味型是屬於陳

美味食譜

〔02. 香辣童子雞〕

材料：仔公雞 250 克、大蒜瓣 50 克、乾紅花椒 10 克、乾辣椒節 200 克、小蔥 20 克、油炸花生米 50 克、鹽、味精、雞精、胡椒粉、料酒、香油、芝麻各適量，菜油 500 毫升。

做法：

1. 將仔公雞剁小塊並洗去血水，納盆加鹽、味精、雞精、胡椒粉和料酒碼味；小蔥切成節待用。

2. 鍋裡注入菜油燒至六成熱，下雞塊炸至顏色金黃，撈出瀝油待用。

3. 鍋中留少許底油，先下蒜瓣、乾紅花椒和炸好的雞塊煸香，再放入乾辣椒節炒出味，然後加入蔥節和花生米，調入味精和雞精炒勻，最後淋入香油，起鍋裝盤，撒上芝麻即成。

菜品製作與食譜提供：成都天香仁和酒樓〔宏濟店〕（成都）

〔03. 橙香銅盆雞〕

材料：理淨公雞半隻（約 750 克），乾辣椒節 50 克，乾紅花椒 10 克，鮮青花椒 30 克，洋蔥塊 80 克，芹菜節 50 克，柳丁皮 30 克，薑片、蒜片、蔥節、料酒、鹽、味精、白糖、香辣醬、豆瓣、香油、沙拉油各適量。

做法：

1. 理淨公雞斬成塊，用薑片、蔥節、料酒、鹽醃漬入味，再下入七成熱的油鍋裡炸至熟透且皮酥時，撈出瀝油。

2. 鍋中留底油，投入乾辣椒節、乾紅花椒、薑片、蒜片、蔥節熗香，下雞塊略炒，再放入香辣醬和豆瓣炒香出色，烹入料酒，然後下洋蔥塊、芹菜節和柳丁皮，調入鹽、味精、白糖，待蔬菜炒斷生後，淋香油便起鍋裝入銅盆內，最後澆上用熱油熗香的鮮青花椒，即成。

菜品製作與食譜提供：中華老字號——龍抄手（成都）

皮麻辣味的改良味型，將陳皮改用橙皮，同時在成菜後放入鮮青花椒再用熱油激香，讓成菜後色澤鮮豔、滋味清新爽香而味厚。當菜品是陳皮味類型時，花椒的選用都應該以橘皮味花椒為優先，因為橘皮味花椒本身就具有與陳皮一樣的柑橘香氣，在味的調和與變化上可以更具風格。其次是橙皮味花椒，最後再考量柚皮味花椒。

此菜在炒料時是使用乾紅花椒以建立與橙香相呼應的柑橘皮味香麻辣，最後用熱油激鮮青花椒讓菜品擁有鮮爽香氣來塑造多層次的麻香味。

從這個菜品可以發現當前四川廚師在花椒的應用上已不局限單一種類，而是更大膽的混合多種花椒，以烹調出創新的奇香妙味。

「夫妻肺片」是紅油麻辣味的代表菜，所有的調味都在紅油味的基礎上建構主味「麻辣味」，選對花椒可快速建構一個專屬於這道菜麻辣風格，讓人對滋味與主食材的相呼應難以忘懷。一般來說麻辣味的菜不建議使用屬於細膩風格的柳橙皮味花椒，不是用了不對味，而是細膩風格與麻辣味菜品要求刺激感較強的效果不匹配，成菜後的香麻辣味感不突出，一般使用風格鮮明的柑橘皮味花椒或風格突出的柚子皮味花椒。若想利用青花椒的麻香味調製紅油麻辣味時，要注意的是用量謹慎，因青花椒的氣味會對

> ### 橘皮味花椒風味特點
>
> 以涼山州會理、會東所產的小椒子為代表。
>
> 粒小而緊實，橘皮味鮮明並帶有淡淡甜香味，輕微的涼香感，麻度中到中上，帶有可感覺到的乾燥木香氣味。其芳香味主要類似成熟橘子皮或帶青橘子皮的綜合性香味，橘皮味花椒的風味個性較雅緻俐落，帶爽香滋味。
>
>

紅油或紅辣椒的香氣壓味，青花椒用量過多整道菜就只吃得到青花椒味了，當前常用的方式是紅花椒與青花椒搭配使用，紅花椒取麻、青花椒突出椒香味。

美味食譜

〔04. 夫妻肺片〕

材料：黃牛肉 300 克，牛雜 500 克，芹菜節 50 克，鹽、八角、肉桂、花椒粉、花椒、醪糟汁、紅腐乳汁、蔥結、胡椒粉、醬油、味精、紅油辣椒、熟芝麻、熟碎花仁各適量。

做法：

1. 黃牛肉用花椒粉、八角、肉桂、鹽醃 10 分鐘，入沸水鍋裡汆去血水後撈出，再放入加有鹽、八角、肉桂、花椒、醪糟汁、紅腐乳汁和蔥結的冷水鍋裡中火煮開後，轉小火煮至軟熟，撈出來晾涼切片，然後在煮牛肉的原汁裡加胡椒粉、醬油、味精等燒沸成滷水。
2. 牛雜治淨後，入沸水鍋裡汆煮斷生後，再入滷水中滷煮入味，撈出來晾涼，改刀成片。
3. 牛肉片和牛雜片納盆，加芹菜節、紅油辣椒和花椒粉拌勻裝盤，撒上熟芝麻、熟碎花仁即成。

菜品製作與食譜提供：中華老字號——龍抄手（成都）

水煮菜風味關鍵刀口椒

水煮類的菜品，可說是川菜中大麻大辣、味厚味重的代表，此菜源於早期自貢鹽工的下飯菜，有菜、有肉、熱燙、味厚、麻辣而開胃，也是今日品川菜必嚐的菜品，因為此菜濃縮了川菜中最為人所知的麻辣重、香氣濃、滋味足等特點。而麻辣味重的菜品多半要用刀口椒來產生足夠的煳香麻辣味，另有用熱油嗆辣椒、花椒以得到煳香麻辣味的方式，這做法的辣度較低；此外，花椒粉雖具有帶出的更強麻味的效果，但不適合熱油激且容易出苦味，加上水煮菜的熱度持續較久不利於香氣維持，會讓成菜在後期香味不足。

在大麻大辣中，川菜廚師依舊在調味上做出了差異性，每家酒樓的香氣、麻感就是不一樣，差異性除了辣椒的選擇外，就是花椒的香麻味對成菜風格影響較大，若是想要成菜的麻辣味是較粗獷的風格，建議選用柚皮味花椒；濃香風格的選用橘皮味花椒；而想要麻辣又要有細膩感、精緻感風格的就選用橙皮味花椒，也可混用少量萊姆皮味或檸檬皮味花椒來幫菜品增添一點清爽感。

一點藤椒油就是清香麻

「椒麻味」在川菜中是突出鮮香與花椒爽香麻風味的一個代表性味型，傳統做法是將乾紅花椒泡漲後加適量的青蔥葉剁茸再調味、拌製成菜，色澤是翠綠中帶褐色，其鮮香味屬於橘皮味的鮮香感，而麻感是帶有輕微薄荷般涼爽的麻感，整體是屬於鮮熟香麻而味濃，成菜色澤較不清爽。現因青花椒的流行，椒麻味的調製多使用青花椒或鮮青花椒加青蔥葉調製，最後加藤椒油或青花椒油微調風味。相較於傳統做法，使用青花椒特別是鮮青花椒（需先去籽），椒麻糊呈現完美的碧綠色，草木的鮮香味更突出，麻感雖輕卻不寡薄而廣受市場歡迎，青花椒調製的椒麻味清新帶點野滋味與使用紅花椒調製的有根本上的風格差異。

不過川菜名菜裡有一以「椒麻」為名實際卻是麻辣味的菜品，就是源自瀘州古藺縣的「古藺椒麻雞」。在台灣，「椒麻」定義與四川不一樣，常見的台式「椒麻雞」分兩種，一是用辣椒或香辣醬與芝麻醬調的味，麻醬味香濃而

微辣，另一種則屬於東南亞風格的甜酸辣味。

去骨鴨掌口感十分彈牙爽口，極適合用檸檬爽香味濃的藤椒油來調味，以凸顯去骨鴨掌的彈牙爽口感。除了藤椒油外，此菜品也同時用了鮮青花椒同煮，使主食材入味但麻香感不足，香氣也會隨烹煮時間減少，因此菜餚起鍋前必須調入清香麻的藤椒油，以補足香氣並豐富麻感，讓麻感可以豐富而有層次。

多數菜品單用鮮青花椒入菜其麻度、滋味是不足的，大多數需搭配乾青花椒、青花椒油或藤椒油豐富青花椒的爽麻香，而熱菜中使用花椒油的基本原則就是菜品起鍋前再調入，因花椒油中的芳香味容易因熱而揮發，過早加入效果差。

檸檬皮味花椒風味特點

以重慶市江津區的九葉青花椒和涼山州雷波縣產的青花椒為代表。
果粒中等，油泡多而密，乾燥後結構扎實，成熟檸檬皮混合清香味濃郁，尾韻有輕微的花香感，麻度中到中上，麻感粗糙，帶涼爽感，有輕微的野草味或藤蔓味，整體風味個性為清鮮亮麗的爽麻感。

美味食譜

〔05. 芙蓉飄香〕

材料：醃好的牛肉 150 克，淨鱔魚段 100 克，毛肚、豬黃喉、午餐肉片各 50 克，芹菜節、蒜苗節、青筍尖、水發木耳各 50 克，刀口椒 50 克，蒜泥 20 克，青辣椒碎 30 克，香菜 10 克，飄香紅湯 1000 毫升，沙拉油適量。

做法：

1. 把芹菜節、蒜苗節、青筍尖和水發木耳入沸水鍋裡汆過、斷生，撈出瀝水後放大缽內墊底。

2. 毛肚、豬黃喉、午餐肉片汆一水（汆燙一下的意思，川廚慣用說法）待用。牛肉和鱔魚段則入熱油鍋裡滑熟待用。

3. 鍋裡摻入飄香紅湯燒開，放入毛肚、豬黃喉、午餐肉片、牛肉和鱔魚煮入味，出鍋盛在墊有蔬菜料的大缽裡，然後撒上刀口椒、蒜泥和青辣椒碎，最後淋入熱油並撒上香菜，即成。

菜品製作與食譜提供：芙蓉凰花園酒樓（成都）

〔06. 水煮靚鮑仔〕

材料：大連鮮鮑 12 頭，茶樹菇 250 克，杏鮑菇 50 克，芹菜 50 克，蒜苗 50 克，郫縣豆瓣 200 克，薑米 10 克，蒜米 10 克，蔥花 15 克，泡椒末 50 克，生抽醬油、老抽醬油、料酒、乾辣子、花椒粒、雞粉、芡粉各適量。

做法：

1. 大連鮮鮑打上十字花刀，汆水後備用。

2. 茶樹菇、杏鮑菇、芹菜、蒜苗熗炒後墊入盤底，炒鍋中下郫縣豆瓣、泡椒、薑米、蒜米炒香上色，摻入少許鮮湯，調入雞粉、生抽醬油、老抽醬油、料酒等。

3. 打去料渣，下入鮮鮑，勾入二流芡後起鍋裝盤。鍋中熗香乾辣子和花椒粒，澆在鮑魚仔上，撒上蔥花即可。

菜品製作與食譜提供：成都印象（成都）

〔07. 椒麻白靈菇〕

材料：白靈菇 300 克，青蔥葉 50 克，青花椒 10 克，濃湯 1000 毫升，鹽、雞粉、藤椒油、冷雞湯各適量。

做法：

1. 把蔥葉和青花椒放一起，用刀剁細盛入碗內，然後加入雞粉、鹽和冷鮮湯調成椒麻味汁。

2. 白靈菇加濃湯煲熟入味後，撈出來晾冷，切成粗條再與調好的椒麻味汁拌勻，裝盤後淋上藤椒油即成。

菜品製作與食譜提供：菜品製作與食譜提供：蜀府宴語〔宏濟店〕（成都）

花椒讓燒、滷菜味更美味

燒菜滋味多半是味濃味厚的，滋味濃郁而開胃，特別是膠質重或豐腴的肉類食材，以這道「板栗燒野豬排」來說，就是屬於成菜後口感豐腴的菜品，雖然加了帶微辣的郫縣豆瓣就可以讓成菜滋味較不膩人，若是要達到爽口的效果就要利用青花椒的爽香與刺麻感強化解膩的效果，且青花椒釋出的微量苦澀味對改味解膩也有效果。要注意的是菜餚滋味中苦澀味過多會敗味，但運用的巧妙，就能創造既爽口又濃郁的奇妙味感，川菜廚師傳承中將這一概念、技巧很好的應用在各種味型中，特別是花椒入菜後的香、麻、苦、澀等滋味控制，也讓川菜不論濃淡都有一種百吃不厭的感覺。

花椒的除腥去異效果十分卓越，因此只要是腥羶燥重的食材，不論在那一個菜系，花椒幾乎都會出現在碼味、醃漬的工序中，以去除一定的腥羶燥，方便烹調時可以專注於調味。以這道「蝴蝶野豬肉」來說，因為野豬肉的燥味重，醃漬料裡頭就增加花椒以去除燥味，去燥味的花椒香氣上的要求較低，因此可以選用花椒本味與腥異味都強的柚皮味花椒，因為花椒去腥除異的主要氣味就是本味與其腥異味，香氣成分對於去腥除異效果

美味食譜

〔08. 椒香鴨掌〕

材料：去骨鴨掌 250 克，羅漢筍 100 克，混合油 15 克、高湯 250 克、青辣椒圈、鮮青花椒、蔥、蒜、薑、鹽、雞精、藤椒油適量。

做法：

1. 去骨鴨掌放入加了蔥、薑、鹽的清水中煮熟待用，羅漢筍汆水斷生墊底。

2. 淨鍋加入混合油，下薑、蒜、青辣椒圈、鮮青花椒翻炒均勻，加入高湯和鴨掌同煮 2 分鐘，調入鹽、雞精、藤椒油，出鍋倒入羅漢筍的鍋子內，上桌後用卡式爐保溫即成。

菜品製作與食譜提供：張烤鴨風味酒樓〔總店〕（成都）

〔09. 板栗燒野豬排〕

材料：野豬排 500 克，板栗肉 250 克，郫縣豆瓣 20 克，秘製香料 10 克，薑片、蒜片、蔥花各 2 克，鹽、雞精、醬油各少許，白菜、鮮青花椒各適量，沙拉油 500 毫升。

做法：

1. 把野豬排下沸水鍋裡過水後，撈出來瀝乾水分，再入油鍋，炸至顏色金黃時撈出來瀝油；另把板栗下入油鍋，炸至顏色金黃時撈出瀝油，均待用。

2. 鍋中注油燒熱，先下郫縣豆瓣炒香，再下秘製香料稍炒，加入 1 公升水燒開，續放入炸好的野豬排以小火慢燒約 30 分鐘至熟軟，燒至 20 分鐘時加入薑片、蒜片、鹽、雞精、醬油和蔥花調味。

3. 最後放入板栗燒約 5 分鐘，即出鍋裝盤，用汆過水的白菜圍邊，撒上鮮青花椒，澆熱油激香即可。

菜品製作與食譜提供：食里酒香（成都）

不鮮明，有點像是以毒攻毒的概念，在花椒產區常有餐館酒樓特地請農民幫他們找花椒腥味極重的野花椒來處理牛羊肉，這也是產區的牛羊肉滋味更佳的原因之一。

當成菜需要香麻味則是在後續烹調中透過調入花椒粒、花椒粉或花椒油來獲得。像此菜在醃漬入味後下入川式滷水中滷透，而川式滷水中花椒是將香氣融和在一起的要角，因此在起滷水時，就要選用質量佳、香氣濃郁的花椒，一般使用紅花椒，因為紅花椒的味可以與其他香辛料的味產生融合味，不像青花椒的味容易出現反客為主的壓味、蓋味現象。

調製滷水的香辛料十分多樣，但在川味滷水中，花椒必不可少，就是因為花椒具有明顯的增香、除異與入味、解膩的作用，並在一定程度上起調製風格的效果，除了紅湯、麻辣類滷水外，以香味為主的五香滷水中花椒應選用香氣濃郁的，用量上以吃不出苦、麻味為原則，另考量滷製的主食材特點，腥羶味低的可優先考慮橘皮味花椒，若是腥羶味高的優先考慮柚皮味花椒。

製作紅味燒菜，也就是香辣或麻辣家常味的菜品時，花椒的選擇一般是麻感與香氣並重、苦味低的，因菜品湯汁量多且須較長時間燒製而成，花椒苦味明顯的成菜發苦的機率大，因此花椒建議使用橘皮味花椒，取其香麻滋味鮮明而苦味輕，或是香麻味美而精緻的橙皮味花椒，柚皮味花椒味重、苦味也大，使用時要注意量的控制。

花椒的揮發性香氣會因煮的時間加長而減少、麻度增加，也同時會把苦味煮出來，若是成菜後再加花椒油或用熱油激香花椒，過多的油脂對燒菜來說會讓人膩到不行。因此控制花椒入鍋時機與烹煮時間，就成了紅味燒菜美味的關鍵。以「芋兒雞」

美味食譜

〔 **10. 蝴蝶野豬肉** 〕

材料： 野豬五花肉 250 克，黃瓜片 10 片，蝦 1 隻，鹽、香料、花椒、辣椒、薑片、蔥節、料酒各適量，川式滷水 1000 毫升。

做法：

1. 野豬五花肉納盆，加鹽、香料、花椒、辣椒、薑片、蔥節和料酒醃 10 個小時，然後下沸水鍋裡過水斷生，撈出後放入川式滷水鍋裡滷約 30 分鐘至熟透入味。

2. 將滷好的野豬五花肉撈出來晾涼後切片，備用。

3. 黃瓜片擺盤底，把滷製好的肉片在上面擺成蝴蝶形，以蝦作蝴蝶背，稍加裝飾即成。

菜品製作與食譜提供： 食里酒香（成都）

為例介紹兼顧香氣與滋味的技巧，這裡的香氣不是單指花椒，而是總體的香氣，就是烹煮過程中關注滋味足不足並加入越煮越香的各種香料及輔料如芋兒（小芋頭），成菜後再次加入具香氣的芹菜節、蒜苗節和鮮紅辣椒節，就能讓香氣飽滿同時滋味濃郁。

　　家常麻辣味的「光頭燒土鴨」運用近似乾燒的方式成菜，問題也和前面提的一樣，燒菜多只能保留花椒的味與麻，只靠花椒的話香氣多半不足，於是聰明的川廚用另一個技巧來滿足川人愛吃香香的偏好，除炒香豆瓣、花椒外，補強香氣濃度的關鍵就在加入鴨肉、馬鈴薯後的乾燒過程。馬鈴薯在燒的過程中會溶出許多澱粉質，鴨肉會釋出鴨油，最後大火收乾湯汁，並技巧性的讓湯汁中的澱粉質褐變以釋出類似焦糖的香味，而鴨油則會因收湯汁的高溫釋出脂香氣，起鍋前再下香油、蔥花，你說能不香嗎？

美味食譜

〔 **11. 芋兒雞** 〕

材料：土雞1隻，芋兒500克，芹菜節、蒜苗節、鮮紅辣椒節各20克，特製醬料100克，乾辣椒50克，八角5粒，山柰3粒，丁香8粒，白蔻8粒，茴香20粒，香葉4片，花椒50克，桂皮10克，豆豉35克，薑片35克，蒜仁15克，鹽、料酒、雞精、味精、胡椒、沙拉油各適量。

做法：

1. 土雞治淨後，斬成小塊。芋兒削皮後洗淨。
2. 鍋裡放沙拉油燒熱，放入薑片、蒜仁、豆瓣醬和特製醬料炒香後下乾辣椒、八角、山柰、丁香、白蔻、茴香、香葉、花椒、桂皮和豆豉炒勻，下雞塊和芋頭炒至緊皮，接著摻鮮湯燒沸後，倒入高壓鍋，用中火壓煮約15分鐘。
3. 壓煮好後揭蓋，放入鹽、料酒、雞精、味精和胡椒調好味，拌勻再倒入火鍋盆裡，最後撒入芹菜節、蒜苗節和鮮紅辣椒節，即可上桌食用。

菜品製作與食譜提供：巴蜀芋兒雞（成都）

〔 **12. 光頭燒土鴨** 〕

材料：土鴨肉300克，馬鈴薯400克，郫縣豆瓣20克，乾紅花椒5克，蔥花5克，鹽、味精、雞精、香油、鮮湯、沙拉油各適量。

做法：

1. 土鴨肉斬成塊，備用。馬鈴薯削皮後切成塊，備用。
2. 鍋裡放沙拉油燒熱，放入郫縣豆瓣和乾紅花椒炒香。
3. 接著摻入鮮湯，再下入土鴨塊和馬鈴薯塊，以小火燜燒，期間放入鹽、味精和雞精調好味。
4. 等到鴨子燒至熟軟，馬鈴薯粉糯時，開大火收乾汁水後，隨即淋香油出鍋裝盤，最後撒入蔥花即成。

菜品製作與食譜提供：老田坎土鱔魚莊（成都）

火爆乾鍋離不開花椒

乾鍋菜品是近十多年十分紅火的系列菜，屬於乾香而麻辣味重的菜式，滋味特點源自麻辣火鍋，可以一菜兩吃，主料吃完後加入高湯就可以當火鍋涮燙食材吃。乾鍋菜對很多人來說都被字面意思誤導為「成菜是看不到湯汁的」，其實「乾鍋」的概念是相對於湯水為主的麻辣火鍋，成菜後還是有些許湯汁。

因為乾鍋與火鍋算是系出同門，同樣強調鍋底料、強調花椒、辣椒與諸多香料的搭配，差異點在炒好的鍋底料，一個是拿來做為炒製食材的主要調料，一個是勾兌成火鍋湯底。運用花椒在提香增麻的部份也因要求不同而有不同的做法，像「乾鍋香辣蝦」是以香辣為主的乾鍋醬料為底味，炒製過程中再次加入花椒以補足香辣醬較單薄的椒香氣，並增加麻感層次。而「乾鍋鴨唇」是以花椒麻香味足的乾鍋醬料做為滋味基礎，再加入許多帶香氣的輔料，包括主食材都是已經滷香的，整體風味仍保有乾香而麻辣味重的特色。兩種方法各有特色，就看餐館的需求與食客的愛好。

美味食譜

〔13. 乾鍋香辣蝦〕

材料：基圍蝦 750 克，芹菜節 100 克，黃瓜塊 100 克，蒜苗節 30 克，乾鍋醬料、乾辣椒節、花椒、薑片、蒜片、精鹽、味精、香辣油、熟芝麻、香菜各適量。

做法：

1. 把基圍蝦洗淨後入油鍋炸酥撈出。

2. 鍋放香辣油，先下香辣醬、乾辣椒節、花椒、薑片和蒜片炒出香味，再倒入基圍蝦、黃瓜段、芹菜節同炒約 2 分鐘，用精鹽、味精調好味，最後撒入蒜苗節、香菜節和熟芝麻，起鍋裝入鍋盆裡上桌。

菜品製作與食譜提供：一把骨骨頭砂鍋（成都）

〔14. 乾鍋鴨唇〕

材料：滷鴨唇（即滷鴨下巴）12 個，乾鍋醬料（以花椒、辣椒與多種香料炒製）、野山椒、蒜米、雞精、胡椒粉、白糖、料酒、青筍、青紅辣椒、芹菜、薑片、蔥節、蒜片、香辣油、菜油各適量。

做法：

1. 炒鍋上火，注入香辣油、菜油燒熱，投入薑片、蔥節、蒜片炒香，待薑片從油鍋中浮起時，下入鴨唇轉低火翻炒。

2. 翻炒至鴨唇表面呈現微黃色時，下入蒜米、香辣料和野山椒，繼續炒至鴨唇呈金黃色。

3. 當鍋中飄出蒜香味時，下入青筍、青紅辣椒、芹菜，調入雞精、胡椒粉、白糖、料酒，等酒氣散發完後起鍋即成。

菜品製作與食譜提供：蛙蛙叫‧乾鍋年代（成都）

拌、煮菜最容易上手

花椒除腥去異常用於烹調前醃漬的方式，也常見加到沸水鍋中汆、燙、煮葷類食材的方式，特別是鹹鮮味的湯品，如蘿蔔排骨湯，四川人都喜歡加個幾顆花椒一起煮以便去腥除異，同時讓成湯口感清爽不膩。肉品汆煮熟透後再成菜的「大碗豬蹄」，成菜後是酸辣味，不要求有花椒味，甚至不能有，重點在煮熟軟的過程中除去豬蹄的臊味以免干擾酸辣味味感，這類除腥去異的需求對花椒要求較低，各種質量紅花椒都行，差別在用量的多寡，一般不建議用青花椒，青花椒味過於強勢容易干擾後續的調味，除非成菜的滋味就是要青花椒味。

涼拌菜多半使用花椒粉或花椒油調味，以便在不加熱的前提下獲得足夠的香、麻味，使用時要注意花椒粉新鮮度，最好現打現用，否則容易失去香氣而滋味不足，用量則應視花椒的麻度與苦度做適當的增減。

這道「鄉村拌雞」採用調成味汁後再淋於煮料上成菜的方式，因此兌味汁時採用熱鮮湯，先下入花椒粉以快速獲得香、麻味，並因熱鮮湯的鮮醇滋味而變得溫和醇麻，接著再加其他調料調製。此菜為紅油麻辣味，加上雞肉嫩而帶勁的口感，一般來說用甜香感明顯、麻感細緻的橙皮味花椒最佳，其次是橘皮味與柚皮味，青花椒建議只用於調整香麻層次，若完全用青花椒則容易出現紅油氣味減弱、不足或被蓋住使得成菜風味不完整。

不論青、紅花椒，當用於拌製的涼菜時對花椒自身的色、香、味要求都較高，可單獨使用也可青、紅花椒

美味食譜

〔15. 大碗豬蹄〕

材料：豬蹄 1000 克，小米椒粒 50 克，香菜 20 克，芹菜節 30 克，洋蔥塊 50 克，薑米、薑、蔥、花椒、料酒、鹽、香醋、冷高湯、香油、紅油各適量。

做法：

1. 豬蹄治淨，放入加有薑、蔥、花椒和料酒的沸水鍋裡煮熟了撈出來，剔去大骨，等到晾涼後剁成塊。

2. 把薑米、小米椒粒、鹽、香醋、冷高湯、香油和紅油兌勻成酸辣味汁，再放入豬蹄塊拌勻，裝盤後撒上香菜和芹菜節即可。

菜品製作與食譜提供：禾杏廚房（成都）

〔16. 鄉村拌雞〕

材料：三黃雞 250 克，大蔥、花椒粉、生抽醬油、醋、辣鮮露、美極鮮、紅油、煮雞湯汁各適量。

做法：

1. 將大蔥切塊後墊盤底；三黃雞放高湯鍋裡煮熟後，撈出來斬成小塊，放在盤中蔥塊上。

2. 盆裡倒入約 75℃熱的煮雞湯汁，調入花椒粉、生抽醬油、醋、辣鮮露、美極鮮等攪勻成味汁待用。

3. 把調好的味汁澆淋在雞塊上，澆上紅油，撒上蔥絲，即成。

菜品製作與食譜提供：蜀滋香土雞館〔雙橋店〕（成都）

混合使用，因為涼菜沒有加熱過程，若是花椒本身滋味不夠濃郁，特別是香氣，成菜後不香，吃起來也覺得滋味差了一點，若是異味、雜味過重則容易破壞菜餚該有的滋味，因此可以說乾拌的麻辣味菜品就是在吃花椒與辣椒的味，滋味是細緻還是粗獷就有賴花椒與辣椒的選擇！這裡只討論花椒，通常細緻的味感就選用清甜香舒爽的橙皮味漢源或越西花椒，或是橘皮味的會理小椒子也可以，花椒打成粉後最好篩去花椒內層硬韌的白膜，讓口感與細嫩的主食材有一致性。若是粗獷的味感則可借鑑「乾拌牛肉」這類下酒菜選用氣味、麻感強烈的柚皮味大紅袍，打成粉後可篩可不篩，整得太細緻就感覺有點豪邁不起來。

多數情況下可在花椒粉之外添加紅花椒油、青花椒油或藤椒油來輔助、調整涼菜的香、麻滋味層次或風格，使用青花椒同樣要注意用量避免壓味。

美味食譜

〔 17. 乾拌牛肉 〕

材料：牛肉 250 克，炒花生米 10 克，熟油辣椒 10 克，香蔥 5 克，鹽 5 克，白糖 5 克，青花椒 15 克、小米辣椒圈 40 克，香菜段少許。

做法：

1. 牛肉洗淨，在開水鍋內煮熟，撈起晾涼後切成薄片；香蔥切成 2.5 公分長的段；花生米碾細。
2. 將牛肉片盛入碗內，先下鹽拌勻使之入味，接著放小米辣、白糖、青花椒再拌，最後加入香蔥、炒花生米細粒和香菜段拌勻，盛入盤內即成。

菜品製作與食譜提供：蜀味居（成都）

〔 18. 乾拌金錢肚 〕

材料：牛肚 250 克，辣椒粉、花椒粉、鹽、香菜各適量。

做法：

1. 牛肚在沸水鍋裡煮熟後，撈出來切片。
2. 納盆加入辣椒粉、花椒粉、鹽、香菜等拌勻，裝盤後便可上桌。

菜品製作與食譜提供：栗香居板栗雞（成都）

活用花椒盡在思路

花椒使用之多、廣、雜莫過於「麻辣火鍋」，少了花椒的麻火鍋就要改名為「辣椒火鍋」了！許多人誤以為「麻」與「辣」是相輔相成提高刺激感，實際上是花椒抑制了辣椒的刺激，讓辣變得更好入口，也讓川菜的辣具有讓不吃辣的人愛上麻辣的魅力，因為麻是對痛覺阻斷後產生的顫動感，辣則是灼熱刺痛感，兩者調和後就是舒服又過癮的「川辣」，亦即辣椒的辣加了花椒的麻才能稱之「麻辣」！

麻辣火鍋在四川主要分為成、渝（成都、重慶）兩大風味類型，成都麻辣火鍋採用氣味獨特的菜籽油，並大量使用香料炒製鍋底料，呈現的滋味風格是香氣濃郁、麻辣味醇和；而重慶麻辣火鍋採用脂香味濃的牛油炒製底料，香料用的相對少並重用花椒、辣椒，呈現的滋味風格是脂香、煳辣香濃郁，麻辣厚重且刺激感強。

麻辣火鍋香麻過癮

傳統麻辣火鍋主要用紅花椒，用量也足以影響香麻味的風格與層次，可以依據風格偏好單用一種花椒或混用多種花椒，一般用得最多的是柚皮味大紅袍與橘皮味南路花椒，其風味相對濃郁而突出，雜味較少，麻度也夠高，與大量香料混合炒製後不容易出現花椒味不足或壓味的問題。

近年青花椒風味被廣為接受並流行，有人嘗試將紅花椒全部改成青花椒來炒製麻辣鍋底料，但得到的結果是鍋底料兌成湯鍋後變得混濁且風味發悶，失去青花椒該有的鮮麻香，現主要的做法是用紅花椒炒製鍋底料，兌成湯鍋後再加入乾青花椒或鮮青花椒，就能兼顧湯鍋顏色的乾淨度與青花椒的鮮香麻特點，同時傳統麻辣火鍋的熟香、脂香、醬香等濃郁香氣將變得更舒爽、豐富，且能在長時間的煮燙下持續發揮效果。

火鍋風味的流行也衍生出老油香辣味的系列菜品，這類菜品多半考驗廚師能否在老油獨特、濃厚的香麻辣基礎上增添讓人驚喜的香氣、層次與滋味，因此這類菜餚的調輔料中都以辛香味濃的為主，花椒自然少不了。使用時以

柚皮味花椒風味特點

以阿壩州的茂縣、松潘，甘孜州的康定、丹巴所產大紅袍花椒為代表。粒大油重，青柚皮味鮮明，麻度中上到極高，麻感來得快而明顯，容易出苦味，花椒特有本味突出，帶有明顯的木質揮發油氣味，整體風味個性較粗獷，麻味強並帶野性滋味。

■ 大師秘訣：周福祥

火鍋名廚周福祥：建議炒火鍋底料時，花椒最後再入鍋，且要將花椒用水快速的沖洗掉表面的灰塵，撈起過濾雜質並瀝乾，再倒入即將炒好的火鍋料中，炒至香氣逸出。最後放花椒的目的是在火鍋料中盡量保有足夠多的花椒麻味和香味，否則花椒入鍋炒久了其香味麻味必然大量散失。此外花椒應經過極短時間的漂洗、除去雜質、灰塵程序不會失去任何香、麻味，又能減少火鍋油渾濁的機會，同時避免花椒下鍋後焦化得太快。花椒焦化就是行業內常說的「炒過火」，鍋底料成品會發苦除了花椒、香料的本質問題外，多半就是這個原因。現在麻辣火鍋喜歡使用青花椒，因為青花椒的特殊香味為大家所接受，特別是受熱後的飄逸香味，是大紅袍花椒無法比擬的。很多人問哪種花椒比較好，這還是要看烹調者的喜愛偏好，再加上地區性口味偏好，離開這兩個基準，硬說那種花椒比較好就會比較牽強了。

花椒粉為主，花椒粒為輔，目的是補足老油香麻辣的不足之處，而用何種花椒及用量主要考量老油的味道。

川菜新寵青花椒香

水煮系列菜是體驗川菜大麻大辣的必嚐菜品，目前有兩種成菜形式，一是濃醬厚味、成菜色澤厚重的傳統水煮菜，如「水煮牛肉」；另一種形式則是以高溫、大量香料油將主食材泡熟，取其濃香滋潤麻辣味足而成菜清透，如「沸騰魚」、「西蜀多寶魚」，這類型的菜品最早是川廚在北京研發出來的，對四川、重慶地區以外的人來説更熟悉的菜名是「水煮魚」，川菜與非川菜地區的烹調工藝基本一樣，但風味呈現有明顯的不同。

以香料油成菜的水煮菜品原以紅花椒做麻香味的來源，後來只用青花椒或青、紅花椒混用，其香氣更加有層次且濃郁爽神，麻辣味足而不過強，若從風味的完善來説，香料油成菜的水煮菜品首選爽香味突出、苦味較低的萊姆皮味花椒，確保青花椒香、麻足又不至於苦味太強。雖然不麻不辣不成菜是川菜的口味習慣，但其強度僅止於增加口感變化與開胃，不合理的辣度是不被接受的，因此，當見到滿滿花椒、辣椒的川菜時一點都不用怕，這類菜品的麻辣度雖略微偏高，但絕對比想像中的低，因為川菜大師要你吃的「香」。

美味食譜

〔19. 麻辣火鍋基本組成與做法〕

材料：牛熟菜籽油、牛油、雞油、豬油、朝天椒、花椒、元紅豆瓣、郫縣豆瓣、大蒜、老薑、香蔥、川鹽、料酒、冰糖、醪糟汁、草果、香果、八角、小茴香、百扣、砂仁、山柰、桂皮、排草、香草、靈草、月桂葉、丁香、比果、乾豆香、良薑、寧香、檳榔、永川豆豉、鮮湯。

做法：

1. 將各種香料分別用絞磨機打成細粒。老薑洗淨切片，大蒜拍破，蔥洗淨瀝乾水分。冰糖捶散。豆豉剁茸。

2. 朝天椒剪短用沸水煮軟後撈出瀝乾再剁細成糍粑辣椒。

3. 將大鍋置旺火上，將豬油、菜籽油、牛油、雞油煉至青煙散去、無煙時轉中火，先炸香蔥，再炸老薑片、大蒜、香料。然後將糍粑辣椒、豆瓣醬加入熱油中熵酥，撈去渣料，再放入冰糖，關火即成老油。老油一般一周後再用最佳。

4. 炒鍋內放老油，然後放入薑、蒜，用小火慢炒，再加入豆瓣醬、糍粑辣椒，炒香上色，下香料、醪糟汁、豆豉、乾辣椒節、花椒、川鹽、冰糖略炒後摻高湯，燒至湯濃、香氣四溢即可燙食葷素原料。

菜品製作與食譜提供：節錄自《川菜味型烹調指南》冉雨 著

四川使用泡酸菜、泡辣椒烹製酸香味濃、微麻辣的魚餚滋味，可說是從鄉間百姓廚房的「梭邊魚」一路紅火到高檔酒樓，這類菜品屬於泡菜酸辣味，花椒在這類型的菜品中以除腥增香為主，其味型是酸辣味而非麻辣味，在花椒的運用上就要選用香氣足、爽香味豐富、麻味其次的花椒，傳統上調味使用橘皮味花椒，當今調味則是以青花椒為主、紅花椒為輔。

經三十年的市場經驗積累，川菜廚師們發現多數味型中青花椒比紅花椒更適用於海、河鮮菜餚的調味，烹調這類菜品時，首選建議萊姆皮味花椒，其次是檸檬皮味花椒，用量要適度加大以確保足夠的氣味，並在烹調過程中盡可能減少麻味的釋出，從成都河鮮王朱建忠師傅烹調的「芝麻魚肚」做法中可以明顯看到這樣的工藝特點，當所有調味都完成後，才將乾辣椒節、乾青花椒和白芝麻激香並淋入菜品成菜。至於海、河鮮的除腥問題

美味食譜

〔20. 西蜀多寶魚〕

材料： 多寶魚 1 條、黃豆芽 100 克、黃瓜條 50 克、乾辣椒 100 克、乾青花椒 20 克，薑蔥水、鹽、料酒、太白粉水、秘製香料油各適量。

做法：

1. 多寶魚宰殺治淨後取淨肉，片成薄片，納盆中加薑蔥水、鹽、料酒和太白粉水醃入味待用。魚骨放入沸水鍋裡汆熟。
2. 黃豆芽和黃瓜條入沸水鍋裡汆一水（四川慣用語，汆燙一下的意思），撈出瀝水後放深盤裡墊底，再把汆熟的魚骨擺在上面。
3. 鍋裡放秘製香料油燒至四成熱，下魚片滑熟後，撈出來擺在魚骨上面，隨後投入乾辣椒節和乾青花椒熗香，出鍋倒在深盤中的魚片上即成。

菜品製作與食譜提供： 寬巷子 3 號（成都）

〔21. 芝麻魚肚〕

材料： 新鮮鮰魚肚（也可改用鯰魚肚）350 克，泡椒末 50 克，泡薑末 40 克，薑、蒜片各 15 克，香蔥花 20 克，乾辣椒節 20 克，乾青花椒 5 克，白芝麻 35 克，小木耳 30 克，青筍片 30 克，鹽、雞精、白糖、陳醋、料酒、香油、沙拉油各適量。

做法：

1. 鮰魚肚治淨，改刀成小塊。小木耳、青筍片入加有油鹽的沸水鍋裡汆一水撈出，墊入窩盤中。
2. 鍋放油燒至五成熱，下泡椒末、泡薑末、薑蒜片入鍋炒香，摻湯 500 克燒沸熬煮 5 分鐘，濾去料渣留湯汁。
3. 轉小火後下魚肚燒約 10 分鐘至魚肚熟透，然後用鹽、白糖、陳醋和香油調味，出鍋盛在墊有小木耳和青筍片的窩盤中。
4. 另鍋放油燒至四成熱，下乾辣椒節、乾青花椒和白芝麻激香，出鍋淋在盤中魚肚上，最後撒上蔥花即好。

菜品製作與食譜提供： 渠江漁港（成都）

在這類菜品中相對容易處理，因為除了花椒外，泡椒、泡薑的本味、乳酸味也有一定的除腥效果，成菜的鮮美滋味就自然而純粹突顯出來。

花椒油有紅花椒油及青花椒油兩大類，花椒油的使用與在菜中加香油的邏輯是一樣的，紅花椒油主要是和味與增麻，青花椒油則是增香增麻，青花椒油又分藤椒油與青花椒油兩大風味，其差異性在使用的花椒品種不同及煉製的基礎油、煉製工藝的不同，成品的椒香、椒麻味與油的滋潤感大不相同，藤椒油主產於四川洪雅，其特點為清爽滋潤、香氣醇正怡人、麻感舒適，青花椒油則是香氣、滋味純粹而爽麻、油質透亮卻輕浮，兩種青花椒油可依偏好使用。藤椒油調製的風味在川菜市場中火爆了十多年更逐步總結出了「藤椒味」，有機會成為川菜基本味型之一。

話說「滋味魚頭」就是吃藤椒風味，在開胃爽口的酸辣味基礎上增添清爽、醇香、舒麻，加上熱油激出的鮮青花椒香氣即成「藤椒酸辣味」，整體氣味豐富了起來。

萊姆皮味花椒風味特點

以涼山州金陽縣和攀枝花市鹽邊縣產的青花椒為代表。

果粒較大，油泡多而密，乾燥後結構扎實，青檸檬皮味極為濃郁、乾淨而爽香，麻度從中上到高，麻感明顯並帶有明顯涼爽感，苦味相對較輕，野草味或藤蔓味相對輕微，整體風味個性具有爽朗明快的特質。

美味食譜

〔22. 滋味魚頭〕

材料： 胖頭魚頭（花鰱魚）700 克，手工麵條 80 克，黃瓜 100 克，青紅辣椒各 25 克，炟豌豆 80 克，雞油、蔥油、高湯、薑、蒜、雞汁、黃燈籠醬、白醋、藤椒油、鮮青花椒適量。

做法：

1. 胖頭魚頭去鰓，洗淨對剖成連刀兩半，黃瓜削皮去瓤改成斜刀一指條，青紅辣椒切小圈。

2. 用雞油、蔥油加熱後放入炟豌豆炒至香沙，加高湯、薑、蒜小火燒開熬製約 20 分鐘調味，放入雞汁、黃燈籠醬、白醋等調成酸辣味金湯。

3. 魚頭上籠大火蒸 6 至 7 分鐘至熟放入大窩盤內，邊上放煮熟麵條、生黃瓜條，灌上調好的金湯。

4. 用蔥油、藤椒油激香紅椒圈、鮮青花椒，淋在魚頭上即可。

菜品製作與食譜提供： 溫鴨子酒樓〔東光店〕（成都）

鹹鮮味中的隱形大將

在鹹鮮味的菜品中使用花椒對川菜地區以外的人們來說，相對陌生甚至感到訝異，因為花椒對許多人來說是代表「重口味」的香料，實際上花椒可透過用量或使用時機，產生相對隱性或顯性的滋味。以「竹蓀三鮮」來說是純粹的鹹鮮味菜餚，且鮮味擺第一，也因此要求食材、輔料都要鮮而味美，其中主料豬舌、豬肚、豬心有鮮味也有腥味，味還特別重，如何去腥保鮮，紅花椒是第一選擇，雖然薑、蔥、酒都具有去腥味的效果，但欠缺紅花椒超強的滲透力以去除深層的腥味。因為成菜清鮮，一點腥味就可能功虧一簣，故而需要在汆燙內臟食材環節加入花椒，此時量的把控就很重要，基本原則就是加了花椒的汆燙用熱水，只能聞到似有若無的花椒味，以避免花椒味留在食材上影響了成菜的滋味，因此家庭汆燙的用量都是以粒計算，一般6 至 8 粒，最多 10 幾粒。

味厚醇香的炸收菜

川菜的炸收原屬於食物保存的一種方式，特點是乾香味濃、越吃越香，是因應季節性的某種食材過多而展現出來的工藝，先油炸去除食材中大部份水分後，讓調料的重味吸收進食材以延緩食物敗壞，或是用較多的油與味汁一起翻炒，邊炒邊收乾水分，調料中除利用花椒除異味外，也利用傳承下來「花椒具有防腐效果」的經驗，此經驗已在現代花椒成分功能研究中證實花椒部份成分具有抑菌效果。炸收工藝成品則因為有著滋味豐厚的特點而被引用到宴席、酒樓中成為特色菜品。

現在各種儲存防腐設備應有盡有，炸收的儲存目的也就淡化了，更多的關注在成菜的滋味上，如「金毛牛肉」、「燈影魚片」中的花椒就是起除異味與增香的作用，對成菜的滋味特點具有影響，而食材炸的乾度是否恰當與調製的滋汁是否充分被吸收進食材中，則是炸收菜味感特點的關鍵。花椒的增香添麻的作用除了調味效果外，還能刺激兩頰生津，讓炸收菜品吃起來具有滋潤感，而花椒味滲透力強的特質，也讓成菜擁有越嚼越香的效果。

炸收菜在花椒的選用上以上等花椒來製作其香麻感會更誘人，其次就看主食材的羶腥腥等異味的輕重來決定，

美味食譜

〔24. 燈影魚片〕

材料：精選鮮魚 3000 克，薑片、蔥段、紅花椒、料酒、胡椒水、料酒、胡椒粒、糖色、精鹽適量。

做法：

1. 鮮魚治淨後取其淨肉之後冰鎮，務必將魚刺除盡。

2. 將魚肉手工片為燈影片。以薑片、蔥段、紅花椒、料酒、胡椒水碼味 12 小時後，晾於竹筐背晾乾，約晾三天至肉乾透後取下。

3. 烤箱內設溫度 120 度，放入魚片烤 5 分鐘，另起油鍋燒至六成油溫炸至色紅肉酥，瀝油待用。

4. 另取魚骨加薑、蔥、料酒、胡椒粒煲湯待用。

5. 起鍋爆香薑片後摻蔥油、魚湯，調入糖色、精鹽、料酒，下炸好的魚片以文火收乾湯汁至色紅肉酥軟，放紅油顛勻，即可起鍋裝盤。

菜品製作與食譜提供：蜀粹典藏（成都）

一般牛羊肉類使用柚皮味花椒，豬肉家禽等則使用橘皮味花椒，水產類也是柑橘類花椒較合適，並可混用一些青花椒增加豐富感。

海河鮮與花椒

花椒入菜可以青、紅花椒混著用，或是五種風味類型花椒中的任二或三種混著用，也可以花椒粒、花椒粉、花椒油混著用，表面上看起來是胡整瞎搞，若是明白其間的差異性、互補性，這樣的混用就不是亂整而是有目的的截長補短。

這道「豆腐魚」用了鮮青花椒、乾青花椒、青花椒粉、紅花椒。首先魚肉用青花椒粉等調料碼拌做底味，再將乾紅花椒、鮮青花椒、乾青花椒等與調料炒香，加清湯後下入豆腐和魚肉一起燒入味，起鍋後以熱油激香菜品面上的青花椒與辣椒粉補足香氣。看似繁瑣的調味目的是要讓紅花椒補足青花椒的麻，青花椒突出的爽香補足紅花椒的隱香，在互補中產生豐富而多層次的香、麻，此菜也同時講究辣椒的運用才成就這一道香麻辣濃郁、層次豐富的佳餚。

鮮活海鮮對川菜來說是相對少用的食材，拜今日運輸效率高、成本日益降低，鮮活海鮮出現在四川的餐桌上的機率也越來越高，其次是當代廚師大都有到沿海城市事廚的經驗，對海鮮食材不再陌生，因此海鮮川烹就成了川菜的創新方向。。

花椒在海鮮食材越來越多的趨勢中，其角色仍舊是除腥去異、增香添麻，並對多數海鮮菜品起到提味增鮮的效果。相較於沿海城市，川廚的優勢花椒的靈活運用上，以這道紅油麻辣味的「紅杏霸王蟹」來說，烹調中下入花椒粒讓去腥效果深入蟹肉中，又為避免麻度過高或花椒過濃影響了螃蟹的本位、鮮味，烹調中的花椒粒用量不多，為保有足夠的香麻味而採用起鍋前加入花椒油來補足。

前面提過水產海鮮適合用青花椒調味，但這裡的味型要求是要兼顧紅油味，最多是混用少量青花椒以免紅油香被壓味而失去滋味上的豐富感。

美味食譜

〔25. 豆腐魚〕

材料： 花鰱魚 1 條，雲南豆腐 300 克，芹菜段、蒜苗段各 50 克，郫縣豆瓣、油酥豆瓣、炒辣椒粉、乾辣椒粉、燒椒粉、剁椒、乾紅花椒、鮮青花椒、乾青花椒、白糖、青花椒粉、精鹽、雞粉、料酒、木薯粉、沙拉油各適量。

做法：

1. 花鰱魚宰殺治淨，剁成小塊後納盆，再調入青花椒粉、精鹽、味精、料酒等醃 10 分鐘，然後撒入木薯粉抓勻，最後倒入燒至六七成熱的油鍋裡炸 2 分鐘，撈出來後控油（川廚説法，瀝油的意思）。

2. 鍋留油，下郫縣豆瓣、油酥豆瓣、炒辣椒粉、乾辣椒粉、燒椒粉、剁椒、乾紅花椒、鮮青花椒、乾青花椒等炒香，隨後調入精鹽、雞粉和料酒，摻入清湯燒開後，下入魚塊和豆腐一起燒約 5 分鐘後，起鍋盛在裝有芹菜節和蒜苗段的盛器內，撒上乾青花椒和乾辣椒粉。

3. 淨鍋加油燒至六成熱，澆上熱油後撒入香菜即可。

菜品製作與食譜提供： 私家小廚（成都）

誘人的燒烤煳香味

　　燒烤風味的飲食風情豐富多樣的，在四川、重慶地區的城市燒烤多是小攤攤或小餐館露天經營，而餐館酒樓中的燒烤味多是先炸後烤，部份會澆上增加風味的澆料，味型以麻辣味為主，辣度屬重慶較高，涼山州是彝族聚居區，偏好燒烤，幾乎一縣一風情，主要吃原味突出的香辣味、煳辣味，較特別的是樂山峨邊縣有木薑香辣味，味感獨特。

　　四川、重慶地區的城市燒烤幾乎主要用加了花椒、香料的辣椒粉，少數單獨使用，因花椒粉遇熱容易燒焦，都是烤到快好時才撒上，用炭火激出花椒辣椒煳香味即可享用。炒製搭配燒烤成菜用的澆料時多是分兩次加入花椒粉，前期加入取麻，起鍋前加入取香，起鍋後香氣大量竄出十分誘人。因為燒烤香料用的多，加上直接燒烤或大火炒，花椒的細緻芳香味或麻感多會被掩蓋，加上這類菜餚多講究一個豪放感，主要考量麻感差異，使用上以柚皮味花椒為主，其次是橘皮味花椒中的小椒子，也可混入青花椒粉增加滋味特色或豐富度。

巧思讓老菜有新味

　　菜品的高檔在於用什麼創意讓人們在體驗到唇舌之間的幸福，就如這「隔夜雞」，其實就是一般館子的「麻辣拌雞塊」，傳統做法現拌現吃，雖快，滋味卻不是一種互相滲透的融合感，加上多使用花椒粉，那味感會讓人覺得有點粗糙。

　　得力於今日冷藏保鮮技術的進步加上精選食材、輔料、調料，才能成就這一隔夜涼菜。其漢源花椒整粒使用避開了花椒粉發苦的問題，用一整晚的時間讓花椒的香麻釋出，並與調料滋味一起滲透到雞肉中。多一點巧思妙用花椒就能讓老菜變高檔而有新風貌與新滋味，彰顯讓人既懷念又驚喜的滋味。

美味食譜

〔**26.** 紅杏霸王蟹〕

材料：肉蟹一隻 900 克，年糕 80 克，蒜薹 50 克，瓣蒜 50 克，鹽、胡椒粉、雞精、蠔油、魚露、香醋、白糖、乾辣椒節、紅花椒粒、薑片、乾太白粉、太白粉水、紅花椒油和紅油各適量。

做法：

1. 將年糕切成片，蒜薹切成段，待用；肉蟹宰殺後斬成約 10 塊，碼上薑蔥水、料酒、胡椒粉、鹽後撲乾太白粉待用。

2. 將肉蟹入五成油溫中過油，將瓣蒜略炸後待用。

3. 鍋留底油，將薑片、瓣蒜、乾辣椒節和乾花椒炒出香味，摻入鮮湯，用雞精、料酒、蠔油、魚露、白糖、香醋、胡椒粉調味後，放入年糕慢燒至蟹肉入味，然後放入蒜薹同燒至熟，烹入香醋少許後用太白粉水勾緊芡汁，淋入紅油、香油和花椒油出鍋即成。

菜品製作與食譜提供：成都紅杏酒家〔錦華店〕（成都）

〔**27.** 雨花石串烤肉〕

材料：三線五花肉 300 克，洋蔥、青紅辣椒、料酒、南乳、胡椒、排骨醬、太白粉、老油、薑蒜末、老干媽辣醬、水豆豉、孜然、芝麻香油、花椒粉適量。

做法：

1. 三線五花肉洗淨去毛後放入冰箱急凍約 1 小時後取出切成 15 公分左右的長薄片。

2. 洋蔥切成小塊，青紅辣椒切成圈備用。

3. 將五花肉片用料酒、南乳、胡椒、排骨醬、太白粉碼至入味，用燒烤竹籤串好。

4. 鍋內放入沙拉油燒熟後將五花肉串放入鍋內炸熟，瀝油取出。鐵板燒熱後放入洋蔥，炸熟的雨花石上擺肉串，鍋內放老油、薑蒜末、老干媽辣醬、水豆豉炒香，調味放入孜然、芝麻香油、花椒粉、紅辣椒圈淋在肉串上即成。

菜品製作與食譜提供：溫鴨子酒樓〔東光店〕（成都）

〔**28.** 隔夜雞〕

材料：300 日齡的放養原雞雞腿 300 克（野雞的後裔），漢源花椒、自貢井鹽、秘煉紅油、炒香白芝麻、蔥顆適量。

做法：

1. 取雞腿洗淨，用沸水煮熟後，改刀切成丁。

2. 取調料放入碗中調和，淋入雞丁中並拌勻。

3. 密封後置於冰箱冷藏室放上一晚使其充分入味，第二天取出回溫後即可食用。

菜品製作與食譜提供：悟園餐飲會所（成都）

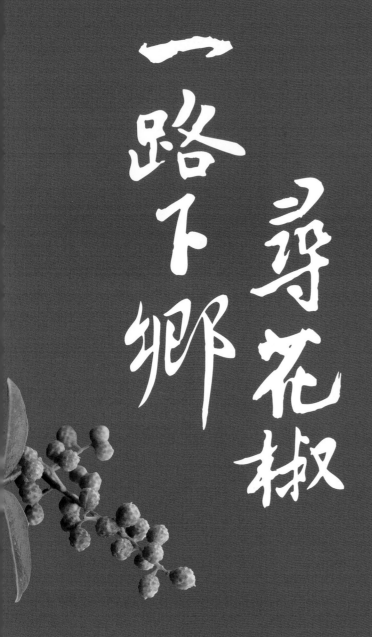

一路下鄉 尋花椒

多年實地采風，累積至今超過 38000 公里的下鄉旅程，

2013 年之前走過 24000 公里，50 多個四川、重慶花椒產地，

之後至 2020 年除四川花椒產地外，

也陸續走過甘肅、陝西、山東、貴州、雲南等省的多個花椒產區。

此篇重點介紹四川、重慶 30 個具鮮明特點的產地歷史、風情與經歷，

並透過圖片一覽《四川花椒》2013 版發行後發展起來的 3 個大型青花椒產區。

SICHUAN
PEPPER

01. 雅安市 漢源縣

　　雅安市漢源縣是貢椒的故鄉，位於四川省西南的盆地高原過渡帶，境內海拔在 550 至 4021 米之間。雅西（雅安到西昌）高速公路未開通前，從成都坐客運車走成雅高速公路到雅安市接 108 號公路到漢源縣城大概要 7 至 8 小時，雅西高速公路通車後只需 3 個多小時，且不再需要於冬季時翻越冰雪堆積的泥巴山。

　　史書記載漢源縣建制於西元前 111 年，至今有二千多年歷史，清朝時名為清溪縣，1914 年更名為漢源

↑→位於茶馬古道上的「王建」城遺址，古道兩旁也種有著名的漢源清溪椒。

縣，歷史記錄中的漢源鄉、漢源街、漢源場多半是指九襄（今漢源縣九襄鎮）。20 世紀漢源縣城經三次搬遷、一次重建，前兩次搬遷是因交通發展與經濟需要，1950 年從著名的茶馬古道上的清溪鎮往南搬到九襄鎮，1952 年再往南搬到今天的富林鎮，又 2006 年開始興建深溪溝水電站，水庫將淹沒城區，而將城區往富林鎮高處擇地搬遷，搬遷過程中，2008 年的 5·12 大地震因地質上的「遠地烈度異常」效應，漢源的震度也高達 8 級，將直線距離震央汶川二百公里遠的新、舊縣城和境內多數建築、民房震毀，災情不亞於震央汶川，只能重建。

漢源縣的花椒種植歷史悠久且是最佳產地，自漢武帝年間（約公元前 130 年）開始有花椒交易記錄，唐元和年間（約公元 810 年）開始進貢皇室至清光緒二十九年（公元 1903 年）免貢為止，連續進貢近 1100 年的貢椒產地，主要分布在漢源縣北邊泥巴山南面的清溪鎮、宜東鎮、富庄鎮等地 1500 至 2200 米之間的山坡地上，其中茶馬古道上的清溪鎮牛市坡一帶曾被指定為貢椒唯一產地，經過百代椒農的選種繁育，今日牛市坡的精選花椒依舊氣清醇、味濃厚、香誘人且具穿透力，醇麻帶勁，目前這片最佳種植區的新鮮花椒年產量大約 30~35 噸，能進入市場流通的乾花椒大約只有 3~5 噸。

漢源縣作為「南方絲綢之路」與「茶馬古道」的重要節點而開發得早，擁有許多名勝與文化遺址，如富林文化遺址、清溪文廟、清溪古鎮、九襄石牌坊、王建城遺址、黎州古城遺址、清溪古道遺址、孟獲城遺址、三交城古遺址等。

↑圖左為清光緒二十九年「花椒」免貢碑真品，恰逢暫放於清溪文廟而能幸運親眼見到並留下記錄。圖右為立於王建城千畝花椒園的仿「免貢碑」。

↑今日的漢源縣城，依山而建，往山前一望就可以一覽深溪溝水電站水庫的風景（見下方全景圖）。

花椒種植一直都是人力密集度高、時間壓力大的經濟林業，因花椒果實怕碰撞，碰破儲存芳香精華的油泡就會影響品質，且花椒全株都有硬刺，大大影響採摘效率，在花椒樹萬刺夾擊下一個人一天最多就是採 15 至 20 斤（陸制 1 斤 500 克，下同）；採下後更不能久放或悶到，最多放 2 天就一定要想辦法曬乾或烘乾，果皮顏色才能保有飽和的深紅色，或盡快煉製成花椒油。

過去以人力、畜力運輸為主的時代，乾花椒因為耐儲存，單位重量具有相對高的價值而成為漢源最具特色主力經濟業。截至 2020 年，漢源地區新鮮花椒的年產規模已超過 2800 萬斤，約 14000 噸，一半以上加工成花椒油或進入食品廠，一般 4 至 5 公斤鮮椒可曬製成一公斤乾花椒，換算後進入市場的乾漢源花椒最多只有 1500 噸。具不完全的統計指出，2020 年為止全大陸乾花椒年產量在 20~25 萬噸。

今日因經濟、社會發展帶動運輸成本大幅降低，在經濟收入優先的考量下越來越多漢源的椒農改當果農，而這現象不只是發生在漢源，在全川交通明顯改善的地方都是如此。因為水果一天採收量幾十到數百斤，即使水果的單價只有花椒的三分之一或更低，但比起花椒的採收量高出幾倍到數十倍，折算成收入明顯高於種花椒，加上運送多是用貨車，再不濟還有摩托車，也沒有短時間必須曬乾的壓力。

今日漢源主要公路兩旁早已果樹取代了花椒樹，花椒被迫往高處種植或經濟、交通弱勢的鄉鎮發展，漢源主要花椒種植區都轉移到更山裡的宜東鎮、富庄鎮。若有機會從雅安坐車走 108 號公路翻過泥巴山進漢源會看到「漢源縣花椒基地」碑，這裡海拔高仍可以看到成片的花椒林，往下走一點就會看到「清溪——大櫻桃之

↑紅花椒採下後不能久放，最多 2 天，就一定要曬乾，果皮顏色才能保持誘人的丹紅色。在產季時，空地幾乎都被用來曬花椒。

↑一進漢源，公路開始下坡之際，就能在右手邊看到「漢源縣花椒基地」碑。

↑濃郁丹紅帶著透明感的牛市坡花椒，是建黎鄉的驕傲。

鄉」的看板，接著只見大片大片的櫻桃樹，花椒樹已經淹沒在果林中了。

據牛市坡的王師傅説，小時候的牛市坡一眼望去全是花椒樹，果樹是串場的，現剛好相反，超過九成的林地都是果樹，不到一成的林地在種花椒。實際走上牛市坡約 6000 畝的林地，真的只見花椒樹零零星星的散布在果林中，有成片的都在高處，登高後往下看，真的只見成片的果樹，著名的有「漢源金花梨」、「漢源黃果柑」、「漢源大櫻桃」等。據王師傅估計，現今（2012 年）牛市坡種花椒的林地大概只有 500 畝，通常一畝地約可種 60～70 棵花椒樹，每棵可收 10 來斤鮮花椒，4 至 5 斤可曬成 1

斤乾花椒，也就是一畝地大概可產約 120 斤乾花椒。

王師傅説近幾年牛市坡的花椒基本上出不了牛市坡，家家戶戶都是優先把牛市坡貢椒或做成的花椒油做為餽贈至親好友的最佳季節特產禮品，只要誰家有剩個幾十斤，馬上就會有人找上門來説要買，但若非熟人介紹，一般也不賣，因為牛市坡的貢椒香氣就是不一樣，要留著自個用。

進一步深聊後王師傅才道出鄉民不想賣的另一個重要原因，他説：即使在漢源，都會買到外地花椒充當漢源花椒或拿次級品當貢椒賣，市場價格都全打亂了，好品質賣不出好價格，我們不想到市場上賤賣對我及牛市坡這兒的鄉民有特殊意義的貢椒。

王師傅知道我是台灣人，研究花椒是為了讓大眾真正瞭解花椒，並期待花椒知識的普及能改變現今花椒市場亂象，大方的説他家裡還有一些，可以送我，我説：王師傅你花了大半天的時間帶我在鄉裡及牛市坡認識真正的貢椒，對我來説就是最大的幫忙，貢椒的部份我向你買！這是我這些年深入花椒產地的基本原則，盡可能不讓農民們在我身上破費，因為產花椒的地方都是相對經濟較差的地方，他們真誠、熱情招待的背後常可以見到他們在現實經濟上的困境。

2011 年到梨園鄉（現屬富庄鎮），山上農民戲稱他們村裡的通村山路是經過八年抗戰（耗時八年）才開出的，花椒主要種在半山腰以上或山頂，較低緩的地方都是種雪梨和蘋果，水果收成的賣價其實也不高，但不像花椒那麼苦，每個鄉民看見我這外地人都説：路上渴了、餓了樹上雪梨、蘋果自己採來吃。還有看我特地上山看花椒且沒吃午飯，就熱情的為我做了三菜一湯請我吃，也第一次嚐到極致美味的道地農家醃燻老臘肉，雖以肥肉為主，卻是色澤金黃、煙香味足、滋潤不膩，心想農民平時省吃儉用卻將捨不得吃的老臘肉整一大盤給我吃，當時感動得差一點掉下淚來，雖吃情旺盛但還是忍住，吃幾塊過過癮就好，盡可能留下來讓農民自己享用，現在想到還會流口水，不過另兩道蔬菜就不客氣的掃光。在農民真誠、熱情的背後是賣一百斤雪梨賺不到一個紙箱錢，盛產季節為了多掙錢，就是盡可能自己背下山，一趟要背上 150 斤左右，來回一趟只為多賺十幾元人民幣。

↑九襄老街風情。

↑梨園鄉裡耗時八年才開出的山路。

　　回到九襄鎮上，在市場中依經驗尋找漢源花椒，用以比對牛市坡的貢椒究竟好在哪裡？在邊逛邊聞的過程中，確實發現有其他產地標誌性香、麻特色的花椒當成漢源花椒銷售，確認當下讓人十分沮喪。雖說市場混亂，但在每年8月至10月上旬的產季期間，可以在場鎮向當地椒農買新鮮的紅花椒回家自己曬，以一般人來說這是買真正漢源花椒最容易的方式，若是想買道地貢椒就只能結識一個牛市坡的椒農朋友或是找花椒達人我。但記得，鮮花椒買了當天盡快回家，路上不能讓鮮花椒悶到，最慢隔天就要拿來煉製花椒油或曬乾並去除椒籽、枝葉等雜質，若沒有爭取時間盡快曬製好，那品質就難保證，可能不如在市場裡買的花椒。

　　總體來說漢源花椒的香、麻、味相對於其他產地花椒而言，勝在香氣沁心濃郁而不搶味，麻度高卻細緻溫和而有勁，滋味、香氣的雜味、異味極少。但經實際比較牛市坡片區花椒、清溪古鎮片區花椒、三交鄉（現屬宜東鎮）、梨園鄉（現屬富莊鎮）花椒，都有漢源地區花椒的特色風味，絳紅的色澤（漢源人的形容是「鮮牛肉紅」），香、麻味帶有明顯、濃郁的柳橙皮清甜香味，鮮明而爽神，麻度高，麻感細緻，木香味輕，木耗味極輕微。

　　差異性在於絳紅色的牛市坡貢椒風味更醇、濃、幽長且穿透力更強、雜味極低，整體味感非常純粹，清溪古鎮片區花椒純粹感差些，有可察覺的雜味，三交鄉、梨園鄉花椒除雜味明顯外，味感也相對不細緻。

◎ 產地風情

【紅燒牛肉】

位於四川雅安漢源九襄鎮108國道與交通東路路口交會處，小店名叫「紅燒牛肉」也只賣紅燒牛肉的小館子卻有著傳奇般的滋味，據老闆郝欽華、白淑萍夫婦說：運用花椒調味的最高境界應是前三口只會吃到花椒香與其他香料綜合後複雜又有層次的奇香，麻感應該在第四口後才出現。因為有這調味的最高準則，郝老闆的紅燒牛肉吃來是微辣中有著濃濃的奇香卻不會蓋掉牛肉香，而是像綠葉一樣將牛肉滋味完全烘托出來又互相融合，牛肉糯口有嚼頭，越嚼越香，當吃到第四、五口時，那綿密帶勁的麻味讓人發汗而渾身舒暢。郝老闆謙虛的說：因為只會做紅燒牛肉才用這菜名當店名，言語中可以感覺到他的自信。

註：「紅燒牛肉」新店「小院子」位於九襄鎮清泉村，交通南路（108國道）與梨花大道交會處。

↑鮮花椒不利於長途運送與長時間陳放,因此在漢源的鄉鎮場向當地椒農買新鮮的紅花椒幾乎可以說是買正宗漢源花椒最佳方式,但記得要在二天內曬乾。

◎ 產地風情

【金口河大峽谷】

記得第一次到雅安市的漢源縣是從重慶永川縣搭火車到峨邊彝族自治縣,住一晚後,坐客運車到金口河區再住一晚,才轉進漢源縣城。進漢源之前到漢源烏斯河與樂山金口河區交界處著名的金口河大峽谷走了一趟。

公路沿著湍急的大渡河邊修建,兩邊盡是像刀切豆腐一般的萬仞峭壁,壯麗美景讓人印象深刻,就在途中的一處峭壁邊有家雜貨店,旁邊還有一條以之字形直上峭壁的棧道,在好奇心的驅使下,就一步步爬上去,那棧道之險若非親自登上,很難說明白。

爬了30分鐘左右抵達峭壁之上,海拔高度約800米,忽然眼前一片開闊,原來這峭壁上是一片大緩坡,只見住了三、四戶人家,回頭往對面山壁望去,只見山嵐在高聳岩壁間上下穿梭,好一幅天然壯闊的山水畫,當下是疲累盡消,一股腦的拍起照來。回神後再往上走了幾分鐘,到了第一戶人家的屋前,父親帶著兩個孩子正在修新的邊房,便與屋主聊了起來,說這裡叫古路村,我到的地方只是山腰,只算是村門口,那要進到古路村裡還有多遠?只見屋主往遠處的山頂上一比(一查,是在海拔約1700米的高度),說:就在那裡!走的快「只要」一、二小時。我這平地來的胖丁到山上一走就喘,三小時可能都到不了。

當時心想快下午三點了,來回絕對趕不及天黑前下到公路上,就問:這裡有沒有種花椒?我上來目的還是在花椒,屋主就熱心的往屋後一比說:那裡就種了幾畝地,現正轉紅。又說這裡交通不便,唯一的進出通道就是峭壁上的棧道,家家戶戶都有種些花椒,自己可以吃,也當作是副業,增加幾百元收入。此時只見有人背著電視機走了上來,他們互相打了招呼。屋主說他們就是住在山頂上的人家,是彝族,還說他們這裡修房子的一磚一瓦也是這樣背上來的,若恰好鄰居的馬有空就可以用馬馱上來,能少走幾趟。

信步走去上面一點的花椒林,為花椒拍一些照片,同時記錄一下周邊環境,這裡種的是南路椒,樹齡大概是3到5年,掛果狀況尚未進入豐產,但椒樹看起來都相當健康。受限於時間,

↓金口河大峽谷如山水畫般的風景。

↑絕壁上的驛馬道是前往金口河峽谷旁高山頂古路村的唯一通道。

做完記錄之後只能開始往山下走，也向屋主道別。

一路下到公路邊，問雜貨店老闆有沒有車到金口河城區，老闆一看時間，快五點了，說這時候只能碰運氣，因為大峽谷這段路雖然連接金口河和烏斯河兩地，卻沒有客運車，只有碰運氣等私家車。後來決定往城區方向走，沿路碰運氣，打算沒打到車，至少也可以走到城裡。還好，就在走了 1 小時左右就順利打到車，傍晚 6 點左右就回到城裡。後來一查，回城的路程有十幾公里，若沒搭到車我就要再走 2 到 3 小時才能到城區。

產 地 資 訊

產地：雅安市 · 漢源縣

花椒品種：南路花椒

風味品種：橙皮味花椒——柳橙皮味

地方名：貢椒、黎椒、清溪椒、紅花椒。

分布：清溪鎮（含原建黎鄉）、富庄鎮（含原西溪鄉）、宜東鎮（含原梨園鄉、三交鄉）。

產季：乾花椒為每年農曆 7 到 8 月，大約是陽曆 8 月上旬到 9 月下旬或 10 月上旬。

※ 詳細風味感官分析見附錄二，第 282 頁。

▌地理簡介：

漢源地處橫斷山脈北段東緣，海拔在 550 米至 4021 米之間，東邊的白熊溝與大渡河匯合處最低，西北部與甘孜洲的瀘定縣交界的馬鞍山最高。東北緣是邛峽山脈南支的大相嶺，西北緣是邛峽山脈的飛越嶺，南面則是大涼山群峰。大渡河由東往西橫穿縣境，流沙河縱貫南北，形成了四周高山環繞，中部河谷低緩的地勢。

▌氣候簡介：

全縣屬於北溫帶與季風帶之間的亞熱帶季風性濕潤氣候，冬暖夏熱，四季分明。四周環山，谷深嶺高，加之大相嶺東北互阻，漢源有大涼山北部大陸氣候特點，高地寒冷，河谷炎熱，雨量偏少且不均，氣候垂直變化十分顯著，瀑布溝的人工湖形成後，漢源氣候變得更加獨特。縣城年平均氣溫 17.9 度，無霜期 300 天，年累積日照時數 1475.8 小時，年均降雨量 741.8 毫米。

▌順遊景點：

清溪古鎮、清溪文廟、清溪古道遺址、九襄節孝石牌坊、漢源春色（指九襄鎮春季風光）、南方絲綢之路遺址、茶馬古道遺址、王建城遺址、富林文化遺址等。

○雅安市 ●重慶市 ○涼山彝族自治州 ○攀枝花市 ○甘孜藏族自治州 ○阿壩藏族羌族自治州 ○青花椒產區 ○青花椒新興產區

02. 重慶市 江津區

　　江津距重慶市中心只有一個多小時的車程，是一個歷史文化悠久的城市，因為地處長江要津而得名，又在江津城區受鼎山阻擋轉而向北，環鼎山繞了一個「几」字形的大彎，因此江津又有「几江」之名。

　　江津是四川、重慶地區交通極為便利的青花椒產區，青花椒產業的發展歷史不長，1970 年從雲貴川地區選了青花椒、狗屎椒等六、七種青花椒品種嘗試性的種植，到 1978 年，江津選定種植雲南竹葉青花椒，第一批種植 500 株，整個青花椒產業直到 1995 年才順利推廣開，種植歷史雖不如其他青花椒種植區，但是最早規模化種植成功的產區。

　　短短不到 30 年，江津不只是創造出一個全新的青花椒產業，更讓原本沒有使用青花椒傳統的川菜出現全新的青花椒味風靡全大陸，2004 年受頒「中國花椒之鄉」的美譽，自 2005 年起，江津青花椒成為中國國家地理標誌產品，現在的江津花椒已是大陸青花椒種植產業的第一品牌。

　　江津地區原本出名的是種植屬於廣柑的「錦橙」又名「几橙」，在花椒產業的興盛後，原本以廣柑為大宗的山坡丘陵冒出了一片片花椒林，加上花椒對種植環境要求較

↓長江不只在江津城區拐了大彎，在前後也是轉了好幾個大彎。

↑江津先鋒鎮的大片九葉青花椒林。

低，只要不積水的邊邊角角或較陡的斜坡都能種植，因此往西出江津城區就隨處可見青花椒，目前發展最蓬勃的要屬先鋒鎮及其周邊。

近十年整個江津區都是大陸單一區縣青花椒種植規模最大的產區，超過 50 萬畝，佔重慶市花椒種植總面積 110 萬畝的四成五，更在 2004 年成立了專門的花椒種植技術改良小組，對全區花椒進行了種植與管理的改良，發展出高密度種植法、高強度修枝技術，每一畝可以種 100 棵以上的花椒樹，在種植管理技術的加持下江津年產鮮青花椒近 30 萬噸，分別加工成冷凍保鮮青花椒、青花椒油、乾青花椒及其他的深加工，通常 3.5 至 4.5 公斤鮮青花椒可以曬出 1 公斤乾的青花椒，年產乾青花椒超過萬噸（2000 萬斤以上）。

江津地區的花椒產業以農民個體栽種為主，早期到了產季就需要集散地，為方便收購商也方便椒農，先鋒鎮的楊家店位於產區的交通要衝也有腹地，自然成為交易集散地，楊家店位於 107 省道上，是前往瀘州、貴州必經之地，又恰好是先鋒鎮及周邊花椒種植區的中心點，自此每年 5 月中旬到 8 月上旬的楊家店每天大小貨車川流不息，現已在早期交易點不遠處建成西南最大的青花椒交易中心。

青花椒種植成為產業的歷史雖短，有記錄的歷史卻相當悠久，元朝時就有相關記錄至今已有六七百年，江津地區運用傳承的經驗加上現代農業技術培育出品質風味優良的「九葉青花椒」品種，具有椒香濃郁、麻味純正的特點，加上突出的濃縮感檸檬

↑ 先鋒鎮的楊家店不大，卻因位於交通要衝而成為青花椒交易的集散地，圖為 2012 年的臨時交易點，現已建有全新的交易中心。

↑ 2010 年以前花椒採摘、曬製與粗加工都以人力為主，現都改用烘乾設備與機器篩選。

香味與明顯的花香感而廣受喜愛。

有了優良品種之餘，再加上江津地區的氣候、環境的獨特性，江津青花椒可以比其他地區提前 20 至 30 天上市，因此總能佔到市場先機取得市場的議價權，而有無窮的商機促使江津地區成為椒農最密集的地區，每 10 個農民就約有 6 個是椒農。

除了種植與環境具有優勢以外，江津地區的花椒相關企業在研發花椒周邊商品的能力也十分強，目前已經涉及的領域有生物、醫藥、日用化工、香精香料、食品添加劑和複合調味品等領域，使青花椒跳脫單一的入藥與調味功用。

在江津地區，因為青花椒的種植，讓當地人對青花椒的風味是情有獨鍾，全川都吃得到的豆花飯蘸碟到了江津就是不一樣，有著鮮明、香麻、爽神的青花椒滋味，用量巧妙避開青花椒多了味會壓過香辣醬的問題，調出香辣味與青花椒香麻協調的豆花蘸碟讓人回味再三。又如江津小館子的「魚香肉絲」也加了青花椒，麻感明顯、青花椒香味柔和，整體仍保有酸香微辣帶甜的魚香特色，又有別於傳統。

也因此你問江津人說你對紅花椒的印象如何？他們多半會告訴你說：紅花椒帶有木臭味，不香。的確，紅花椒的基本味就是屬於木質的香氣，而青花椒是屬於草藤類的香氣，兩者風格特點完全不同，只能說各有偏好。江津人還發現用青花椒炒製麻辣火鍋底料會讓湯色發，因此炒製底料時必須用紅花椒，青花椒則是配置湯鍋時才加入鍋中同煮。

◆ 花椒龍門陣

據傳，在非洲模里西斯（Republic of Mauritius）海岸曾打撈出一艘 300 多年前沉沒的荷蘭東印度公司的商船，在打撈起來的物品中發現了一個依稀可見「巴蜀江洲府」（江津古稱江洲）字樣的桶子，因為密封得極佳而費了一番功夫才打開，打開後發現裝著花椒，據說打開時還有香氣。

↑ 先鋒鎮的資深椒農徐師傅，從青花椒一引進江津就開始種，有 20 多年了。產季後，他還是常到椒園中看看修剪後的青花椒樹長得如何，就像照顧小孩一樣。

產 地 資 訊

產地：重慶市・江津區

花椒品種：九葉青花椒

風味品種：檸檬皮味花椒

地方名：九葉青、麻椒、香椒子、青花椒。

分布：蔡家、嘉平、先鋒、李市、慈雲、白沙、石門、吳灘、朱羊、賈嗣、杜市等鎮（街）。

產季：保鮮花椒為每年農曆3月中到5月上旬，大約是陽曆4月下旬到6月上旬。乾花椒為每年農曆5月到6月之間，大約是陽曆6月到7月中旬。

※ 詳細風味感官分析見附錄二，第287頁。

■ **地理簡介：**

江津區境內丘陵起伏，地貌以丘陵兼具低山為主，地形南高北低，最低處在玪璜十壩海拔178.5米；最高點四面山的蜈蚣壩，海拔1709.4米。

■ **氣候簡介：**

江津區氣候特徵與重慶相近，都屬北半球亞熱帶季風氣候區，全年氣候溫和，四季分明，雨量充沛，日照足，無霜期長。

■ **順遊景點：**

四面山景區、塘河古鎮、中山古鎮、白沙古鎮、黑石山景區。江津城區有江公享堂、聖泉寺遺址、石佛寺、蓮花石以及鼎山等人文和自然景觀。

↑位於長江邊的碼頭與大排檔，是江津城區休閒、聚會小酌的好去處。

03. 重慶市 璧山區

↑璧山縣城離重慶城區很近，因此城區的發展相當快速。

↑時值秋冬之際，青花椒種植基地依舊一片青蔥翠綠。

璧山縣位於重慶市西邊，南邊與江津區相接，是川西、川南及重慶西部各縣市到重慶市中心的交通要道。據清同治四年的《璧山縣誌》記載：璧山地區是「形如柳葉，四壁皆山，外高中平」，按此推測這或許就是「璧山」一名的由來。從重慶市區搭客運車到璧山縣城相當便捷，一天有一、二十班車，一個小時左右就可到達。

璧山縣因江津的影響，九葉青花椒產業的發展雖然遲至 2002 年才開始但也相當蓬勃，是目前重慶重要青花椒產地之一。在璧山，青花椒產業模式不同於江津，以集中承包土地的方式進行青花椒的規模種植，再透過科學管理，大量利用農村閒置土地，讓青花椒的種植能發揮規模經濟的效益。也因為採集中承包土地種植，種植改良與管理的力量更集中而有效率，單位產地的產量得以提高，且成熟的青花椒顆粒大、含油高，顏色和香味都相對優良而受花椒商的青睞。

改良種植管理的影響力不只是在青花椒成品上，璧山縣的九葉青花椒因管理、培育得當，使得原本在秋、冬之際基本上要掉光樹葉的青花椒樹，經過多年的培育後，秋、冬季已經不太掉葉子了，可說是四季常青，只要是青花椒的種植基地，總是一片青蔥翠綠。

走進青花椒種植基地，眼前是一片綠意盎然，與其他秋季後的青花椒基地相比，讓人誤以為春天要來了，種植區離城區僅約 5 公里，就從城區的平壩地貌轉變成明顯的

↑紅苕粉傳統作坊羅師傅說，從紅苕到做成紅苕粉，有太陽的天氣要 8 至 9 天，若老是陰天就要 10 至 12 天。

丘陵地貌，確實是「四壁皆山」。放眼所及的山包（指土丘狀、極低矮的山，大多只有 10 至 30 米高）上都是一片一片的花椒林，目前璧山縣種植總面積在 10 萬畝左右。

采風的過程中巧遇紅苕（紅蕃薯）粉的傳統作坊叫「來龍加工粉」，據該作坊羅師傅說，從紅苕到做成紅苕粉，有太陽的天氣要 8 至 9 天，若老是陰天就要 10 至 12 天。因為要先將紅苕去皮加水磨成紅苕漿，接著靜置在大缸中沈澱 3 天後將上層的水倒去，挖起掰成小塊晾約 2 至 3 天到全乾，打成粉狀後才能和水做成粉條，做好的紅苕粉條要再晾 3 天（有太陽）至 5 天（陰天）至乾燥才算成品，隨意的閒聊才發現這被我唏哩呼嚕吃掉的紅苕粉條有這麼多的功夫！

九葉青花椒在璧山的種植發展近二十年，算是相當穩定成熟，但有趣的是青花椒這股流行風，好像沒吹進璧山縣城的菜市場，不論是乾雜店還是標榜專賣花椒的店面，幾乎將這個菜市場中有賣青花椒的店家全問遍了，居然都沒有人賣璧山青花椒，賣的都是外地青花椒！即使就種在幾公里外而已，問知不知道璧山青花椒種得相當多，多半回答說有種但不清楚多還是少。這情形讓我感到相當可惜，表示說消費市場全然漠視產地問題，即使當地花椒質量相對不錯。也或許另有原因，就是「別人的比較好」心態，只要有人起哄說那個產地好，市場就都賣那個「產地」的花椒，實際上是不是？只有賣的人才曉得。

這現況是我進行花椒的研究采風時的最大困擾，當地人不瞭解當地物產，背後的原因是質量不佳，還只是單純的不瞭解？如何讓一般的外地人對這產地的青花椒有信心！我的經驗與觀察告訴我青花椒產業的業者才是形成這現象的關鍵，也就是業者有沒有將產地當作品牌力的一部份，若有他會耕耘產地市場，讓產地的人們都認識自己縣裡種的花椒優點並引以為傲，此時廣大的產地消費者就成了最佳的宣傳者。

青花椒產業的問題，可說是錯綜複雜，但總結各地發展情況，椒農多強調種植與產量卻不知道花椒特色及要將青花椒賣到哪裡！市場的開拓是發展花椒產業的關鍵，而市場要變大就是要讓省外的大眾愛上花椒的香氣而忽略陌生的花椒麻味，如何讓讓省外的大眾愛上花椒的香氣？唯有老辦法就是要提供足夠的知識資訊教育市場。

↑青花椒產地就在城邊上，問了整個菜市場中有賣花椒的乾貨店，答案只有一個：璧山的沒有，其他地方的要不要？

↑璧山鄉村農民推著推車沿街售賣辣椒及自己種的乾青花椒。

產 地 資 訊

產地：重慶市 ‧ 璧山區
花椒品種：九葉青花椒
風味品種：檸檬皮味花椒
地方名：九葉青、麻椒、香椒子、青花椒。
分布：三合鎮、福祿鎮、河邊鎮、丹鳳鎮、大路鎮、璧城街道、璧泉街道。
產季：保鮮花椒為每年農曆 3 月中到 5 月上旬，大約是陽曆 4 月下旬到 6 月上旬。乾花椒為每年農曆 5 月到 6 月之間，大約是陽曆 6 月到 7 月中旬。
※ 詳細風味感官分析見附錄二，第 288 頁。

▌地理簡介：
花椒地質構造屬川東南弧形構造帶，介於華鎣山東山的溫塘峽背與西山瀝青峽背之間。海拔介於 500 至 885 米之間，中部系丘陵地帶，海拔在 270 至 400 米之間。境內有長江一級支流璧南河，還有璧北河、梅江河。

▌氣候簡介：
璧山縣地處中亞熱帶濕潤季風氣候區，氣候濕潤，雨量充沛，四季分明。具有春旱、夏熱、秋遲、冬暖、無霜期長以及風速小、濕度大、日照少、雲霧綿雨多的特點。

▌順遊景點：
大成殿、雲坪古寨、古老寨、鐵圍寨、雲台寨、大茅寨、五雲寨、雲峰寨、渝西老關、翰林院。

↑璧山的紅燒肥腸炟糯辛香微辣，十分美味、下飯。

04. 重慶市
酉陽土家族苗族自治縣

　　酉陽土家族苗族自治縣位於重慶東南邊陲的武陵山區，重慶、湖北、湖南、貴州四個省（市）在酉陽相接壤，縣城距重慶市區約 370 公里，全程高速公路，縣城沿南北向狹長的山谷發展且是重慶市面積最大的縣，是少數民族自治縣，以土家族為主苗族次之，其他還有 16 個少數民族，而酉陽東邊的酉水河被喻為土家族的文化搖籃。

　　酉陽縣位於武陵山區中，整體的自然環境優異而獲得重慶市的森林城市稱號，且獲「轉型 2011 聯合國宜居生態城市」和「中國最佳綠色旅遊名縣」等多項突顯其優異自然環境的稱號，也因此酉陽的旅遊景點相當多，在城區就有天坑地形的「桃花源景區」，森林公園或地質公園更多，有百里烏江畫廊、翠屏山、金銀山、巴爾蓋國家森林公園、桃坡丹霞地質公園、筍岩大峽谷、大板營原始森林等。其次在高速公路通車前，酉陽是一個交通十分不便的地區，加上山區地形開發速度較慢而幸運的保留許多古鎮、古寨，如龍潭古鎮、龔灘古鎮、後溪古鎮、石泉古苗寨、河灣古寨等。

↑中午從重慶市出發，傍晚到酉陽，燈光炫爛的桃花園廣場讓人印象深刻。

↑酉陽城區恬靜的「酉州曉堤」。

↑酉陽後溪鎮的環境屬於小家碧玉型的美，加上陳師傅的用心，成片的青花椒樹展現出旺盛的生命力。

↑酉陽的良好環境加上良好的管理技術支持，讓青花椒產業擁有極佳的發展前景。

酉陽發展青花椒的歷史相當短，2008 年才正式全力發展，得力於良好的天然環境與正確的發展策略，截至 2020 年全縣的種植面積已超過 25 萬畝，在酉陽採訪時巧遇帶動酉陽青花椒產業發展的重慶和信農業發展有限公司的技術工程師，本身是江津人的陳師傅，他指出酉陽的良好環境加上政府的支持，讓青花椒的種植產業擁有絕佳的發展基礎。

酉陽一開始發展青花椒產業，就是由和信公司提供農民種植技術與具有保障的收購條件，而快速帶動了農民投入的熱情，在經過初期發展——重視擴張栽種使得人力培養跟不上，椒林管理技術只能邊擴張、邊修正、邊教育的階段後，現在酉陽青花椒的品質、管理都已到位。關於種植開發陳師傅說：雖然一樣是種江津的九葉青花椒，但環境、土壤不一樣，剛發展的幾年都在進行培育、改良花椒樹體質與修枝管理方法。又說：若是花椒樹單位產量變大則青花椒品質會下降，若降低單位產量提升到品質後，對應當前市場價格，產量又不足以平衡種植成本，找出最佳

↓酉陽花椒基地全景。

平衡點是最大的困難，偏偏林木種植領域做任何的改變、試驗都要等上一整年的時間才知道結果如何。當時陳師傅以有點沉重的玩笑話說：作夢都在想著如何克服這些困難！

當天陳師傅是到後溪的青花椒基地，為椒農的椒樹「看病」，順便觀察一下一些經過調整管理方式的椒樹狀況。上到花椒基地，酉陽後溪鎮的環境還真美，一種反璞歸真的美，讓我覺得像是到了世外桃源！那些種在山包（丘陵小山）上的青花椒，呈現出一種勻稱的美，像是在山包上鋪上綠色絨毯。

一路上與陳師傅擺龍門陣，說到我想要酉陽這邊的青花椒樣品時，陳師傅馬上說城裡頭他們公司就有，他們公司有自己的品牌「武陵天椒」。一路散步到後溪古鎮，古鎮不大，以前是個繁榮的水碼頭，現在還可以搭船遊河，但因未被完全開發而獨具古樸感，讓人流漣，用過中飯後不久就返回城區，後溪古鎮距城關有 90 多公里，坐農村客運需 2 個多小時。

桃花源景區就在酉陽城區邊上，是高速公路下來後入城區必經之處，現周邊已開發成住宿、觀光、購物的大型休閒商業區，極富遊玩的價值。但對於城市到農村的少數民族風情不濃感到不解，因這裡是土家族苗族自治區，後來與當地人閒擺後才瞭解到酉陽地區的土家族苗族漢化得早且程度深，除了少數生活習慣與習俗信仰外，外在看得到的服飾等基本上已經完全漢化了，想參與土家族苗族風情就要在幾個特定的節日才有機會體驗到，如已經列入大陸國家級非物質文化遺產名錄的「酉陽土家擺手舞、酉陽民歌、酉陽古歌」等等，以及「梯瑪跳神」及「面具陽戲」等傳統儀式與戲曲。

↓後溪古鎮目前正在開發中，沒什麼人潮，反而可以好好享受質樸的古鎮風情。

產 地 資 訊

產地：重慶市 · 酉陽土家族苗族自治縣
花椒品種：九葉青花椒
風味品種：檸檬皮味花椒
地方名：九葉青、青花椒、麻椒、香椒子。
分布：全縣都有種植，以酉酬鎮、後溪鎮、麻旺鎮、小河鎮、泔溪鎮、龍潭鎮為主。
產季：保鮮花椒為每年農曆 3 月中到 5 月上旬，大約是陽曆 4 月下旬到 6 月上旬。乾花椒為每年農曆 5 月到 6 月之間，大約是陽曆 6 月到 7 月中旬。
※ 詳細風味感官分析見附錄二，第 288 頁。

▌地理簡介：
地處重慶市東南邊陲的武陵山區，地勢中部高，東西兩側低。東北部一般海拔 300 至 700 米，西部為低中山區，海拔 400 至 600 米，中部為中高山區，海拔 600 至 1800 米。全縣最高海拔 1895 米，最低海拔 260 米，是重慶市面積最大的縣，西面有烏江，東面有酉水河。

▌氣候簡介：
酉陽屬亞熱帶濕潤季風氣候區，地形性氣候獨特，全年雨量充沛，冬暖夏涼，空氣清新，四季宜人，平地年平均氣溫約為 17℃，年降雨量一般在 1000 至 1500 毫米。

▌順遊景點：
酉陽桃花源、龍潭古鎮、龔灘古鎮、後溪古鎮、酉水河、蒼蒲蓋大草原、龍洞坪大草原、騰龍洞、伏羲洞、八仙洞、永和寺、龍頭山雲海、石泉古苗寨、河灣古寨、百里烏江畫廊、翠屏山、金銀山、巴爾蓋國家森林公園、桃坡丹霞地質公園、筍岩大峽谷、大板營原始森林等。

↑ 就在酉陽縣城邊上的桃花源石灰岩溶洞景區。

↓龔灘古鎮名景：酉陽名景「千里烏江，百里畫廊」的起點。

○雅安市　○重慶市　●涼山彝族自治州　○攀枝花市　○甘孜藏族自治州　○阿壩藏族羌族自治州　○青花椒產區　○青花椒新興產區

05. 涼山彝族自治州
西昌市

一提到西昌，大家想到的應該都是藍天白雲的美麗邛海景緻，或是在炎夏登瀘山覽美景、圖清涼，也許想到的是邛海小漁村的燒烤美味……等等，殊不知今日西昌遠在唐朝時就設置建昌府，元朝時設置建昌路，明朝改名為衛，到清朝雍正六年時設置西昌縣，縣名由來是今日的西昌城在唐代建昌舊城的西邊而得名。

西昌是涼山彝族自治州州政府的所在地，因位於川南山地高原 1500 米上的安寧河平原中，因此冬無酷寒、夏季舒爽，氣候宜人陽光普照，有「小春城」之稱，對天氣總是陰沈的成都地區、川西盆地來説這裡就是一個「太陽城」，時時充滿讓人愉悦的陽光。也因為氣候適宜，加上地理位置恰當，這裡的空氣總是清新無瑕，到了晚上一抬頭那月亮總是又圓又大，讓西昌多了一個「月亮城」名號。此外西昌的地理位置是發射火箭到太空的極佳位置，因而

↑ 美麗的邛海景緻在藍天白雲的襯托下宛若仙境。

↑在彝族區，每個縣市都有一個火把廣場，是每年舉行彝族火把節的地方。圖為西昌的火把廣場。

↑西昌市海南鄉的青花椒種植區。

設有衛星發射基地，讓西昌又名「航太城」。

　　在市區對西昌的感受是一座繁華的休閒城市，置身其中很難想像她有蓬勃的農林業，加上眾多的美景更讓人忽略她的農林業，只需走出西昌城區就會發現周邊平原是重要的高海拔蔬菜產地，海拔 1700 米以下的低山緩坡區就分布著許多青花椒林，特別是邛海南邊的幾個鄉鎮，受惠於邛海水氣，青花椒種植相對蓬勃。而上到 1800 米以上的山地緩坡處，就有種西路花椒大紅袍，但沒有大規模的種植，以零星種植為主。

　　花椒的種植辛苦且耗費人力，相對收入也沒特別高，因此西昌地區的花椒產業發展呈現的是椒農各自努力的現象，因城市化及發達的旅遊業，人們對於辛苦又費力的花

椒產業興趣不高，是發展上較不積極的關鍵因素。雖然種花椒不積極，但吃花椒可就一點也不輸人，這裡的小吃飲食受雲南的影響而喜歡吃米線，特別是肥腸米線，西昌的米線都是原湯原味端上來，連鹽巴都不加，但在桌上你可以見到近 10 種調味料，有鹽、味精、豆瓣醬、花椒粉、辣椒粉、糍粑辣椒、鹹菜、醋、大蒜等等。吃食的時候可以先喝一口原湯，接著才按個人喜好加入各種調料，可以鹹鮮味美，也可以麻辣過癮，難怪西昌人一天沒吃米線就渾身不對勁。

　　西昌最讓人注目的還是旅遊方面，其特色是彝族風情特別濃，湖光山色特別美，到西昌最不能錯過的是一年一度的彝族火把節狂歡，一般在每年的農曆 6 月 24 日，只有參與過才能體會這俗稱為「中國狂歡節」的高潮魅力。

↑西昌市的紅花椒多種植在海拔 2000 米左右的山上，且多屬於家庭式小量種植。

↑可以鹹鮮味美，也可以麻辣過癮的米線，西昌人一天沒吃就渾身不對勁。

　　若是想要享受西昌的安逸與悠閒，就要避開火把節，一年四季都適合旅遊西昌，其中邛海景區是必遊景點，邛海水質清澈透明，為四川省第二大淡水湖，離西昌市中心只有 7 公里，他的西邊就是著名的瀘山景區，登上瀘山欣賞那山光雲影、千頃碧綠總能讓人忘卻煩憂。

　　邛海邊的濕地保護區公園是享受西昌特色烤肉美食或彝族風情餐之後散步賞景的好去處，這裡的風味菜如：乳豬砣砣肉、酸菜土豆雞、蕎麥餅、彝家饃肉、連渣菜、彝家辣子雞等等都是推薦一嚐的都特色，傍晚時分涼風襲來，與三五好友散步其中，説説笑笑好不快意。若是事前準備充分，建議大家可以將餐點、酒水備好，租艘船邊遊湖邊享用美食美酒，美食、好酒、涼風與夕陽到月光曳灑，人間天堂不過如此啊！

↑散步邛海邊可見採菱角的風情。

↑邛海邊的濕地保護區公園規劃相當完善，一步一景讓人安逸

產 地 資 訊

產地：涼山彝族自治州 · 西昌市
花椒品種：金陽青花椒
風味品種：萊姆皮味花椒
地方名：青花椒、麻椒、椒子。
分布：海南鄉、洛古波鄉、磨盤鄉、大菁鄉等。
產季：乾花椒為每年農曆 6 月中到 8 月上旬，大約是陽曆 7 月中旬到 9 月中旬。
※ 詳細風味感官分析見附錄二，第 288 頁。

▌地理簡介：
西昌位於川西南，海拔介於 1500 至 2500 米高原上的四川第二大平原安寧河平原腹地上，四周高山環繞，呈盆地狀的地形。

▌氣候簡介：
屬於亞熱帶高原季風氣候區，具有冬暖夏涼、四季如春，雨量充沛、降雨集中，日照充足、光熱資源豐富等特點。白天太陽輻射強，晝夜溫差大。

▌順遊景點：
邛海景區、瀘山景區、西昌衛星發射基地、黃聯關土林景區、涼山彝族火把節。

↑體驗彝族風情只需一頓彝族餐，足以讓人難以忘懷。

06. 涼山彝族自治州 昭覺縣

　　昭覺縣位於四川西南，是大涼山的腹心，在西昌東面 100 公里處，縣城海拔高度約 2080 米，「昭覺」發音在彝語的意思是山鷹的壩子（平地、平原），是前往涼山州東邊的美姑、雷波、金陽、布拖等縣的必經之地，可說是涼山州東部的重要交通樞紐與物資集散地。昭覺也是全國最大的彝族聚居縣，曾一度是涼山彝族自治州的州府所在地，彝族人的風俗民情古樸而多姿多彩，與特色鮮明的人文景觀在這裡彙聚、展現，有涼山彝族歷史文化中心之稱，有俗話說「不到昭覺不算到涼山」。

　　走在昭覺縣城的街上，放眼望去盡是穿著彝族傳統服飾的彝族人，那種既熱情又神秘的彝族風情震撼讓人難忘，記得一次在昭覺山上拍花椒時，因前天晚上下雨，滿地泥濘，本想走上一個土丘，只見一位彝族的老大爺用生澀又靦腆的普通話輕輕説：不要上去，地很滑。説實在的當下真聽不懂他説什麼，只是對他微笑，就在往土丘上走，走沒五步路，人就滑倒了，還一路滑下來，基於攝影師保

↓昭覺是全國最大的彝族聚居縣，一入縣境就可感受到，到了縣城更是風情濃郁。圖為縣城裡彝族羊毛披氈傳統作坊。

護相機的本能，倒下去的瞬間讓身體只有左邊著地（右手持相機），卻也因此搞得左半身和左半臉全是泥，這時彝族的老大爺二話不說走過來，就用他那毛帽幫我把臉上的泥巴擦乾淨，又簡單的幫我把身上其他泥巴比較多的地方清了一下，心裡是一陣感動。臨去時他還一直邀我到他屋裡坐坐。

因為昭覺縣境內平均海拔高度在 2170 米左右，因此可説處處能種紅花椒，但按土地的利用效益來説緩坡地是主要種植地，平坦的地方多是種植高冷蔬菜、馬鈴薯、水稻及彝族傳統作物「苦蕎麥」。全縣苦蕎麥平均

↑在山上拍攝花椒時，遇到多雨的天氣總是會有「意外」！

◎ 產地風情

彝族特色產品有木製漆器餐具、酒具、茶具和民族民間工藝品四大類，顏色上以黑紅黃為主。黑色代表彝族的誠實、忠厚為主色，用紅色代表勇敢，黃色代表吉祥。

年產 19000 噸，是全國最大的苦蕎麥產區，苦蕎麥含有各種維生素、微量元素、營養素及 18 種人體必需氨基酸，所含營養之豐富、完整被譽為「五穀之王」，是彝族人的主食，因為營養完整，彝族傳統三餐就只吃肉和苦蕎麥，幾乎不吃蔬菜卻人人健康，另一方面則因為早期高山上沒什麼蔬菜可吃。

　　昭覺主要種植西路紅花椒，傳統的種植方式多是在屋前屋後種上幾十棵，經濟開放後開始有較大面積的栽種，目前全縣種植面積超過 5000 畝，主要分布在樹坪鄉、四開鄉等。像是縣城後方靠山的坡地上就零零星星的種了一些，從四開鄉到樹坪鄉，沿著公路就可以看到家戶都種了紅花椒，一些較緩的山坡上也種滿了花椒。

　　因為山高、日照充足，昭覺的南路花椒帶有些許獨特的西路花椒腥異味，這氣味會隨時間明顯變淡，一段時間後就只有南路花椒氣味，但滋味具有木香味、木腥味鮮明，麻感、苦度明顯的特色。昭覺縣除高山平原外的山勢普遍高陡，使花椒的發展受到局限未開發的山地相對廣大，卻也使得野生藥用植物資源就相當豐富，目前已查明的藥用植物有 65 個科、132 個品種，野生藥蘊藏量估計超過 1800 噸，走在縣城的市場中，就能見到山上農民自採售賣的野生天麻等多種藥用植物。

◎ 產地風情

【傳承彝族文化的布拖銀飾工匠】

布拖是昭覺縣南邊的一個縣，花椒種植相當零星，尚沒有較具規模的經濟種植，在布拖的縣城裡卻巧遇彝族傳統銀飾的隱世大師，他是祖傳第 16 代名叫「沙日勒古」，自豪的向我解釋說彝語中「勒古」的意思就是技藝高超的工匠，他祖先就是因為工藝高超而被認可使用「勒古」為姓的銀飾工匠。彝族銀飾一般分為頭片與胸片，手工打製一套銀飾需要 1 至 2 個月。勒古師傅是布拖縣保護級的工匠大師，常受政府的邀請出訪並表演彝族的銀飾工藝。

↓縣城的曬壩全曬起了花椒，一旁邊也有零星的花椒交易。

產 地 資 訊

產地：涼山彝族自治州 · 昭覺縣

花椒品種：南路花椒

風味品種：橘皮味花椒

地方名：花椒、大紅袍花椒、紅椒。

分布：樹坪鄉、四開鄉、柳且鄉、大壩鄉、地莫鄉、特布洛鄉、塘且鄉。

產季：乾花椒為每年農曆 7 月到 8 月，大約是陽曆 8 月到 9 月下旬。

※ 詳細風味感官分析見附錄二，第 282 頁。

▌ 地理簡介：

昭覺縣地形西高東低，有低山、低中山、中山、山間盆地、階地、河漫灘地、洪積扇等地形。以山原為主，佔總面積的九成左右，最高海拔 3873 米，最低海拔 520 米，平均海拔 2170 米。

▌ 氣候簡介：

屬中亞熱帶氣候滇北氣候區，常年平均氣溫 10.9℃，降雨量 1021 毫米，年累積日照 1865 小時。氣候複雜多樣，隨著海拔由低到高形成了中亞熱帶、北亞熱帶、南溫帶和北溫帶等多個氣候帶。

▌ 順遊景點：

體驗昭覺「彝族服飾之鄉」、「彝族文化走廊」、「駿馬之鄉」、「彝族民間文化寶庫」之風韻。軍屯遺址、博什瓦黑岩畫、昭覺科且土司衙門遺址、東漢石表、竹核溫泉。

↓ 進入昭覺縣四開鄉後，沿著公路就可見家戶都種了紅花椒，較緩的山坡上也種滿了花椒。

○雅安市　○重慶市　●涼山彝族自治州　○攀枝花市　○甘孜藏族自治州　○阿壩藏族羌族自治州 ○ 青花椒產區　○青花椒新興產區

07. 涼山彝族自治州
美姑縣

完全處於山區的美姑，其交通相當閉塞，從西昌到美姑雖然只有170公里，搭客運車卻要花4至5小時。若從成都走樂山進美姑就要先經馬邊縣再到美姑，「運氣好的話」一天可以到達；還有第三種方式就是從宜賓坐車到雷波縣，雷波往美姑一天有一班車，在雷波住一晚再坐班車到美姑，當時遇上行經路段在修路，對車輛採分時段放行，加上路況極差，120公里坐了6小時車，只能安慰自己說：比走路快！好消息是樂山經美姑、昭覺到西昌的高速公路將於

↑因群山環繞而美的美姑縣城，卻受困於交通路況。

2025 年通車，屆時西昌或樂山到美姑都只要一個小時。

美姑目前也是馬鈴薯的重點產區，雖有花椒種植傳統，農民也多少都有花椒種植的經驗，但產業發展歷史不長，只有 30 多年，產業發展起來後產出的花椒質量都在水準之上，帶有誘人的柑橘味，麻感也是爽麻巴適。

美姑地區總的來說花椒品質不差，但產地名氣不高，因此許多人只知道美姑大風頂自然保護區有大貓熊，提到花椒就一臉茫然，即使是在西昌問乾雜花椒商鋪也一樣，更不要說涼山州以外的大眾會知道。目前美姑的花椒產量已經具有經濟規模，鮮的紅花椒年產量已經超過 200 萬斤（陸制 500 克／斤，下同），約 1000 噸，在佐戈依達、巴普、龍門等鄉鎮都有規模種植紅花椒，促進花椒產業規模的發展。

但美姑花椒受限於山區地形，加上主要經濟作物仍然是玉米、馬鈴薯、苦蕎麥等，成片種植的少，多半是在田邊、緩坡或畸零地栽種花椒，因此種植分散，加上也沒有足夠的平壩曬製花椒或設置烘乾設備，一直以來美姑的椒農都是與收購商交易新鮮花椒，一般採收後最慢隔天就要背下山到縣城的街上兜售，或是在公路邊等收購商來收購，收購商在產季就沿著美姑唯一的交通主幹道一路收。

↓美姑受限於地形及主要經濟作物為玉米、苦蕎麥等，多半是在畸零地栽種花椒，種植分散，交易方式為背下山到縣城的街上兜售，或是在公路邊等收購商來買。

依個人淺見，整合資源、突出無公害環境優勢、打出「美姑」這一品牌，相信是提升椒農收入的唯一方向。

除了紅花椒，近幾年美姑也開始發展青花椒種植，分別在海拔較低、年均溫較高的樂約、柳洪等鄉，主要利用溝壩河谷地帶發展、建設青花椒基地。

美姑因為開發相對晚，保留了許多獨特的生活飲食風情，像是過彝族年時殺的豬肉要用一種叫「圈雞草」的草燒掉家禽家畜的毛，這祖傳的程序，讓肉吃起來有特別的好味道，即使用開水燙豬毛，燙好後還是要用圈雞草燒一次。而現今生活條件較好，平日也會用這種方式處理雞隻，但就不如彝族過年時講究，主要就是用些草木或廢紙生火，然後將放完血的雞放上去燒，燒的時候還是有技巧的，只能讓雞毛剛好燒掉、皮略縮而不能焦熟，接下來就可以洗淨烹調食用。

就在離開美姑時，發現客運車在偏遠地區的另一個重要功能，就是當「快遞」！因為交通不便、郵政功能有限，當只是要送點東西給親朋好友時，人們就會在路邊等客運車，將物品託付給開車師傅或隨車售票師傅，並留下姓名電話麻煩他們在某地停一下有人會取，這算是客運車的另類便民服務。但遇過最特別的是有人把客運車當「運鈔車」，託開車師傅「送錢」！一聽是錢，開車師傅急忙將東西還給對方，直說錢這東西太敏感了，容易出亂子，一個勁的往外推。

↑美姑往西昌方向的公路就沿著河谷而行，目前青花椒的種植也以河谷區為主。

◎ 產地風情

【美姑彝族年的風俗】

在美姑鄉村，家家戶戶在秋收之後都要做百家泡水酒，以便在彝族年時飲用，所謂「百家」是指泡出來的酒要足夠讓百家以上的人嚐到，這酒是代表主人家豐收、喜悅的酒，是好客的彝族人邀大家一起來享受主人家的喜悅與祝福的習俗。此外在彝族年宰殺的年豬不能用來做買賣；過年期間不許拿綠色或青色（包括青菜、白菜之類）的東西進屋；過年後的 7 天內不能使用磨子；過年期間人死了不唱哭喪歌；還有過年期間不能吵架或打架等等。

產 地 資 訊

產地：涼山彝族自治州 · 美姑縣
花椒品種：南路花椒
風味品種：橘皮味花椒
地方名：花椒、大紅袍花椒、紅椒。
分布：巴普鎮、佐戈依達鄉、巴古鄉、龍門鄉、牛牛壩鄉、典補鄉、拖木鄉、候古莫鄉、峨曲古鄉等。
產季：乾花椒為每年農曆 7 月到 8 月，大約是陽曆 8 月到 9 月下旬。
※ 詳細風味感官分析見附錄二，第 282 頁。

▌ 地理簡介：
美姑地處青藏高原東南部的橫斷山脈與四川盆地西南邊緣交匯處，境內山巒起伏大，河流縱橫。地勢由北向南傾斜。東北部最高海拔 4042 米，東南部最低海拔 640 米。

▌ 氣候簡介：
境內屬低緯度高原性氣候，立體氣候明顯，四季分明，年均氣溫 11.4℃，常年日照充足，年累積日照 1790.7 小時。雨量充沛，年均降水量 814.6 毫米，但降水量北部多南部少，分布不均。冬季長達 135 天，年均無霜期 125 天。

▌ 順遊景點：
美姑大風頂國家級自然保護區、黃茅埂高原風光、納龍風景區、燕子崖、美麗角湖、溜筒河大峽谷、美女峰、龍頭山等景區。

↓ 俯瞰美姑縣。

○雅安市 ○重慶市 ●涼山彝族自治州 ○攀枝花市 ○甘孜藏族自治州 ○阿壩藏族羌族自治州 ○青花椒產區 ○青花椒新興產區

08. 涼山彝族自治州
雷波縣

　　一般來説要進涼山州雷波縣的話，從宜賓市進去相對方便一些，路況也好，特別是溪洛渡水電站修好後，因集水區水位上升，進雷波的公路全是新修的，2010 年從宜賓到雷波縣城要 3.5 小時左右，現在大約只要 2.5 小時。出宜賓市後沿著金沙江河谷一路南下，經過溪洛渡水電站不久就開始上山，從海拔 400 米左右開始往上爬即可到達位於海拔 1200 米左右、開闊而平緩的半山腰台地上的雷波縣城。

　　雷波這個地名還有故事，據説縣西曾有個池塘水質清澈，到了夏天打雷時常打在這池塘，雷聲的震波與雷光相激彝族人呼其為「磨箕」，漢人則將這池塘叫做「雷波塘」，之後就以這特別的池塘名做縣名。另一故事是相傳城內有一水池，夏天打雷常打在這裡，電光與波光相激而名為「雷波汥」，雷波縣因而得名，《雷波廳志》記載，雷波汥「形圓如規，週五十餘丈，瀦水清澈，四時不消」。

　　雷波小葉青花椒特點為皮厚色青、顆粒碩大、麻味純正，其花香和柑橘香特別明顯，是與金陽、江津地區花椒

↓ 位於海拔 1200 米左右半山腰、開闊而平緩的台地上的雷波縣城。

最大的差異。雷波的青花椒樹特徵與金陽、江津地區也有多處明顯的差異，就是花椒樹的葉子寬度差不多，長度明顯較短，葉尾較鈍，生長壽命也短，多只有 7 至 8 年。據曾做過花椒苗生意的雷波人說雷波這種小葉青花椒其實與大紅袍是相同品種，成熟度不一樣而已，但據我的觀察覺得不像，這問題還有待植物學專家確認。

雷波青花椒壽命短，使得經濟回收效益差，為改善此問題，當地椒農指出他們都會到山上找野生的花椒樹，野生花椒樹結的果是臭的，但可用來做為優質青花椒嫁接的砧木，有些農民甚至想辦法自己種野花椒做砧木。雷波山區的野花椒十分耐旱，當地人稱作「大葉花椒」或「賊火把」，野生花椒樹的耐旱能力可以讓嫁接上去的優質青花椒不容易枯死並延長收成年限為 15 至 20 年。

此外，雷波縣也開發出獨具特色的「石榨青花椒油」，不以高溫煉製花椒油，而是改良彝族傳統蘸水製作工藝，以壓榨鮮菜籽油和鮮青花椒為原料，用石製「兌窩」（即石臼）加工後經過三個月的浸漬後過濾而成，成品風味獨特、麻味純正、鮮清香四溢。

↑雷波青花椒的特點為葉子相對小而厚。

↑雷波人稱作「大葉花椒」或「賊火把」的葉子明顯較大而長，葉子正反面的中間都長刺。

↑因地形與水文影響，使金沙江邊海拔 800 至 1000 米左右的半山腰緩坡是主要農、林業區。

↑雷波往西昌、昭覺、美姑、金陽的路況極差，交通是時通時阻，還好堵住不動時有美景相伴。

　　據當地椒農指出，雷波地區最好的青花椒大多產自海拔 800 至 1000 米左右的山上，這高度帶的青花椒最香麻。依據他們的經驗，種在金沙江邊的青花椒雖然離水近，但金沙江河谷是屬於乾熱河谷，因此越接近谷底就越熱而乾燥，讓青花椒處於太過乾熱的地方，結出的花椒果實中美味成分較少。而在海拔 800 至 1000 米左右的地方恰好是白天谷底水氣蒸騰到空中後，晚上水氣回降、聚集的高度，因此沿金沙江河谷常可見到江邊青花椒因缺水而無精打采，半山腰上的青花椒樹卻神采奕奕。

　　紅花椒在雷波主要都種在 2000 米上下的二半山上，種植地區十分分散，種得較多的如北邊的菁口鄉與最南邊的岩腳鄉，兩地直線距離相距近 60 公里，交通時間大概要 3 至 4 小時。

　　多年前因溪洛渡水電站的修建，使得雷波往西昌、昭覺、美姑、金陽的路況極差，交通是時通時阻，曾經一早坐上 6 點 30 分的客運車要往美姑，在雨中晃蕩約一小時到名為獅子口的地方就堵住不動，一堵就是 8 個多小時。

↑雷波的紅花椒。

　　車上聽一乘客無奈的説：前天路封了出不去，昨天車壞了出不去，今天又遇垮塌（坍方）堵在這。8個多小時後原車回雷波縣城，到客運站後繞至車後方取行李才發現客運車的行李車箱居然是破的，我的行李箱滿是泥沙就像從泥巴水裡撈出來一樣，裡面有10幾份蒐集來的花椒樣本，當下差一點流下眼淚。既定行程的不確定性，當天就決定反向走並改變所有行程，改從雷波到樂山，再到峨眉山搭火車進涼山，先去德昌縣。若是同樣進美姑，那就是原本120公里左右的路程變成近1000公里！

↑彝族人，在車上就像小孩出門郊遊一樣興奮，才開車就開始發「啤酒」！不是飲料喔。

雖然沮喪，但在車上也見識到彝族人的樂天性格，早上一群中年彝族人上車後就像小孩出門郊遊一樣興奮，車一開動，領頭的就開始發「啤酒」，不是飲料喔！一路上聊天嘻笑，我是聽不懂，車堵死了，他們還是一樣開心的聊天，有人提議說我們「走過去」！走去美姑？我是滿滿的問號！不久出現了不知道哪裡來的小販，他們就買了些吃的，在車上「用起餐」來了。等久了無聊就在座位上睡了一下，恍惚中聽到他們一陣吆喝人就往車外走，之後直到原車掉頭要回縣城了他們都還沒出現，到今日我還在想他們真的在雨中用走的去美姑嗎？

產 地 資 訊

產地：涼山彝族自治州 · 雷波縣
花椒品種：雷波小葉青花椒
風味品種：黃檸檬皮味花椒
地方名：青椒、小葉青花椒、青花椒。
分布：渡口鄉、回龍場、永盛鄉、順河鄉、上田壩鄉、白鐵壩鄉、大坪子鄉、穀米鄉、一車鄉、五官鄉、元寶山鄉、莫紅鄉。
產季：保鮮花椒為每年農曆 5 月到 6 月上旬，大約是陽曆 6 月到 7 月下旬。乾花椒為每年農曆 6 月中到 8 月之間，大約是陽曆 7 月中到 9 月中旬。
※ 詳細風味感官分析見附錄二，第 288 頁。

花椒品種：南路花椒
風味品種：橘皮味花椒
地方名：花椒、大紅袍、紅椒。
分布：菁口鄉、卡哈洛鄉、岩腳鄉。各鄉鎮海拔 1800 米以上的緩坡地，但種植面積較小而分散。
產季：乾花椒為每年農曆 7 月到 9 月之間，大約是陽曆 8 月到 10 月。
※ 詳細風味感官分析見附錄二，第 283 頁。

▍ 地理簡介：
雷波縣境內地形複雜，以山地為主，地勢高低懸殊，西高東低，由西向東緩慢傾斜，最高海拔 4076.52 米（獅子山主峰），最低海拔 325.2 米（金沙江畔大岩洞谷底），也是全涼山州的最低點。

▍ 氣候簡介：
屬亞熱帶山地立體氣候，四季分明，垂直變化明顯，年平均氣溫 12.2℃，無霜期 271 天，降水量 850.64 毫米，全年累積日照 1225.2 小時。

▍ 順遊景點：
馬湖風景區、黃琅古鎮、省級自然保護區嘛咪澤、黃茅埂草場、世界第一高壩電站：溪洛渡水電站、樂水湖。

↑從宜賓進雷波會路過世界第一高壩電站：溪洛渡水電站。

○雅安市　○重慶市　●涼山彝族自治州　○攀枝花市　○甘孜藏族自治州　○阿壩藏族羌族自治州　○青花椒產區　○青花椒新興產區

09. 涼山彝族自治州 金陽縣

　　金陽縣位於川南涼山彝族自治州的東邊，隔著金沙江與雲南昭通相望，地理上為金沙江北岸，縣名就依古代地理分辨概念「山南為陰，水北為陽」命名。金陽縣城是位於獅子山下一座叫黑豬洛山的半山腰平壩名「天地壩」的山城，全縣的平壩和台地不足全縣面積的 1%。金陽早在唐宋年間就有青花椒相關記錄，獨特的經緯度、地理環境、氣候和土壤等因素，讓金陽成 發展青花椒產業的天然寶地，青花椒的質量、風味至今都是數一數二。

　　金沙江河谷地帶海拔多在 500 至 1500 米之間，是金陽縣的糧食和經濟作物的主要產區，盛產白魔芋、青花椒、蠟蟲，主要經濟林木有花椒、油桐、女貞、生漆等。1970 年起金陽縣就大規模栽種青花椒，截至 2019 年青花椒種植已遍及全縣 28 個鄉鎮，面積達 100 多萬畝，年產量 10000 多噸，是農民主要經濟收入，也是金陽縣的主要經濟產業。

↓位於獅子山下半山腰的金陽縣城，又名「天地壩」。

2006 年金陽縣獲得「中國青花椒第一縣」和「中國花椒之都」的稱號，經 2012 年的複審後繼續保有以上兩個稱號的殊榮。二十多年來青花椒風味菜品被餐飲市場廣為接受且十分火爆，如青花椒煮肥牛、石鍋三角鋒等，質量俱佳的金陽青花椒可說是市場上的搶手貨。

金陽青花椒的品質極佳，交通卻極為不便，距西昌 200 多公里車程卻需要花費 6 至 8 個小時，從成都坐直達客運班車要 12 至 14 小時，從縣城到任一個花椒基地的車程 1 到 3 小時不等，即使高品質讓青花椒產地價維持在最高也未能建立花椒品牌辨識度，也不足以將當地的區域經濟提升

↑因先天氣候、地理環境與土壤因素讓金陽青花椒的品質極佳。

到足夠的高度，因此金陽長期陷於彝族聚居的國定貧困縣泥沼。欣聞四川涼山西昌至雲南昭通的高速公路經過金陽縣，預計西昌到金陽交通時間將縮減到 1.5 小時，期待交通的改善能為金陽縣帶來經濟提升的效益。

↓派來鎮青花椒基地全景。

↑第一次進金陽，從成都搭 11.5 小時火車快車到西昌，隔天從西昌市再搭客運車走 8 小時，最高海拔超過 3000 米的高原山路才到達金陽縣城。

記得第一次進金陽花椒產地，是從成都搭火車快車 11.5 小時到西昌，再搭客運車走 8 小時的高原山路到金陽縣城，途經最高海拔超過 3000 米的高原公路。從縣城搭農村客運到最近且具規模的派來鎮花椒基地需 1.5 小時，這樣的車程時間已經可以將台灣繞超過 2 圈了！這次經驗後發現花椒種植多在交通相對不方便的鄉鎮，並養成了每次出發前就找遍各縣的客運交通資訊，以期可以順利銜接各產地之間的交通問題，其次再決定要在產地停留多久。

地處高原地區，加上金沙江支流的切割，海拔高低差大，金陽縣具有亞熱帶山地立體氣候特點，以旱作農業為主。對青花椒來說，該地區的雨量適中，陽光日照時間長，土壤屬於紅壤土，排水性良好且礦物質含量豐富，各種地理與氣候條件都極適合花椒樹，主要栽種在海拔 800 至 1800 米之間的河谷、山谷坡地。在金陽有種紅花椒的傳統，早期都是零星種植不成規模，近年來也開始在 2000 米以上不能種青花椒的坡地大力種植紅花椒，目前以馬依足鄉的種植較具規模。

↑ 金陽派來鎮政府所在的地。

↓ 金陽青花椒的最大產地在紅聯鄉，卻是山高路險。

↑金沙江邊通往縣城以南的唯一公路在雷波溪洛渡水電站的修建期間,老公路不久將會被淹沒,新公路還在半山腰修築中,加上當時泥石流災害剛過不久,路況極差,一路落石不斷,心想下一顆會有多大?

目前多數青花椒基地都用上了新管理技術,其中的派來鎮距縣城只有 30 至 40 公里,先下到金陽河河谷再接到金沙江河谷南下,溪洛渡水電站修好後金沙江沿岸的新公路變得寬敞舒適,行車在海拔落差達 1000 米以上金沙江河谷中,壯麗景觀令人震撼!青花椒林也沿著金沙江河谷兩岸蔓延。

早期因位於雷波的溪洛渡水電站的修建使得水位將大幅上升,既有公路不久將被淹沒而新公路正在半山腰

修建中，再加上偶發土石流，説是公路倒不如説是便道，路況極差，大坑小洞連綿不絕，不時車底傳來蹦、筐啷的巨響！原來是車輪壓到石頭彈上來打到客運車底盤，忽然車頂又傳來劈哩啪啷的聲音！原來是峭壁上有小石頭滾了下來，一路提心吊膽，心想下一顆會有多大？不遠的30至40公里路也走了一個半小時。一轉進往派來鎮的上山公路，即可見到一片片青花椒林散布在山谷的溪邊或斜坡上，往上再走約二十分鐘，眼前突然一片開闊，是開闊、坡度相對平緩的山谷，也是派來鎮政府所在地。

派來鎮的山谷海拔介於800至1800米，就如捧起的雙手，迎向太陽，獨特的土壤養分，加上熱情的陽光與溫度讓金陽青花椒麻、香極度誘人。陽光越強、溫度越高青花椒的色、香、味越濃，金沙江谷底溫度在夏天可高達攝氏40多度，加上採收時花椒上不能有露水，採摘時間必須是早上10點到下午6點之間陽光熱烈的時段，椒農們必須在猶如烤箱並充滿硬刺的花椒樹林中穿梭工作，可以説碧綠、清香、爽麻的金陽青花椒是農民的熱汗加上炎熱陽光烤出來的！這辛苦的真相同時是花椒種植總在交通條件差或經濟條件差的地區發展。

金陽縣地處高原汙染極少、病蟲害也少，使得香麻的金陽青花椒近乎有機種植的標準，高品質在2006年由國家認定為「地理標誌保護產品」，總體種植面積和產量、質量均位居全國前列而享有「中國青花椒第一縣」的美譽。

◎ 產地風情

【金陽彝族風情】

在金陽縣派來鎮上巧遇當地漢人辦兒子的滿月宴，一知道我是台灣來的，更是他們「親眼」見過的第一位台灣人，所以希望和我同行的一行人可以入席接受他們的宴請，並帶福氣給他們，但因時間緊張，只能給予祝福，未能參與那歡慶的一刻與在地風情。

林業局的朋友以彝族特色料理招待盡地主之誼，席間充分體驗彝族人大口吃肉、大口喝酒的熱情，每塊坨坨肉足足有2至3兩重，是選用在山區天然環境中放養的幼豬煮製，嚼勁十足、肉質卻極嫩，肉汁是香的、甜的，現在寫來還是猛吞口水，對不習慣大量肉食的外地人而言卻是承受不住，更不要說他們的傳統坨坨肉一塊最少一斤重！席後，彝族人還有個習俗，就是將煮製成坨坨肉這隻豬的豬頭送給主賓客帶回，以示最高的禮遇，當下順應習俗收了下來！之後林業局的朋友知道我一人在外拿著豬頭到處跑十分困擾，才告訴我按彝族習俗可以轉贈給好友、親人，當下就送給朋友，化解了我要帶一顆豬頭回成都的尷尬。

以彝族的文化，依據蒞臨的貴客等級決定宰殺二隻腳或四隻腳的家禽家畜，越多腳、越大隻的禮數越夠，而我是第一位到金陽採訪的台灣人，是稀客也是貴賓所以意義非凡，他們堅持一定要為我宰四隻腳的家畜，就在次日備了烤全豬大餐為我送行，讓我倍感榮幸。據說彝族習俗最高規格是宰牛！

當地還有一道經典彝族風味菜——烤小豬。一般選用20至30斤重的仔豬，宰殺去內臟並洗淨後架在火上翻烤，一般要4至6小時。烤好的小豬，色澤金黃，香味撲鼻。可將小豬切成「坨坨」蘸上佐料就可以食用。也可將烤好的全豬放在一個大盤上，我就是享受這種形式的美味，席間每人拿著刀自割自吃，烤小豬外脆裡嫩、酥香可口、鮮美無比。

↑彝族風味宴客大菜——烤小豬。

↑每到青花椒採收季節的豔陽天，在山高路險、缺平壩的地區，椒農們就會將當天採摘的青花椒鋪在屋頂壩子上曬，近年部份農民利用塑膠膜架起小溫室加速乾燥且防小雨。

在金陽縣，每到青花椒收成高峰期的豔陽天，椒農們就會將當天採摘的青花椒鋪在灑滿陽光的屋頂壩子上，大太陽下只要半天就能曬乾青花椒，這在一天內採摘、曬乾並全程吸飽陽光的青花椒椒農們稱之為「一個太陽的花椒」，是風味、質量最佳的花椒。若不巧在收成期間遇到下雨，就要暫停採摘，而雨後三、五天內採摘的質量也要差一些。曬乾期間下雨，就要移到室內晾開陰乾，並避免新鮮青花椒的水氣聚集而長黴，或是用烘乾設備將青花椒烘乾，才能去籽與儲存，這樣的成品色香味都要差一些。

金陽青花椒的苗木一般栽種 3 至 5 年就會開始大量開花、掛果，達到具經濟效益的掛果量。再透過每年收成後的樹形修剪，可使枝椏間通風透光以獲取早結、豐產的效果。金陽青花椒的果實顆粒大又圓，色澤濃綠、油潤，油泡鼓實而且密集，出皮率高，其風味具有明顯的涼爽感及爽朗明快的原野風格特質，氣味清香乾

↑位於派來鎮的青花椒苗圃

淨、濃郁，麻感舒適，麻度從中上到高令人驚艷。

高質量的滋味讓金陽青花椒的產地價總是較其他產地高出近一倍，以 2011 年為例，當江津乾青花椒一斤（陸制 500 克／斤，下同）最高 30 元人民幣時，金陽卻是從最低 30 元一斤起跳，最高可以超過 50 元一斤。但這樣的好行情卻因氣候的多變而年年不同，如 2010 年的西南大旱讓相對耐旱的青花椒樹也乾死，對許多在金陽種了二、三十年花椒的椒農來說是頭一遭，造成花椒收成的品質不佳、產量減少，但價格上揚使得一來一回間還能穩住基本收入。

這次的氣候災害還不是最大的，2008 年初的一場大雪讓全金陽縣損失了大約往年平均產量 9 成的花椒，至今金陽人提起這次天災仍然是心有餘悸。2012 年因為極端氣候的因素，先是年初的旱災，到了 7、8 月時卻是連下幾場豪大雨，使得縣內所有通鄉公路中斷，花椒產量雖沒受到太多影響，但中斷的交通加上不穩定的天氣環境，讓椒農求售心切，價格直落，最低時只有 10 多元，價格好的也只有 30 不到。

金陽地區花椒的交易都是以乾花椒為主，因為交通不便的問題，青花椒的交易主要是訂單採收的模式，近年交通改善後，縣城周邊陸續成立了固定的交易集市以因應更

↑ 2015 年後金陽縣城也在農貿市場中劃了一塊區域作為固定交易集市，後不敷使用，又在城南租了一塊空地作為定點交易集市。圖為新交易集市。

多的交易需求，出了縣城的交易主要集中在金沙江邊縣公路上的場鎮，如蘆稿鎮、春江鄉、對坪鎮等，其中春江鄉受益於最大的青花椒產地紅聯鄉加上連結金沙江對岸雲南昭通的通陽大橋就在附近，對岸昭通的椒農會將花椒送到這裡賣，成為交易最集中的場鎮。天氣穩定而佳時，這裡是寸步難行，紅聯鄉的彝族人將乾青花椒一袋袋用馬馱下山，收購商是一車車的運出去。早期因山路不通車，山上椒

↑ 2010 年的西南大旱連耐旱的青花椒樹也乾黃，對許多老椒農來說是頭一遭。

↑在交通不便的村莊，椒農們利用天然風力篩除乾青花椒中較輕的碎葉、雜質。

◎ 彝族風情

彝族男性有喜愛留「天菩薩」的傳統，即蓄長髮編成辮子，視其為吉祥物，認為人的靈魂遇到鬼怪或是無意中受驚嚇時，它能起到保身護魂的作用，且有延年益壽之效。因生活改變，現在較常見於男性幼兒、小孩，多是在額頭上留一搓頭髮。留有「天菩薩」的人，不能隨意剃光，長了也只能修短。

彝族忌禁別人撫摸自己的「天菩薩」，古時有「摸天菩薩賠九匹馬」之諺語。

農幾乎都用馬將花椒馱下山，馬多了就形成春江場一特殊而傳統的行業就是「看馬」，一個低於地平面的馬廄，一格格的馬位，這讓我聯想到城市裡的「停車場」。只要1至2元，就能有專人看著你的馬，並讓他吃飽喝足。現在山路能通車後就沒有這一獨特風情了。

　　回到金陽城區，花椒產季時會有許多的椒農將新鮮花椒背進城裡市場賣，這是住在產地的人們最幸福的一件事，盡情享受新鮮青花椒最豐富的香味、滋味，可以買回家煉製青花椒油，或是買回家自己曬製成乾青花椒，因為新鮮的青花椒價格一般是乾青花椒的 1/5 到 1/4，自己花點工就能省下不少錢，又能掌控曬製的品質。

產 地 資 訊

產地：涼山彝族自治州 ‧ 金陽縣
花椒品種：金陽青花椒
風味品種：萊姆皮味花椒
地方名：麻椒、香椒子、青花椒。
分布：遍及全縣 28 個鄉鎮，種植面積較大的多分布在金沙江邊的鄉鎮，如派來鎮、蘆稿鎮、對坪鎮、紅聯鄉、桃坪鄉等鄉。
產季：保鮮花椒產季為每年農曆 6 至 7 月間，大約是陽曆 7 月中旬到 8 月中旬。乾花椒為每年農曆 7 至 8 月間，大約是陽曆 8 月到 9 月下旬。
※ 詳細風味感官分析見附錄二，第 289 頁。

花椒品種：南路花椒
風味品種：橘皮味花椒
地方名：大紅袍花椒、紅椒。
分布：馬依足鄉及全縣各鄉鎮，海拔 1800 米以上的緩坡地，但種植面積較小而分散。
產季：乾花椒為每年農曆 7 至 9 月中旬，大約陽曆 8 月上旬到 10 月下旬前。
※ 詳細風味感官分析見附錄二，第 283 頁。

▌**地理簡介**：
金陽縣縣境屬於高原邊緣折皺地帶，溝深、坡陡、乾溝繁多，地勢北高南低，海拔在 460 至 3616.5 米之間，金沙江河谷地帶海拔多在 500 至 1500 米之間，山嶺入口高低差大，一般為 1500 至 2000 米，呈典型的高、中山峽谷地貌。

▌**氣候簡介**：
受地形、海拔高度等因素的影響，氣候呈立體垂直帶狀分布。年平均氣候 15.7℃，平均降水量800毫米，無霜期300天左右。

▌**順遊景點**：
金沙江峽谷、西溪河峽谷、波洛雲海、萬畝高原杜鵑、獅子山雪峰和百草坡草場。

↓左：金沙江峽谷。右：金陽西溪河峽谷。

○雅安市 ○重慶市 ●涼山彝族自治州 ○攀枝花市 ○甘孜藏族自治州 ○阿壩藏族羌族自治州 ○青花椒產區 ○青花椒新興產區

11. 涼山彝族自治州 **越西縣**

越西縣位於四川省西南部，涼山彝族自治州北部，東鄰美姑縣，西接冕寧，南接昭覺縣、喜德縣，北與甘洛縣相鄰，是「南方絲綢古道」的主要據點。

進入越西可乘坐火車，火車走的是越西東邊的縱谷，並非城關這邊經濟較發達的西邊縱谷，若要進縣城，坐火車只能選擇北邊的越西站下或南邊的普雄站下，再搭客運車 1 個多小時才能到縣城；另一選擇是坐長途客

↑越西步行商業一條街。

↓進出越西的通道都是走南北向，且蜿蜒在山谷、河谷之間的公路及鐵路。

↑花椒種植因為需保留枝條的伸展空間，因此即使是大面積種植，椒農們還會地盡其用，在椒樹間種其他蔬菜、作物。

運車到越西縣城，不論那個方向都要經過險峻高山公路，對會暈車的人來說十分痛苦。

越西為群山包夾，形成獨特的小區域型氣候，加上土壤適宜，使得越西的南路花椒質量相當好而以南路花椒種植為主，宋太宗年間（約公元 968 年）開始斷斷續續進貢花椒成為歷史上的貢椒產地之一。主要分布在保安、普雄、乃拖、書古等海拔 2000 米上下的二半山或谷地、平壩，但平壩地還是以糧食作物為主，坡地才是花椒的主要種植地，像保安鄉就是一個 2000 多米高的盆地，或說山坳，花椒大面積的種植都在坡地上。

產季時常見椒農背著一大簍花椒，三兩兩的從城外走來，進城後，椒農總是帶著靦腆向人們推銷他新摘的花椒。在越西只要家裡花椒用得多的或是小館子，多會向進城的椒農買新鮮花椒自己曬或是煉製花椒油，過程中免不了要來回討價還價一番，因為就是想要省錢才自己曬花椒；另外一項好處是，用新鮮的花椒煉製的花椒油，那香麻味更濃更足。

越西因為有縱谷平壩相對有空間曬製花椒，所以產季時花椒交易以乾花椒為主，最大的集市位於縣城北面、越西北半部的交通中心點上新民鎮，產季時每 3 至 5 天會有一次的集市，天剛亮就已經有椒農帶著自家的花椒等收購商來看貨。

◎ 產地風情

彝族人多半好客且熱情大方，無論認不認識，到了彝家主人都會熱情接待，又是殺雞又是宰豬、宰羊的以大禮待客。習俗中若是有雞，就要請客人吃雞頭；若是宰豬或宰羊，待客人將走時要送主客半邊豬頭或一塊羊膀肉。彝族人喜愛喝酒，敬酒是普遍的禮俗，遇到熟人，那可就敬不完，因為他敬你半斤，你也必須回敬半斤，當地人稱之為「轉轉酒」，如果拒飲敬酒可是犯大忌！

↑花椒產季時，椒農們會背著一大簍花椒，進城向人們推銷新摘的花椒。

天越來越亮，集市也越來越熱鬧，有自己背著花椒的，有馬車拉的，有驢子馱的，也有三輪車載的，魚貫的擠進這小小的新民場，收花椒與賣花椒彼此一來一回，又是看質量又是說價的。賣了好價錢是笑顏逐開，談不攏的一哄而散，各自再找對象。其間賣早點、點心的小販穿梭其中，讓繁忙的椒農與商人都能充飢。當然在集市中也有當地人乘機會來找便宜的好花椒，家用的量雖然不多，但當地人還是很認真的挑花椒，椒農們不會大小眼，都讓他們盡情比較。據當地收購商估計，一個產季下來，單單在新民鎮進出的乾紅花椒應該超過 30 萬斤（陸制 500 克／斤），約 150 噸。

新民場除花椒的交易風情，還可以見到許多鄉村情調或具彝族風采的熱鬧景況，像是釘馬蹄鐵、兜售土雞、當街補牙、販售仔兔及仔豬的買賣等，那熱鬧景況宛若過大節。

↑天越來越亮，新民鎮集市也越來越熱鬧，步行、馬車、驢子馱的，也有三輪車載的，魚貫的擠進這小小的新民場。

↑兜售土雞、買賣仔豬的販子與當地鄉民。

產 地 資 訊

產地：涼山彝族自治州 · 越西縣
花椒品種：南路花椒
風味品種：橙皮味花椒
地方名：南椒、花椒、紅椒、正路椒。
分布：普雄鎮、乃托鎮、保安藏族鄉、白果鄉、大屯鄉、大瑞鄉、拉白鄉、爾覺鄉、瓦普莫鄉、書古鄉、鐵西鄉。
產季：乾花椒為每年農曆 6 月中旬到 8 月中旬，大約陽曆 7 月下旬到 9 月下旬。
※ 詳細風味感官分析見附錄二，第 283 頁。

■ **地理簡介**：

越西縣境內多山，地處康藏高原東緣，橫斷山脈的東北麓，屬大涼山山系，山地佔 9 成以上，以山谷相間的中山寬谷地貌為主要特徵，山川南北縱立，地勢南高北低，由南向北傾斜，境內最高海拔 4791 米，最低海拔 1170 米。

■ **氣候簡介**：

氣候屬西昌巴塘亞熱氣候區，天氣涼爽，雨量充沛，春季氣溫回升快，四季不太分明。海拔 1600~2100 米地區，年均氣溫為 11.3~13.3℃，年累積日照時數 1612.9 至 1860 小時，無霜期 225~248 天。

■ **順遊景點**：

景點集中在「南方絲綢古道」周邊，縣城以北有「樹衙碑」、「天皇寺」；城南有「零關古道」、「文昌帝君誕生地（文昌宮）遺址」。

↓從冕寧進越西的盤山公路。

○雅安市 ○重慶市 ●涼山彝族自治州 ○攀枝花市 ○甘孜藏族自治州 ○阿壩藏族羌族自治州 ○ 青花椒產區 ○青花椒新興產區

12. 涼山彝族自治州 喜德縣

喜德縣名源自彝語地名「夕奪拉達」，意指製造鎧甲的地方，在1953年設縣時因漢語「喜德」與彝語「夕奪」近似而成為縣名。喜德最出名的就是彝族漆器、民族服飾等工藝製品，他們的做工精良、色澤鮮豔，已經成功申報彝族漆器納入大陸國家級非物質文化遺產名錄中。

縣城位於光明鎮背山面河的扇形緩坡上，海拔約1843米，城區呈扇形分布而有扇城之稱。成昆線鐵路穿城而過形成獨特的景觀，縣境內山地地形超過9成，經濟開發沿孫水河河谷發展，花椒的主要分布也是沿著河谷兩岸。花椒產業發展時間不長，但喜德山高溝深、人均耕地少而有更多可開發種植花椒的坡地多，土壤適宜、氣候宜人、光熱水資源豐富利於花椒種植，加上經濟發展的關鍵——交通便捷解決了銷售問題，喜德距離西昌市只有60公里左右，加上部份路段有高速公路可利用，因此縣城到西昌的交通時間只有1個小時左右。

喜德地區因為地勢關係，紅花椒都種在山地上，加上發展時間較短，當地居民尚未備有平壩或在屋頂上留平壩曬製花椒，花椒交易以鮮花椒為主。椒農們多是一大早將前一天採好的新鮮花椒從山上背下來，聚集在交

↑在喜德扇形城區的正中央，以彝族神話和漆器概念為主軸的步行景觀道。

↑產季時每天早上5點半就陸續從三個方向聚集到交通要衝金河大橋的橋頭做新鮮花椒的交易。

↓←喜德因應地理環境欠缺平壩空地而特許花椒可以在公路上曬製。

↑鐵路的兩側修了步道，在這裡散步相當安逸，且風景優美。步道旁也可以見到一整排的青花椒，既能綠化又具推廣效果。

通要衝金河大橋的橋頭交易。產季時每天早上 5 點半就陸陸續續從三個方向聚集過來，到 6 點半，這橋頭就成了熱鬧的新鮮花椒集市，也吸引一些賣早點與日用雜貨的攤販聚集。在收購高峰時，新鮮花椒秤重後不是堆滿貨車就是堆在地上的帆布上像山一樣。

收購商收新鮮花椒通常也負責曬製與篩選，花椒曬製多集中在城關周邊的平壩空地與部份較寬敞的公路段，喜德縣政府早期為大力發展花椒產業特別單獨開放公路空間給椒農、椒商曬花椒，現在則是扶持烘乾設備的設置，目前投產的花椒種植面積近 10 萬畝，規劃發展到 20 萬畝。

幾次進喜德，讓人印象深刻的是一進縣境，民居牆上都劃著彝族漆器特色圖像或圖騰，在縣城更是把彝族漆器特色圖像或圖騰放大成為立體雕塑作為城區的裝飾藝術，在扇形城區的正中央建有步行景觀道，往下走到底就是成昆鐵路，因班次不多，鐵路的兩側修了步道，晚餐後到這裡散步相當安逸，而且居高臨下風景優美。

喜德雖然主力發展紅花椒，然而靠西昌、海拔較低的魯基、紅莫等鄉則發展青花椒種植，以金陽品種為主，在縣城步道旁也可以見到一整排的青花椒綠化兼具推廣效果。紅花椒的發展中心是縣城東邊的沙馬拉達鄉，再依序往外擴展到尼波鎮、巴久鄉、米市鎮、依洛鄉、兩河口鎮等等。

在喜德縣城的菜市場中與賣花椒的老闆們聊起喜德花椒，他們都說目前以沙馬拉達鄉的質量較佳。前往沙馬拉達鄉的覺莫村花椒基地時與當地

↑甘主村農民一家人正忙著採收花椒。花椒種植對部份農民來說存在著兩難,因盛產時間與傳統農作苦蕎的成熟期相重疊。

↑↓沙馬拉達鄉的花椒基地全景。覺莫村椒農阿爾都古說他們這邊因為日照足,花椒質量明顯比較好。

椒農阿爾都古聊起這花椒質量與環境的關係，他說到鄉裡花椒種得早的是對面山頭，但當他們這邊開始種之後，發現花椒質量明顯比對面山頭的好，之後的種植重心就轉往他們村的這片山坡上，依他們觀察應該是因為對面山坡是面北，日照時間相對較少、年均溫偏低的影響。

另一座山上的甘主村花椒種植面積也很大，椒農馬海伍日也指出日照時間確實對花椒品質有關鍵性的影響。他另道出花椒種植面臨的困境，就是喜德地區紅花椒盛產時間與傳統農作苦蕎成熟期重疊，每到產季他們全家大小、老老少少都是日以繼夜的在苦蕎收成與採摘花椒之間勞動，一般這樣的日子大概要持續 1 至 1.5 個月，每年都因人力不足加上以糧食苦蕎為重而會有 2 至 3 成的花椒來不及採收。

喜德花椒經濟發展時間不長，但選的品種優良，加上土壤、地理、氣候的配合，讓喜德花椒品質相對優良，橘皮香中帶淡淡橙皮香、麻度高而細緻、有回甜感且雜味低，這些良好特點讓花椒產業值得永續發展。

↑有土壤、地理、氣候的配合，喜德花椒規模種植雖然發展的晚，但花椒品質相對優良。

產 地 資 訊

產地：涼山彝族自治州・喜德縣
花椒品種：南路花椒
風味品種：橘皮味花椒
地方名：紅椒、大紅袍、南椒、南路椒、双耳椒。
分布：巴久鄉、米市鎮、尼波鎮、拉克鄉、兩河口鎮、洛哈鎮、光明鎮、且拖鄉、沙馬拉達鄉、依洛鄉、紅莫鎮、賀波洛鄉、魯基鄉。
產季：乾花椒為每年農曆 6 月中旬到 8 月中旬，大約陽曆 7 月下旬到 9 月下旬。
※ 詳細風味感官分析見附錄二，第 283 頁。

▌地理簡介：
喜德縣境內多山，以中山為主，屬低緯度高海拔地區，最高海拔 4500 米，最低海拔 1600 米。

▌氣候簡介：
屬亞熱帶季風氣候，冬暖夏涼，四季分明，無嚴寒和酷暑，氣候宜人，晝夜溫差大。氣候溫和濕潤，年平均氣溫 14℃，年降雨量約 1000 毫米。常年無霜期 255 天。

▌順遊景點：
喜德彝族漆器為國家級非物質文化遺產。公塘子溫泉、小相嶺風景區、則莫溶洞、登相營古堡。

↑進入喜德，家家戶戶的牆上都有彝族漆器圖樣的彩繪。

13. 涼山彝族自治州 冕寧縣

　　從成都到冕寧縣城，自雅西高速公路通車後只要 4.5 小時左右，從涼山州州府所在地西昌到冕寧走高速公路更不用 1 小時。冕寧的平均海拔超過 2000 米，有 4000 米以上的高山，在雅礱江與安寧河的切割與沖積下山勢相對緩和，在境內形成東西兩個南北向河谷，其中東邊的安寧河河谷較寬而成平原，且一直延伸到西昌市，因此經濟發展較好，西邊的河谷較為狹窄加上與東邊平原隔了一座大山，因此經濟發展以農林業為主。

　　冕寧海拔高度高，無論平地、坡地都能種花椒，以南路花椒種植為主並具規模，青花椒也正快速發展中，近幾年青、紅花椒種植總面積超過 10 萬畝，但因人力不足乾花椒總產量 3000 噸，主要分布在雅礱江河谷的鄉鎮，如和愛藏族鄉、錦屏鄉、麥地溝、聯合鄉等；其次就是縣城以北的惠安鄉、彝海鄉、拖烏鄉等。

↑冕寧縣多數城鎮家戶的屋前屋後多會種上幾棵花椒。

↑在冕寧，海拔高點的家戶基本上都有種花椒樹。

↓冕寧縣城為於平原區地帶，在涼山州裡是少數讓人感覺開闊的縣城，但出了縣城還是山地為主。

◎ 產地風情

　　彝族火把節歷來出名，彝族人不分男女老少在火把節時都會換上節日盛裝，年輕姑娘們更是披金掛銀，將能掛的能帶的全上身，從頭到腳可以用琳琅滿目來形容，因為火把節除了狂歡之外還有一個重頭戲就是選「美女」。而服裝和飾品搭配的好壞也是成為「美女」的重要條件，所以姑娘們可是為此費盡心思。每年在火把節期間辛苦裝扮之後被大家公認為「美女」的回報就是像當紅明星一樣被四處宣傳，且各地英俊瀟灑、條件優秀的小夥子都將慕名魚貫而來求愛，絡繹不絕。

↑雅礱江河谷較高處紅花椒種植密度高。

因為冕寧的城鎮都設在河谷平壩之處，加上公路也都是沿河谷平壩開設，在冕寧沒有往山上走，基本上見不到大片花椒，常見的就是家戶的屋前屋後總會種上幾棵或幾十棵，主要都是自己用，多的就拿到市場賣，大面積種植基本上都是種在 1800 米到 2500 米的緩坡或山上。

在海拔高一點的彝海，場鎮馬路邊就種了一整排，一路上也可見田壩裡頭成片的種植，但種得相對疏鬆，因為他們還會在這田地裡穿插種一些糧食作物。稍微往山邊走，家戶的農地裡頭基本上就是種花椒樹，這邊海拔還是低了一些，2000 米左右，採收得早。上到彝海這邊更高的村子反而只見稀稀疏疏的種了一些，主要以畜牧為主。

若是走在冕寧縣西邊雅礱江邊的路上就會發現花椒種植密度較高，但仍是東一塊、西一塊的散落在田地中，成片的還要在更高的山上。江邊已開始發展青花椒種植並漸成規模，可以感覺到農民積極想要突破山區發展困境的努力。

↑彝海景區周邊因為地質的關係，以畜牧為主。

彝族人雖然是目前涼山州種植花椒的主要族群，但吃花椒的傳統與習慣較少，對辣椒卻是情有獨鍾，特別是炕過後帶有濃濃焢辣香的乾辣椒，他們喜歡使用樁成粗粉狀的辣椒粉，只要是肉餡都要加上一些，許多調味都是鹽、蔥段、焢辣辣椒粉的簡單組合，但高山上各種放養雞、豬肉都特別香甜，簡單的調味就能讓人回味再三。

冕寧還有一特產「火腿」，其名氣可說與金華火腿齊名，走進農貿市場就能聞到火腿醇香氣息撲面而來，只見那火腿切面紅亮誘人，在鹹香味中帶有乳酪香且回味幽長，二年以上的火腿心還可以直接生吃，那滋味之鮮、香、滋潤就不擺了，因此到冕寧時不要忘記品嚐一下著名的冕寧火腿。

↑冕寧著名的火腿切面紅亮誘人，滋味特色是在鹹香味中帶有乳酪香，且回味幽長。

產 地 資 訊

產地：涼山彝族自治州 · 冕寧縣
花椒品種：南路花椒，靈山正路椒
風味品種：橘皮味花椒
地方名：南椒、正路椒。
分布：麥地溝鄉、金林鄉、聯合鄉、拖烏鄉、南河鄉、和愛藏族鄉、惠安鄉、青納鄉、先鋒鄉、沙壩鎮、曹古鄉、彝海鄉、錦屏鄉、馬頭鄉。
產季：乾花椒為每年農曆 6 月中旬到 8 月中旬，大約陽曆 7 月下旬到 9 月下旬。
※ 詳細風味感官分析見附錄二，第 284 頁。

▌地理簡介：
冕寧縣地處橫斷山脈東部邊緣層巒疊嶂。安寧河、雅礱江縱貫全境，南埡河源於北境，西部雅礱江峽谷區山高谷深，東部安寧河沿岸平坦寬闊。

▌氣候簡介：
氣候乾濕分明，冬半年日照充足，少雨乾暖；夏季雲雨較多，氣候涼爽。低緯度，高海拔形成日夜溫差大，年溫差小，年均氣溫 16℃ 至 17℃，年累積日照量達到 2400 至 2600 小時。

▌順遊景點：
靈山寺、彝海景區、冶勒省級自然保護區。

14. 涼山彝族自治州 鹽源縣

↑俯瞰鹽源縣城。鹽源也是西南地區最大的蘋果生產基地。

↑翻過磨盤山，就進入鹽源縣，到金河鄉之前的公路是沿著峽谷而行。

鹽源縣位於青藏高原東南緣，雅礱江下游西岸，全縣多數平原谷地海拔介於 2300 至 2800 米，境內物產豐富，氣候適宜，民風樸實。在歷史上曾因「南方絲綢之路」而繁榮，著名的瀘沽湖因為摩梭人的走婚習俗而遠近馳名，讓摩梭人社會有神秘「女兒國」之稱。

鹽源的高山平原面積相對廣大，因此盛產高冷蔬菜水果，其中以蘋果最為著名且是西南地區最大的蘋果生產基地，全年蘋果產量可以達到 28 萬噸，搭客運車一進衛城鎮，亦即進入高山平原區，觸目所及幾乎都是蘋果林。

青花椒與南路紅花椒在鹽源的產量都相當大，最多的還是南路紅花椒，據當地花椒收購批發商指出，在鹽源一年有 1000 多萬斤（500 克 /

↑金河鄉青花椒大多是與其他作物混和種植。

↑就在公路邊，「雞心灣」那大片大片的紅花椒林看了會讓人激動。

斤，陸制）約 5000 噸的乾花椒，青花椒則是 100 多萬斤並持續增加中。因此一進鹽源縣就會先經過金河鄉，並見到青花椒林散布在 1500 至 2200 米的山上，金河鄉種植青花椒的歷史在四川地區算是長的，有幾十年歷史。這裡有一特殊現象就是因種植地高度變化大，採收時間隨著海拔上升而遞延的現象明顯，因此當地椒農可以較輕鬆的安排採收時間，多數居民的主要經濟收入靠花椒，是靠天吃飯的傳統農業區。

這裡位於大山中難以從外地購入足夠的糧食，因此花椒種植在緩坡的區塊大多是與玉米、馬鈴薯等糧食作物混合種植，在坡度較陡、高的區塊就全種青花椒，單單金河場周邊看得到的區域的青花椒分布，目測高度差估計就有350 至 500 米。

乘客運車繼續往縣城方向走會經過青花椒、紅花椒都有的平川鎮，翻過高山後就進入衛城鎮的範圍，其中經過一處叫做「雞心灣」的山區，就在公路邊，那大片大片的

↓鹽源縣衛城的花椒林風情。

↑對農民來說花椒樹是最好的副業經濟林，對土地的要求較低，邊角餘地、山包陡坡等，只要不積水都能種。

紅花椒林看了會讓人激動。再往前走，一開始以為會看到更多的花椒林卻全是蘋果林，花椒樹被當成圍籬一般的種在蘋果林的外圍。

　　進到縣城，辦好住宿後往城邊一走，哇！滿是花椒林，隔天到衛城鎮才發現花椒樹切不斷的宿命，只要與比周邊經濟作物效益較低，花椒就要退到邊角餘地、山包陡坡的區塊去，因此大片平壩都讓給了蘋果，小片平壩讓給蔬菜、糧食等作物，最後將遠觀像雜樹的花椒塞滿可利用的土地空隙，對花椒樹來說有點委屈，但對農民來說卻是最好的副業經濟林，因為花椒樹對土地的要求相對較低。

　　回到縣城，習慣性的找菜市場逛並四處走走，就這樣巧，遇到了花椒收購批發商蘭敬菊女士，她的廠房裡正忙著篩乾淨收來的上千斤新花椒，蘭女士是成都人，但她說因為鹽源及木里、鹽邊的花椒量十足，讓她一年要在山上待超過 300 天，四處收花椒再發貨出去。她自家也有店面在成都批發市場且由他女兒在經營。

◎ 產地風情

傳說鹽源縣城裡最早發現的白鹽井鹽水，是古時當地摩梭人的一位牧羊女發現的，據傳這位摩梭牧羊女在牧羊時，經常看到羊群們爭飲這裡的水，她一嚐時發現鹽水味，才知道羊是因為需要鹽才爭著飲用，鹽也是人所必需的，一個因緣巧合下向漢人說出這鹽井的地點，結果吸引漢人來開採這座鹽井製鹽。傳統的摩梭人責怪牧羊女將這個秘密說了出去，引誘漢人來到鹽井地區，勢必影響摩梭人的傳統文化，而處死了這個摩梭牧羊女。後來，創辦鹽井的漢人抱著回饋的心為這個摩梭牧羊女建廟，紀念她發現鹽井的功勞，因此鹽源縣縣城所在地才叫「鹽井鎮」。

產地資訊

產地：涼山彝族自治州 · 鹽源縣
花椒品種：南路花椒
風味品種：橘皮味花椒
地方名：花椒、南椒。
分布：鹽井鎮、衛城鎮、平川鎮。
產季：乾花椒為每年農曆 6 月下旬到 9 月，大約陽曆 8 月到 10 月中旬。
※ 詳細風味感官分析見附錄二，第 284 頁。

椒品種：金陽青花椒
風味品種：青椒、麻椒。
地方名：青椒、麻椒。
分布：金河鄉、平川鎮、樹河鎮。
產季：乾花椒為每年農曆 6 月中旬到 8 月，大約陽曆 7 月下旬到 9 月中旬。
※ 詳細風味感官分析見附錄二，第 289 頁。

▌ 地理簡介：
鹽源全縣海拔一般在 2300 至 2800 米，最高海拔 4393 米，最低海拔 1200 米。地形以山高、坡陡、谷深、盆地居中為總特徵。

▌ 氣候簡介：
全縣冬春乾旱，夏秋雨量集中，雨熱同季，具有明顯的立體氣候特徵。四季分明，年溫差小，日溫差大，全年無霜期 201 天，平均氣溫 12.1℃，最高溫度 30.7℃。有效日照 1700 餘小時，年均降水量為 855.2mm。

▌ 順遊景點：
瀘沽湖、草海、黑喇嘛寺、末代土司王妃府、沿後龍山脊的轉山古道。

↓ 鹽源縣衛城鎮。

↑ 鹽源是蘋果大縣，若不方便帶新鮮蘋果，當地的蘋果乾滋味豐富、天然，值得一試。

15. 涼山彝族自治州
會理縣、會東縣

會理、會東地區花椒種植歷史悠久，小農型態的小規模種植為主，此地產的南路花椒具有獨特、明顯的涼香感與柑橘、陳皮混合滋味，讓人印象深刻，加上顆粒小，當地人暱稱為小椒子，發展潛力十足，但花椒色澤較差、顆粒小，市場知名度低，全縣二半山皆有種植但不成規模。

會理小椒子的分布主要在縣城北邊，海拔較高的山地區域，如益門、槽元、太平等地，盛夏的會理槽元鄉，紅花椒盛產季節屋前屋後、村旁埂邊的花椒樹是處處飄香，家戶的院子曬壩多晾曬著鮮豔奪目的紅花椒。這些地處山區的鄉鎮雖山高坡陡，但降雨充足，年累積溫也夠，產出的花椒顆粒扎實、油泡飽滿、滋味鮮明成為山區彝族鄉民的「搖錢樹」。目前也在金沙江沿岸鄉鎮積極發展青花椒種植。

↓會理的城區圍繞著古城發展。

↑小椒子打成花椒粉後摻入乳白的羊肉湯可說是絕配，味道特色有川味，又帶滇風。

要品味會理小椒子的特色風味，就不能錯過用會理出名的黑山羊燉煮的羊肉米線，小椒子的風味與那乳白的湯可說是絕配，風味特色有川味，又帶滇風，因為這裡隔著金沙江就是雲南，受川滇文化交融的影響，會理的當地方言、民風民俗、各類小吃，如羊肉粉、雞火絲、油茶、稀豆粉、熨斗粑等等的滋味也都是川滇交融。只是會理雖與攀枝花市相鄰，但對花椒的偏好是兩個極端，會理偏好紅花椒，特別是當地的小椒子，說到青花椒人人都搖頭說那個味太難吃了。在攀枝花恰好反過來，到餐館點來的菜會讓你覺得攀枝花好像沒有紅花椒，連紅滷蹄花飄的都是青花椒的濃香味。

會東紅花椒風味特點與會理相近並具發展潛力，全縣二半山皆有種植但因賣相不佳市場接受度低，當前發展集中在縣城東北部海拔較高的山地區域，如新街、紅果及沿著大橋河的多個鄉都有種植。花椒在早期交通不發達的時候，只是會東人當做護院圍籬並保持自家每年有花椒可用而已，從沒有規模種植的概念。現今大環境的市場需求變大，交通不再是問題後，田埂、山邊全種上了花椒並因此得到額外的好處，花椒樹的根系密集而讓過去一遇雨天就常垮的田埂不再垮塌，山邊的陡坡地也不再動不動就泥漿下衝摧毀莊稼。

在傳統紅花椒產業發展之餘，會東縣也開始在小岔河鄉試種金陽青花椒，經過 5 年的努力已獲得成功，現在也開始積極向全縣推廣，特別是金沙江邊的多個鄉鎮，其氣候地理條件都與花椒盛產地金陽或雲南昭通相近，更具發展潛力。

↓會理、會東的山區，大面積的山坳緩坡處主要種糧食作物及菸草，周邊坡地、畸零地才是紅花椒的地盤，此地區紅花椒風味雖然極具特色，但粒小色重而不受市場青睞，近年發展漸趨萎縮且粗放，讓人感到惋惜。

產 地 資 訊

↑會理是歷史文化名城，可以在城裡多花點時間體驗思古幽情。

產地：涼山彝族自治州 · 會理縣
花椒品種：南路花椒
風味品種：橘皮味花椒
地方名：小椒子，小花椒，小米紅花椒。
分布：益門鎮、槽元鄉、三地鄉、太平鎮、橫山鄉、小黑箐鎮。
產季：乾花椒每年農曆 6 月中旬到 8 月上旬，大約陽曆 7 月下旬到 9 月中旬。
※ 詳細風味感官分析見附錄二，第 284 頁。

▊ 地理簡介：
會理縣全縣地形北高南低的狹長山間盆地，境內河流分屬金沙江和安寧河水系。海拔最高點為東北部 3919.8 米的貝母山，最低為芭蕉鄉 839 米的濛沽村，多數地區相對高差 800 至 1000 米之間。

▊ 氣候簡介：
屬中亞熱帶西部半濕潤氣候區，總體特點是乾、濕季節分明，雨季雨量充沛而集中，旱季多風少雨而乾燥。年溫差較小，晝夜溫差大，年均氣溫 15.1℃；平均無霜期 240 天。氣候垂直變化突出，地方性氣候特徵較為明顯。

▊ 順遊景點：
會理縣城歷史建築和風貌、龍肘山萬畝杜鵑、國家皮劃艇高原訓練基地。

產地：涼山彝族自治州 · 會東縣
花椒品種：南路花椒
風味品種：橘皮味花椒
地方名：小椒子，小花椒，小米紅花椒。
分布：新街鄉、紅果鄉、岩壩鄉。
產季：乾花椒每年農曆 6 月中旬到 8 月上旬，大約陽曆 7 月下旬到 9 月中旬。
※ 詳細風味感官分析見附錄二，第 284 頁。

▊ 地理簡介：
會東縣地形複雜，高差懸殊，最高海拔 3331.8 米，最低海拔僅 640 米。地勢中部高，西部緩展，北部綿延，東南陡峭，山地佔總面積的九成，山原、平壩、台地只有一成。

▊ 氣候簡介：
屬中亞熱帶濕潤季風氣侯區。年累積日照數約為 2322.8 小時，四季不分明，無霜期 279 天，晝夜溫差大。乾濕季分明，年平均降水量約 1058 毫米，氣溫較高的夏秋為雨季。地貌氣候複雜多樣，垂直差異十分明顯。

▊ 順遊景點：
「長江灘王」老君灘、以老君洞為代表的鐘乳溶、兩岔河沿岸峽谷景觀、張家灣森林公園、大崇溫泉。

↑位於山區的會東，沿路風光無限。

○雅安市　○重慶市　○涼山彝族自治州　●攀枝花市　○甘孜藏族自治州　○阿壩藏族羌族自治州　○ 青花椒產區　○青花椒新興產區

16. 攀枝花市
鹽邊縣

攀枝花市鹽邊縣屬典型的山區地形，今日的縣城是一座新建的移民城，建在雅礱江畔的安寧鄉，當地人習慣稱新鹽邊；舊縣城在漁門鎮，已因為二灘水庫的建成而淹去大部份，成為今日鹽邊人口中的老鹽邊，弄清楚新舊縣城這點對外地人來說很重要，因新鹽邊在鹽邊縣東邊，老鹽邊在鹽邊縣西邊，兩地相隔近 100 公里，若從攀枝花市中心出發到新鹽邊只有 30 多公里，去老鹽邊則將近 80 公里。

鹽邊縣的花椒產業成熟度高，目前鹽邊主要種植區為漁門鎮、國勝、共和及其周邊鄉，目前種植面積超過 3 萬畝，年產鮮花椒超過 250 萬斤（陸制 500 克/斤，下同）約 1000 多噸。

鹽邊的青花椒風味有別於金陽、江津，滋味相對馨香，麻感偏強，生津感鮮明，一般來說青花椒的生津感都偏弱。

↑←青花椒產季，攀枝花的菜市場中幾乎每攤賣海椒的都要賣新鮮青花椒。

或許是這獨特味感讓攀枝花市偏好青花椒味，加上整個攀枝花市各縣區都有青花椒種植，年產量超過 3000 噸的影響，可以說是癡迷青花椒的滋

↓攀枝花市一景。

味。分別在攀枝花市及鹽邊新縣城觀察後發現，兩地超市裡頭青花椒陳放的面積與量估計是紅花椒的 10 倍；在傳統菜市場中也是差不多，若剛好是青花椒產季，幾乎每攤賣海椒、薑、蒜的攤子都放上一、二籮筐的新鮮青花椒，賣乾花椒的乾雜店也是青花椒擺得比紅花椒多。

對應到餐館菜品，就是各種菜品都有青花椒參與演出，炒菜、燒菜、拌菜都可見青花椒，烹製的滋味還很巴適，就是有種讓人誤以為攀枝花做菜沒紅花椒可用的感覺，特別在四川、重慶跑這麼多地方還是第一次碰上這種狀況，也或許是運氣好碰上了一家青花椒風味餐館，呵呵！

目前新興的花椒種植地是永興鎮與紅果鄉，因剛開始規模種植還是混著傳統的粗放管理方式，樹勢較大且枝條茂密，而新種的樹齡小看起來就是較稀疏的感覺。

↑↓鹽邊新興的花椒種植地基本沿著雅礱江的二灘水庫分布。圖為花椒林裡眺望二灘水庫一景。

◎ 產地風情

到了鹽邊就一定要嚐嚐極具特色的鹽邊菜，鹽邊菜講究「原形」。雞是整隻，魚是整條，肉更是整塊，烹調上較不重刀工而重火工，因此較少見花俏的盛盤。調味上在煨、燉、煮的火工下讓食材自然出味，調料自然入味，因此成菜後的滋味以醇厚綿長為主。

其次講究「原色」，即注重成菜後要保持食材的本色，故不太用醬油之類會影響食材原色的調味料，以鹽邊的「乾拌」菜來說就極少用紅油、複製醬油等。我想攀枝花地區好用青花椒是否受鹽邊菜講究「原色」的這個傳統所影響，因為青花椒烹調後多半可保有其濃綠色澤。

最後是「原味」，就是不加修飾、食物本身最原本真實的味道。鹽邊秀美山川所生產的豐富優質食材原料恰好支持這樣的一個烹調特色，鹽邊菜認為自然之味就是大美之味，只需適當烹調即成至味。

鹽邊菜傳統要求「原形、原色、原味」的特點，正好符合現代人追求自然、樸實的健康飲食價值觀，因而在餐飲市場有持續增長的現象。

↑運氣好！在攀枝花碰上了一家「青花椒風味」餐館，每道菜都有青花椒且香麻滋味鮮明。

產 地 資 訊

產地：攀枝花市 · 鹽邊縣
花椒品種：九葉青花椒
風味品種：檸檬皮味花椒
地方名：青椒、青花椒、麻椒。
分布：漁門鎮、永興鎮、國勝鄉、共和鄉、紅果鄉。
產季：保鮮花椒為每年農曆5月上旬到6月中旬，大約陽曆6月上旬到7月上旬。乾花椒為每年農曆6月中旬到8月上旬，大約陽曆7月中旬到9月上旬。
※ 詳細風味感官分析見附錄二，第290頁。

▌地理簡介：

鹽邊縣境內地形四周以高山峽谷為主，中部則是丘陵盆地，一般海拔在2300至2800米，最高海拔4393米，最低海拔1100米。

▌氣候簡介：

屬南亞熱帶乾河谷氣候區，冬暖、春溫高、夏秋涼爽；氣溫年差較小，日照充足，四季分明，區域性小氣候複雜多樣。由低海拔到高海拔呈立體氣候特徵分布。年均降雨量1065.6毫米，年平均氣溫19.2℃，年平均累積日照數為2307.2小時。

▌順遊景點：

二灘國家森林公園、擇木龍杜鵑花海景區、紅格陽光溫泉休閒度假旅遊區。

↑二灘水庫一景及碼頭。

17. 甘孜藏族自治州
康定縣

↑上折多山後，海拔 4000 多米的公路上即可遠眺四川第一高山「貢嘎山」。

甘孜州康定縣在三國蜀漢時期稱之為「打箭爐」，但讓人們普遍認識康定，卻是 1940 年代四川宣漢人李依若與康定人女友結伴到康定跑馬山玩耍時，根據湘西「溜溜調」編的一首《跑馬歌》，就是現今著名的《康定情歌》。因為這一首歌讓人們對康定有了許多浪漫的遐想。

回到現實，康定縣距成都 360 公里，通高速前的交通時間大約是 6 至 8 小時，現雅安到西康的雅康高速公路已通車，交通時間縮短為 4.5 小時以內。縣境位於四川盆地西緣山地和青藏高原的過渡地帶，地形變化大。其中大雪山中段將康定分成了東西兩大部份，東部為高低差大的高山峽谷，海拔 7556 米的四川最高峰貢嘎山在康定的東南方；西部和西北部地形則是平均海拔 3200 米以上稍微和緩的丘狀高原及高山深谷區。

↓康定縣姑咱鄉。

↑康定的花椒種植區以河谷平壩或緩坡地為主，但這裡的地質特性讓坡地幾乎都是巨石，種植花椒只能遷就這些巨石。

↑康定的花椒種植有西路花椒大紅袍與南路花椒宜椒個別種植，但混著種的更多一些，讓成熟期錯開可以讓人力不足的問題獲得解決。

　　康定縣城位於海拔 2560 米的爐城鎮，因此康定花椒的分布基本上就是縣城以東 2500 米以下的鄉鎮地區，也就是沿大渡河及其支流的河谷分布。縣城以東就完全不用想，實在太高了，海拔多是 4000 米以上。

↑康定縣城景觀特殊，有雅拉河與折多河在縣城裡會合後成為康定河。

在康定主要以大紅袍與南路花椒宜椒為主，種植上多數是混合種植，再加上多崩塌地形，因此坡地上幾乎都是巨石，只要是種植在坡地上的只能遷就這些巨石，較難有規範的種植。在康定地區南路花椒宜椒又被稱之為遲椒，因為晚西路花椒大紅袍花椒一個多月才成熟，但一般來說接受度佳的還是南路花椒宜椒，因為康定西路大紅袍花椒的揮發性腥異味特別強，麻度也高且強，苦味明顯，對有些花椒產地來說可歸為臭椒了，但只有新曬乾的西路大紅袍花椒有這問題，一般只要放個 2 個月讓這揮發性的腥異味散去，康定西路大紅袍花椒也不失為個性十足的花椒。

青花椒在康定的孔玉也有少量種植，但質、量都還需要時間透過培育來適應康定的土壤、氣候與高海拔，以得到更穩定而優質的風味。

藏族的飲食是沒有使用花椒的傳統也不吃辣椒，但因多食用牛羊肉而跟漢人學會了用花椒除腥的技巧，不過成菜後不能有花椒味。藏餐的獨特性多數人難習慣而康定又旅遊業旺盛，形成滿街的川菜館的餐飲現象，一眼望去都是以「成都」、「宜賓」、「樂山」、「自貢」等地名命名的川菜館，猶如四川一條街。

藏族人一樣喜歡進川菜館吃飯，這些餐館老闆都知道要先問吃不吃辣，多半是完全不吃。也許是做慣了藏人的習慣口味，康定川菜的麻與辣感覺比較輕淡卻不會讓人覺得寡薄，或許是高山上優質食材的鮮美彌補了減少的麻辣滋味，讓整體滋味還是豐富的。

↑縣城裡滿街的川菜館都以四川地名命名，猶如四川一條街。

產地資訊

產地：甘孜藏族自治州 · 康定縣
花椒品種：南路花椒
風味品種：橘皮味花椒
地方名：遲椒、宜椒、南椒。
分布：爐城鎮、孔玉鄉、捧塔鄉、金湯鄉、三合鄉、麥崩鄉、前溪鄉、舍聯鄉、時濟鄉。
產季：乾花椒為每年農曆 6 月下旬到 9 月上旬，大約是陽曆 8 月上旬到 10 月上旬。
※ 詳細風味感官分析見附錄二，第 286 頁。
花椒品種：西路花椒
風味品種：柚皮味花椒
地方名：花椒、大紅袍花椒。
分布：爐城鎮、孔玉鄉、捧塔鄉、金湯鄉、三合鄉、麥崩鄉、前溪鄉、舍聯鄉、時濟鄉。
產季：乾花椒為每年農曆 5 月下旬到 7 月上旬，大約是陽曆 7 月上旬到 8 月上旬。
※ 詳細風味感官分析見附錄二，第 294 頁。
花椒品種：金陽青花椒
風味品種：萊姆皮味花椒
地方名：青椒、麻椒。
分布：孔玉鄉、舍聯鄉、麥崩鄉。
產季：乾花椒為每年農曆 6 月中旬到 8 月上旬，大約是陽曆 7 月下旬到 9 月上旬。
※ 詳細風味感官分析見附錄二，第 291 頁。

▎地理簡介：
康定縣境地勢由西向東傾斜，多數山峰在 5000 米以上，海拔最高點為貢嘎山主峰 7556 米，最低點是大渡河的鴛鴦壩 1390 米。

▎氣候簡介：
按地理緯度，康定屬亞熱帶氣候的青藏高原亞濕潤氣候區，但由於地形複雜，最高海拔 7556 米到最低處 1390 米，為立體氣候十分鮮明的高原型大陸性季風氣候。

▎順遊景點：
跑馬山、塔公草原、貢嘎山、木格措、玉龍溪草原、泉華池、莫溪溝生態旅遊區。

↑ 在康定城裡，抬頭一望即可見到山上藏傳佛教的大型佛像壁畫。

◎ 產地風情

獻「哈達」是藏人普遍的一種禮節。在西藏，婚喪節慶、迎來送往、拜會尊長、觀見佛像、送別遠行等，都有獻「哈達」的習慣。獻「哈達」是向對方表示純潔、誠心、忠誠、尊敬的意思。

哈達所用的布料，因經濟條件不同而有差異，通常不計較質料的好壞，只要能表達良好祝願就行，一般是白色的。另有五彩哈達，顏色為藍、白、黃、綠、紅，五彩哈達只在特定的情況下用。

獻哈達的基本方法是要用雙手捧哈達，高舉與肩平，然後再平伸向前，彎腰獻給對方，以表示對對方的尊敬和最大的祝福。

○雅安市　○重慶市　○涼山彝族自治州　○攀枝花市　●甘孜藏族自治州　○阿壩藏族羌族自治州　○青花椒產區　○青花椒新興產區

18. 甘孜藏族自治州 九龍縣

前往甘孜州九龍縣常見的走法是從成都搭車經冕寧進九龍，但我是先進康定，所以是從康定進九龍縣，這段路遠比我想像的要遠得多，約 250 公里坐了 8 個小時左右，還經過這段公路的最高點，在折多山的山口有海拔 4298 米，更一睹四川最高峰海拔 7556 米的貢嘎山的雄偉真貌。據資料指出 1971 年以前九龍縣境內一條公路都沒有，所有物資運輸全靠人背、馬馱走「馬」路。

九龍縣的地形是北高南低，平均海拔是極高，縣城的海拔高度就約 2900 米，整體沿長江上游金沙江支流雅礱江的支流九龍河河谷而建，縣旁獅子山的半山腰有一個觀景亭，距縣城所在的垂直高度大約是 100 米，爬上觀景亭

就是站在 3000 米的高度上，這裡的視野極佳，可以往南遠眺，縣城更是一覽無遺。縣名源自設九龍治時，所轄地區裡有菩薩龍、三安龍、麥地龍、墨地龍、三蓋龍、八阿龍、迷窩龍、洪壩龍、灣壩龍等九個大寨都含有「龍」字音而得名，另有取境內九龍山之名及「九龍」是「黎語」的音譯等說法。

位於深山中的九龍縣花椒頗有好酒不怕巷子深的特質，自九龍縣境在清朝初期歸康定明正土司家管轄後，其優異的香氣和滋味讓明正土司年年到九龍巡察，並指定將九龍的花椒進貢到當時的清朝廷，自此九龍花椒有了「貢椒」、「雪域貢椒」之稱。更珍貴的是因為天然地理屏障，使得花椒種植歷史悠久的九龍縣成為全大陸少有的花椒母本種源地。

經濟種植以「正路椒」、「大紅袍」、「高腳黃」的品種為主，全縣花椒種植面積超過 5 萬畝，九龍花

↓九龍縣城全景。

椒於 2012 年順利成為「地理標誌保護產品」，2020 年獲得中國綠色食品博覽會暨第十四屆中國國際有機食品博覽會金獎。花椒種植的分布基本上順著雅礱江，從縣城呷爾鎮一路往南分布。在九龍因為西路大紅袍花椒與南路花椒都有，要辨識一般是看花椒樹的長勢，大紅袍粗枝大葉、較高大；南路花椒枝、葉相對細、小，樹的高度也較矮。其中以乃渠鎮所產的花椒才是歷史意義上的「貢椒」，因乃渠恰好位於最佳的海拔高度帶，花椒種植產業多集中在乃渠以南的縣境鄉鎮。

↑↓高山深谷的天然地理屏障，使得九龍縣是全大陸少有的花椒母本的種源地。

青花椒是九龍的新產業，引進的是金陽的青花椒品種，種植面積尚不大，主要分布在煙袋鄉、魁多鎮、小金鄉、朵洛鄉等海拔較低的河谷地。

九龍縣除了花椒出名外，還有就是「九龍藏刀」，原以為著名只是一個旅遊紀念品的炒作而已，卻在閒逛藏刀的店鋪時，一個藏民匆忙的走了進來說：真惱火，打車時將刀忘在車上了，那把刀跟了我好幾年了！這時才發現是自己認識不足並認真的照資料瞭解「九龍藏刀」。九龍縣產民族特色工藝藏刀的第一品牌創始於 1902 年（清光緒二十八年），有一百多年的歷史，在九龍縣城是人人皆知，現更部份打造成為可以搭配藏族服飾佩戴的工藝品。一把鋒利無比的上好藏刀是藏民生活必須的隨身刀具。藏刀拔出來時感覺不出它的鋒利度，但當用它割帆布帶時才發現就像割紙一樣輕鬆。另在乃渠采風時巧遇藏民宰犛牛，旁邊就只見一大一小兩支九龍藏刀，可見其實用性之高，也讓人對這一「旅遊特產」感到實至名歸。

↑九龍引進金陽的青花椒品種。

↑在藏族地區，有水力的地方，旁邊常可見到「水經輪」的設置，藏民希望透過水力能將利益眾生的意念無時無刻的傳播出去。

↑鋒利無比的上好工藝藏刀，是藏民生活必須的隨身刀具。巧遇藏民在宰犛牛，旁邊就只見一大一小兩支九龍藏刀。

↑九龍縣花椒重點產區乃渠鎮一景。

↑九龍縣城獅子山上的觀景亭。

產 地 資 訊

產地：甘孜藏族自治州 · 九龍縣

花椒品種：西路花椒

風味品種：柚皮味花椒

地方名：大紅袍花椒、小紅袍花椒、紅椒。

分布：呷爾鎮、乃渠鎮、烏拉溪鎮、雪窪龍鎮、煙袋鄉、子耳鄉、魁多鎮、三埡鎮、小金鄉、朵洛鄉。

產季：乾花椒為每年農曆 6 月上旬到 7 月上旬，大約是陽曆 7 月到 8 月上旬。

※ 詳細風味感官分析見附錄二，第 291 頁。

花椒品種：南路花椒

風味品種：橘皮味花椒

地方名：南椒、遲椒、紅椒。

分布：呷爾鎮、乃渠鎮、烏拉溪鎮、雪窪龍鎮、煙袋鄉、子耳鄉、魁多鎮、三埡鎮、小金鄉、朵洛鄉。

產季：乾花椒為每年農曆 7 月到 9 月上旬，大約是陽曆 8 月上旬到 10 月上旬。

※ 詳細風味感官分析見附錄二，第 286 頁。

花椒品種：金陽青花椒

風味品種：萊姆皮味花椒

地方名：青花椒、麻椒。

分布：煙袋鄉、魁多鎮、小金鄉、朵洛鄉。

產季：乾花椒為每年農曆 6 月下旬到 8 月中旬，大約是陽曆 7 月下旬到 9 月上旬。

※ 詳細風味感官分析見附錄二，第 294 頁。

▌地理簡介：

九龍縣擁有高山原、極高山、山地、峽谷四大地貌，北高南低，最高達 6010 米，谷地一般在 2000 至 3200 米左右，最低 1440 米。由於河流切割深度大，山勢陡峭，主要河流支流的下游多為懸崖峭壁。

▌氣候簡介：

屬高原型副熱帶氣候，高差懸殊，地形複雜，呈典型立體氣候。年平均氣溫 8.9℃。夏季涼爽而濕潤；降雨集中在 6 月至 9 月。

▌順遊景點：

伍須海、牛鼻子洞、老人峰石林、溶洞、溫泉、十二姊妹峰等。貢嘎山側小卡子雲海、野人廟、吉日寺、雞醜溝、托奶山，以及濃郁的藏、漢、彝民俗風情等。

19. 甘孜藏族自治州 瀘定縣

　　瀘定縣位於甘孜藏族自治州東南部，東邊與雅安的天全縣、石棉縣相連，川藏公路經過東北部，是四川進出西藏的交通要道。現雅西高速公路開通後進瀘定多是從石棉進，從成都或雅安市進瀘定另有走川藏公路經天全縣的客運車，雅康高速通車後可從雅安直接走高速公路到瀘定。曾經從漢源進瀘定是經石棉縣，坐車大約要 4.5 小時。瀘定縣雖屬藏族自治區但縣城漢化程度高，幾乎沒有藏族風情。

　　地處青藏高原東部的瀘定縣境，因大渡河由北向南縱貫全境而成為川西高山高原最深陷的峽谷區，谷深壁陡，許多山峰都在 4000 米以上，其中主峰就是與康定縣接壤的貢嘎山海拔 7556 米，為四川最高峰。瀘定地區之所以被稱為「最深陷的峽谷區」，就是因貢嘎山主峰到大渡河河谷水平直線距離只有不到 10 公里，高度差居然達到 6500 多米。

　　因為地形的特殊性，讓高山、峽谷、冰川、雪峰、森林、湖泊等自然景觀十分密集，造就瀘定縣旅遊事業的發達，最著名的就是海螺溝冰川國家森林公園，擁有世界上距離大城市（成都）最近，也是最容易進入的冰川。

　　瀘定縣雖位於群山中歷史卻極為悠久，長達 2000 多年歷史，最著名的歷史古蹟就是清朝康熙皇帝親賜、康熙年間建造的「瀘定橋」，瀘定橋以結構特殊加上康熙皇帝親筆題字命名而聞名，瀘定縣也因此橋而聞名於世，橋身長 101.67 米，寬 2.9 米，使用十三根碗口粗的鐵鏈組成，

↓瀘定縣城及周邊地貌全覽。

每根鐵鏈由 862 至 977 節鐵環相扣，均由熟鐵鍛造，橫跨大渡河造福百姓達 300 多年。

受限於地理環境，瀘定縣的花椒產業發展就只能沿著大渡河河谷發展，由北往南分別是嵐安鄉、烹壩鄉、瀘橋鎮、冷磧鄉、興隆鄉、得妥鄉。主要栽培品種為南路花椒。在瀘定，早期花椒的栽種主要為小規模形式，栽種於河谷平壩或適當海拔高度的向陽坡，另就是與田邊地角或與玉米、馬鈴薯等各種農作物混種，少有大面積種植單一花椒的情況，近年全力發展花椒種植，以冷磧鄉、興隆鄉、得妥鄉為中心發展至今已有約 4 萬畝。近年也引進青花椒的種植，整個花椒產業動了起來，但青花椒剛起步正處於擴張的階段，觀望的氣氛還是濃厚。

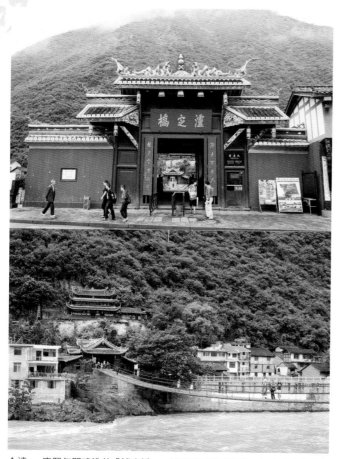

↑清・康熙年間建造的「瀘定橋」，瀘定橋以結構特殊，加上康熙皇帝親筆提字命名而聞名。

↓瀘定紅花椒主要栽種於適當海拔高度的向陽緩坡，多是小規模種植。

↑ 瀘定青花椒主要栽種於向陽河谷地或緩坡。

產 地 資 訊

產地：甘孜藏族自治州 · 瀘定縣
花椒品種：南路花椒
風味品種：橘皮味花椒
地方名：大紅袍、紅椒、正路椒子。
分布：嵐安鄉、烹壩鄉、瀘橋鎮、冷磧鄉、興隆鄉、得妥鄉。
產季：乾花椒為每年農曆6月下旬到9月上旬，大約是陽曆7月下旬到10月上旬。
※ 詳細風味感官分析見附錄二，第286頁。

花椒品種：九葉青花椒
風味品種：檸檬皮味花椒
地方名：青花椒。
分布：瀘橋鎮、冷磧鄉、興隆鄉、得妥鄉。
產季：乾花椒為每年農曆5月下旬到7月上旬，大約是陽曆7月上旬到8月上旬。
※ 詳細風味感官分析見附錄二，第291頁。

▌**地理簡介：**
瀘定縣境位於青藏高原東部邊緣，嶺谷相間，坡面短，山高谷深，坡斜壁陡，屬川西高山高原最深陷之峽谷區。山體呈南北走向，許多山峰都在4000米以上，貢嘎山是其主峰，海拔7556米，為全川最高峰。

▌**氣候簡介：**
地處四川盆地到青藏高原過渡帶上，氣候垂直差異明顯，海拔1800米以下屬於乾熱河谷地區。冬無嚴寒，夏無酷暑，年平均氣溫16.5℃，年平均無霜期279天，年均降雨量664.4毫米。

▌**順遊景點：**
瀘定橋、海螺溝冰川國家森林公園、二郎山森林公園、貢嘎山燕子溝、貢嘎山雅家埂等生態旅遊區、唐蕃古道、嵐安鄉歷史文化旅遊區等。

↑ 瀘定縣城。

○雅安市　○重慶市　○涼山彝族自治州　○攀枝花市　●甘孜藏族自治州　○阿壩藏族羌族自治州　○青花椒產區　○青花椒新興產區

20. 阿壩藏族羌族自治州
茂縣

　　茂縣對多數人來説多少都有印象，特別是曾去九寨溝旅遊的朋友，早期交通不佳時前往九寨溝多半要在茂縣住一晚，現在交通路況變好了，雖不需住一晚，但位於路程中間點的茂縣依舊是重要的休息站。

　　地形上茂縣境內西高東低，經濟及交通發展主要沿著岷江河谷發展，西部最高峰是萬年雪峰海拔 5230 米，最低海拔 890 米是在東部土門河下游谷底，而土門鄉一帶是茂縣目前發展青花椒種植的重點基地，此地區以外的海拔高度基本上都偏高。

↑從茂縣縣城眺望坪頭羌寨。

↓縣城以北約 15 公里處的溝口鄉及其周邊為大紅袍花椒的主要種植區域。

↑疊溪鎮和太平鄉的海拔在 2000 至 2500 米之間，在公路邊就能看到成片成片的大紅袍花椒林。

據當地椒農指出，茂縣地區西路花椒從 1970 年代起就大規模的經濟種植，主要栽種代表品種——「大紅袍」花椒，全縣海拔 1800~3000 米左右的緩坡、平壩或河谷地都有大紅袍的種植，其中以溝口鄉及其周邊是最為主要的種植區域，這一區域每年的產量幾乎佔了茂縣總產量的 1/10。

在茂縣若想要輕鬆的參觀花椒種植基地就要到疊溪鎮，這裡的谷地平壩的海拔就在 2000 至 2500 米之間，在公路邊就看到成片成片的花椒，而這兩個鄉鎮以外的種植區就都是在相對高的半山腰上，像是著名的溝口鎮花椒種植區，公路、鄉政府都是在海拔 1600 米左右，而花椒是種在海拔 2000 至 2200 米的山腰上，要上山就只能包車或是走路，包車要碰運氣，走路就隨時出發，以平地人的腳程走上去大概要花 2.5 小時。

溝口鄉刁林村是一個半山腰上的山坳地帶，在 2017 年以前幾乎整片山坡都種上了花椒，目前則全是李樹，因茂縣土地特性致使花椒無法在同一塊地上連續種植，樹齡 15~20 年老化後就要改種其他如李子等果

↑溝口鄉山上的椒農欠缺平壩，因此都物盡其用，將屋頂完全淨空做為曬花椒的平壩。

↑茂縣縣城的菜市場就在古城門的街上，一邊是傳統沿街擺攤式市場，一邊是集中的「現代化」菜市場。我個人只偏好傳統擺攤式市場，更有地方風情與人情味。

樹。2017 年以前在花椒協會的支持下，改善種植技術、提升品質也讓收入有相對的保障。當時花椒收成的季節，多是花椒協會的人開車上山收曬乾的花椒，也讓椒農們不需要煩惱花椒的運送與販售問題。

據村裡的椒農指出，山上到公路邊垂直高度差即使只有 400 米左右，但早期村裡有三輪摩托車的人少、路況差，進出多只能靠雙腳，來回一趟腳程再快也要近 4 小時，除非遇到必需親自辦理的事否則很少下山，若有一些日用、糧油的需求就託要下山的鄰居幫忙採買帶上山。現在通村公路已修繕完成加上汽車、機車的普及，這問題已改善很多。

在沒有花椒協會的整合協調前，溝口鄉椒農都是依靠一些小型的收購商販上門收購花椒。這些商販在花椒的銷售流通過程中，常是一層層轉手導致末端的銷售成本不斷增加，收購商為了維持利潤，就反過來一層層壓低收購的價格，最後倒楣的就是椒農，因為他們對末端市場的銷售情況不瞭解，只能任由收購商壓低價格。

若只是價格問題也就算了，畢竟良好品質還是能讓價格穩在一定的水準。然而更糟的是這些商販為增加自己的利潤，常見的是將外地低價質差的花椒與高質量的茂縣花椒混在一起賣，甚至還有在花椒中摻水增重，讓本來質量俱佳的茂縣大紅袍，到消費者手裡常是變成了黴花椒。

為保護茂縣花椒形象才有「茂縣六月紅花椒協會」的設立，而建立自有品牌成為不得不的任務，有了自有品牌，才能在市場上產生影響，且令花椒市場產生規範而有效地保護茂縣花椒名聲。茂縣的大紅袍花椒，因結果成熟較早，在農曆 6 月時就紅豔熟透，且風味質量俱佳，故而在 2008 年時為茂縣大紅袍花椒註冊為「西羌六月紅」品牌，以利在市場上推廣銷售。2009 年為增加大紅袍花椒的附加價值，茂縣的花椒合作社引進了最先進的鮮花椒油生產技術，建成一條可年產 700 噸花椒油的生產線，進行花椒油的生產。「西羌六月紅」不僅是增加附加價值與品牌打造，還加入茂縣特有的羌族特色，使用羌繡作為「西羌六月紅」禮品花椒或花椒油的包裝，進一步增加了羌族婦女的經濟收入，也拓寬了農民的收入管道。

在縣城，菜市場位於和古城門同一條街的街底，往古城門漫步過去，沿路的叫賣聲此起彼落，卻讓人發思古幽

↑要上刁林村就只有包車或走路，生活在山上除非有重要的事，否則就盡量託下山的人幫忙處理或買日用品。

↑椒農劉師傅很熱情的邀我在山上享受一頓正宗、美味的農家飯。

↑茂縣古羌城景區的碉樓。

情，像是進入時光的隧道，一直覺得在百年前我就曾漫步在這街上。到茂縣多次，我喜歡向一位太婆買花椒，雖然不是最好的大紅袍卻也都是水準以上，重點是換她那無價的溫暖慈祥的笑容！

在街上，花椒產季時，賣花椒的販子特別多，可以一攤攤的聞、抓、嚐，一路試過去，然後再回頭買那試過後覺得最好的大紅袍，通常可以找到等級相當不錯的大紅袍花椒，色豔、粒大、麻度足、雜味少，更重要的是帶有強烈香水感，讓人想要一聞再聞。

2011 年初，大陸國家質檢總局發布令對茂縣花椒實施地理標誌產品保護，以突出大紅袍花椒茂縣產地的獨特性與優質性。這是阿壩州繼金川秦艽，九寨溝的刀黨、松貝後，又一獲得地理標誌保護的農產品。至今，茂縣大紅袍花椒種植規模超過 5 萬畝，年產量超過 200 萬斤（約 1000 多噸），優質花椒也因此暢銷大陸各省市。

產 地 資 訊

產地：阿壩藏族羌族自治州 · 茂縣
花椒品種：西路大紅袍椒
風味品種：柚皮味花椒
地方名：六月紅、大紅袍、花椒、紅椒。
分布：疊溪鎮、渭門鎮、溝口鎮、黑虎鎮為主，其他鄉鎮也都普遍種植。
產季：乾花椒為每年農曆 5 月下旬到 7 月上旬，大約是陽曆 6 月下旬到 8 月上旬。
※ 詳細風味感官分析見附錄二，第 295 頁。
花椒品種：九葉青花椒
風味品種：檸檬皮味花椒
地方名：麻椒、青椒、青花椒。
分布：土門鄉。
產季：乾花椒為每年農曆 5 月上旬到 6 月中，大約是陽曆 5 月下旬到 7 月中。
※ 詳細風味感官分析見附錄二，第 291 頁。

▌地理簡介：
茂縣西北高、東南低，地貌以高山峽谷地帶為主。縣境山峰多在海拔 4000 米左右，農業經濟活動範圍在 1500 至 2800 米左右，西部最高海拔 5230 米，東部土門河下游谷低海拔僅 890 米是縣內最低點。

▌氣候簡介：
氣候具有晝夜溫差大、地區差異大、乾燥多風，冬冷夏涼的特點。縣城年均氣溫 11.2℃，平均日照數 1557.1 小時，無霜期 215.8 天。年降水量 490.7 毫米。

▌順遊景點：
坪頭羌寨景區、中國古羌城景區、疊溪古城地震遺址、黑虎羌寨碉樓群遺址、營盤山新石器時代文化遺址、松坪溝風景名勝區、九頂山風景區、寶鼎自然保護區。

↑花椒產季時，古城門前後擺攤賣花椒的特別多，可以一攤攤又聞、又嚐的試過去。

21. 阿壩藏族羌族自治州
松潘縣

松潘古名「松州」是四川省的歷史名城，縣城位於海拔約 2850 米進安鎮，也是大陸國家級重點文物保護單位「松潘古城牆」的所在地，距成都 335 公里，距州府馬爾康 431 公里，南鄰茂縣，岷江更上游的位置，地處岷山山脈中段，經濟、交通發展沿岷江及岷江支流的河谷發展。

據歷史記載，地處邊陲的松潘是古代軍事重鎮，是四川盆地與西羌吐番茶馬進行交易的集散地，有「高原古城」的稱號。西元前 316 年秦朝滅了蜀國後，在今天川主寺鎮的位置建立「湔氐縣」，是松潘地區建縣之始，至今已有 2300 多年歷史。

因松潘縣境的平均海拔高，花椒的分布主要集中在縣城以南 2800 米以下的鄉鎮，如小姓鄉、岷江鄉、鎮江關鄉及種植面積較大的鎮坪鄉。在花椒成熟的時間上，松潘產地的海拔較高，相對低的鎮坪鄉海拔也有近 2400 米，因此收成時間比茂縣晚 0.5 至 1 個月，茂縣多數在 7 月份就熟成並採收完，到松潘就是 8 月中旬最晚九月初才全部收完，以接近種植最高海拔 3000 米的安宏鄉雲屯堡村花椒來說多半到 8 月下旬才成熟。

松潘椒農們對於花椒風味、質量的好壞有另一套看法，當地老椒農依

↑↓松潘是四川省的歷史名城，也是大陸國家級重點文物保護單位「松潘古城牆」的所在地，現已經依歷史格局與建築形式建設成完整的「復古」縣城，行走其中可以感受古時茶馬交易集散地的繁榮情景。

↑松潘縣的回民相對多，因此許多大城鎮都有清真寺。

↑松潘縣境平均海拔高，花椒成熟時間比茂縣慢 0.5 至 1 個月，像在海拔 2800 米的大紅袍花椒，到了 8 月下旬都還沒完全成熟。

↑松潘古城的東門「觀陽門」，及其對面的一個廣場。

其經驗指出所謂的六月椒（農曆，陽曆約為 7 月），因為環境相對暖、濕，成熟的快因此色澤純而豔，但風味上就不足一些。像松潘地區 8 月熟的椒子（大紅袍花椒）色重、味濃，吃來讓人更覺過癮。

在唐朝稱之為松州的松潘縣城位於進安鎮，自古就是為川、甘、青三省商貿集散地，南來北往的人們各民族皆有，基於這樣的歷史背景成為多民族雜居的地區並譽為「川西北文化走廊」，也是阿壩州多元民族結構與文化的縮影。

今日松潘，一進城關就可見完整的「松潘古城」，位處高山、一千多年歷史的「松潘古城牆」遺跡相對完整，據記載有七道門：東門「觀陽」、南門「延熏」、西門「威遠」、北門「鎮羌」，西南山麓的城門稱為「小西門」，外城則是有兩座城門，東西向的城門稱為「臨江」、南北向城門稱為「阜清」。今日的古城是松潘政府在「松潘古城牆」遺跡的基礎上全面復原「松潘古城」，不只城牆也包括城內的建築、格局都盡可能的復古，形成一座現代古城，一進「松潘古城」就像進了時光隧道，讓人分不清今古、真假，有現代的便利又有歷史的味道，十分值得細細品味。

在松潘因為民族多元，飲食風格也相當多元，松潘漢人製作的牛肉乾，香麻辣而滋潤，大紅袍的花椒本味鮮明，讓人在享受其牛肉乾的滋味之餘，這一大紅袍產地嚼著大紅袍的滋味感受給人深刻的地方印象。

此外回民的酸菜麵塊也是一絕，酸菜香極濃而微辣，烹煮時飄出的酸菜香就已讓人兩頰生津，老闆靦覥而謙虛的說酸菜是自製的，發酵足加上適當的炒香而已。麵塊入口薄而有勁，越嚼越香，向老闆請教回族在花椒的使用習慣，老闆說：就是增香除羶為主，不吃麻味，而增香的部份也以花椒的香氣不突出為原則。離開松潘前在街上買了一個用青稞粉、牛酥油與獨特香料做的大「光鍋」（清真大烤饃），往九寨溝的一路上繼續回味松潘的滋味。

↑松潘的滷牛肉嚼勁與肉香十足，得力於大紅袍產地的好花椒，大紅袍香麻滋味鮮明而深刻。牦牛肉則又是另外一回事，對沒吃過的人來說，「牛」味太重。

↑用青稞粉、牛酥油與獨特香料做的大「光鍋」（清真大烤饃）。

產 地 資 訊

產地：阿壩藏族羌族自治州 · 松潘縣
花椒品種：西路花椒
風味品種：柚皮味花椒
地方名：大紅袍、花椒、紅椒。
分布：鎮坪鄉、鎮江關鄉、岷江鄉、小姓鄉。
產季：乾花椒為每年農曆 6 月中到 8 月，大約是陽曆 7 月中到 9 月上旬。
※ 詳細風味感官分析見附錄二，第 295 頁。

▌ 地理簡介：

松潘地處青藏高原東緣。地貌東西差異明顯，以高山為主，地形起伏顯著，最低處海拔 1082 米，最高處 5588 米。境內有岷江、涪江、熱務曲河、毛爾蓋河、白草河等大小支流 200 餘條，大小江河匯成岷江與涪江兩大水系。

▌ 氣候簡介：

松潘由於地形複雜，海拔懸殊，導致松潘的氣候具有按大小河流域明顯變化的特點，各地降水分布不均，乾雨季分明，雨季降水量佔全年降水量的七成以上。大部份地區寒冷潮濕，冬長無夏、春秋相連。年平均氣溫 5.7°C，年極端最低氣溫為零下 21.1°C，年平均降水量 720 毫米。

▌ 順遊景點：

黃龍風景名勝區、牟尼溝自然風景區、丹雲峽、紅星岩、雪寶鼎、漺嘎瀑布、嘎里台草原、百花婁森林公園。還有松潘古城牆、清真北寺、安宏烽火台、影子岩防洪堤、古松橋、映月橋、通遠橋、七層樓、光照拱北、隱仙拱北等眾多古建築與本缽教、藏傳佛教寺院 15 座。獨特而豐富的藏、羌、回民族風情文化資源。

↑「松潘古城」與古松橋。

○雅安市　○重慶市　○涼山彝族自治州　○攀枝花市　○甘孜藏族自治州　●阿壩藏族羌族自治州　○青花椒產區　○青花椒新興產區

22. 阿壩藏族羌族自治州
馬爾康市、理縣

　　馬爾康是以藏族為主的市，為阿壩藏族羌族自治州人民政府所在地。「馬爾康」在藏語裡意為「火苗旺盛的地方」，引申為「興旺發達之地」，馬爾康市以原嘉絨十八土司中卓克基、松崗、黨壩、梭磨等四個土司屬領地為基礎因此又稱「四土地區」。地形呈不規則、東西向的長方形，地勢由東北向西南逐漸降低，境內最高海拔達約 5000 米，最低是在河谷地，海拔還有 2300 米左右。

　　因為平均海拔高，除紅花椒外林業類特產還有雲杉木、樺木等，境內森林多菌菇、松茸產量也頗豐，而名貴中藥材貝母、蟲草等更是特色物產。馬爾康紅花椒的分布以 2600 米以下的低海拔河谷、平壩為主，分布在全縣 8 個鄉鎮總面積超過 1 萬畝，栽種品種西路花椒與南路花椒都有。

↑→馬爾康市城風情。

↑馬爾康大紅袍花椒種植分布相當廣而分散。

↑理縣縣城在 5‧12 大地震全被震垮,今日的縣城是由湖南省對口援建。

↑→理縣花椒種植區。

◎ 產地風情

【羌族人獨特的「還工互助」習俗】

「還工互助」是羌寨子裡由來已久的傳統習俗,就是誰家有事,全寨的人都來幫忙。若是像結婚、喪葬、修房子這種家庭大事,就要先找本姓的族人議完事後,再通知全寨的人。通常一個家庭最少要出四個工(「一個工」是指一個家庭來一個人、幫一天忙,四個工可以是一人幫四天、四人幫一天或四人各幫一天),沒有任何代價和報酬,能做什麼就做什麼,但也從不會有人偷懶、打混。這種習俗幾乎存在於所有的羌寨,差異性只在「一個工」的計算方式。

↑常見的鍋莊舞多達 25 種，包含帶有娛樂、遊戲色彩的「遊戲鍋莊」。

　　馬爾康的花椒種植區分散、規模都不大但品質佳，屬於小農式的花椒經濟，在城區的菜市場或周邊可見許多的椒農帶著自家的花椒在兜售。整個馬爾康市城沿著梭磨河兩岸發展，呈現中間廣兩頭尖的城區輪廓，因為腹地有限，對於第一次到馬爾康的人來說，其新建的客運站離城區之遠讓人有點難以想像，搭出租車出城區後大概還要將近 10 分鐘才到的了。

　　從馬爾康到理縣縣城所在地雜谷腦鎮，打客運車一般要近 3 個小時才能到達，因為阿壩州擁有許多世界級或國家級的景區，州裡旅遊經濟相當發達，公路也就修得很好。此外 2008 年 5 月 12 日汶川大地震就是在阿壩州境內，當時不只是震毀房屋造成百姓傷亡，也震壞了相當多的公路甚至改變了地形，阿壩州絕大部份公路的重建都是直接依未來需求而修建。

　　話說理縣縣城所在地雜谷腦鎮在 5．12 汶川大地震也是全被震垮，今日所見的縣城是由湖南省對口援建。縣治雜谷腦鎮是藏語「扎西郎」的諧音，意思是「吉祥之地」，在高原上，理縣經濟、農業發展都是沿著群山的河谷夾縫中求生存，因此理縣紅花椒主產於縣境西邊的河谷地，包含雜谷腦河的支流河谷，如甘堡鄉、薛城鎮、通化鄉、蒲溪鄉等地，種植面積約 4200 畝，年產量超過 100 噸，主要品種有西路花椒與南路花椒。數量上以大紅袍為主，南路花椒為輔，採混雜種植的模式。

　　理縣屬於羌族人為主的縣治，羌民喜跳鍋莊舞，當地又稱「農節舞」。像是「俄約糾」節在農曆 5 月上旬舉行，祈求山神不降冰雹，不鬧洪水，祈求風調雨順之意，跳的舞叫做「神前忙」鍋莊，以低身繞腳拍手的動作為主。農曆五月初五端午節不只是漢人的大節日，對理縣一帶的羌寨而言也是重要節日，這天就要跳「瓦沙瓦足貼」舞，跳舞動作則是雙腳交替向左、右邁步，雙手隨著腳步上下舞動。還有一種娛樂性質高、帶有遊戲色彩的鍋莊舞，稱之為「遊戲鍋莊」……等等，常見的鍋莊舞多達 25 種。

產 地 資 訊

產地： 阿壩藏族羌族自治州 · 馬爾康市
花椒品種： 西路大紅袍花椒
風味品種： 柚皮味花椒
地方名： 大紅袍。
分布： 松崗鎮、腳木足鄉、木耳宗鄉、黨壩鄉。
產季： 乾花椒為每年農曆 6 月中到 7 月下旬，大約是陽曆 7 月上旬到 9 月上旬。
※ 詳細風味感官分析見附錄二，第 295 頁。

花椒品種： 南路花椒
風味品種： 橘皮味花椒
地方名： 狗屎椒、南椒、紅椒。
分布： 松崗鎮、腳木足鄉、木耳宗鄉、黨壩鄉。
產季： 乾花椒為每年農曆 6 月下旬到 8 月中旬，大約是陽曆 7 月中旬到 9 月下旬。
※ 詳細風味感官分析見附錄二，第 286 頁。

▌ 地理簡介：
馬爾康位於四川盆地西北部，青藏高原東部，屬高原峽谷區，地勢由東北向西南逐漸降低，地面海拔在 2180 米至 5301 米之間，地質構造複雜。

▌ 氣候簡介：
屬高原大陸季風氣候，乾雨季明顯，四季不分明，大部份地區無夏，日照充沛，溫差較大。全年平均氣溫 8 至 9℃，年降雨量 753 毫米左右，日照 1500 小時以上，無霜期 120 天左右。

▌ 順遊景點：
草登鄉保岩熱水塘溫泉、草登寺、卓克基鄉的白諾扎普天然岩洞、松崗鄉的直波古碉與田園藏寨、卓克基土司官寨。

↑ 羌族地區最具標誌性的建築——碉樓。圖為馬爾康市著名的八角碉樓。

產地： 阿壩藏族羌族自治州 · 理縣
花椒品種： 西路大紅袍椒
風味品種： 柚皮味花椒
地方名： 六月紅、大紅袍。
分布： 甘堡鄉、薛城鎮、通化鄉、蒲溪鄉。
產季： 乾花椒為每年農曆 6 月中到 7 月下旬，大約是陽曆 7 月上旬到 9 月上旬。
※ 詳細風味感官分析見附錄二，第 295 頁。

花椒品種： 南路花椒
風味品種： 橘皮味花椒
地方名： 南椒、正路椒、紅椒。
分布： 甘堡鄉、薛城鎮、通化鄉、蒲溪鄉。
產季： 乾花椒為每年農曆 6 月下旬到 8 月中旬，大約是陽曆 7 月中旬到 9 月下旬。
※ 詳細風味感官分析見附錄二，第 287 頁。

▌ 地理簡介：
理縣境內海拔 1422 至 5922 米之間的是典型的中高山峽谷區，地勢由西北向東南傾斜，最高為四姑娘山海拔 6250 米；最低點在東南部岷江出口處海拔 780 米。

▌ 氣候簡介：
因海拔高低差懸殊，垂直氣候差異顯著，冬季降水稀少，日照強烈多大風，春秋兩季多雨，夏季天氣穩定多晴天，年降雨量在 650 至 1000 毫米之間，河谷地帶年均氣溫 6.9 至 11℃。

▌ 順遊景點：
米亞羅紅葉風景區、古爾溝「神峰溫泉」、桃坪羌寨、畢棚溝景區等。

23. 阿壩藏族羌族自治州 金川縣

位於馬爾康西南的金川距離成都約 490 公里，乘坐大巴一般需要 10.5 小時，但路況都相當好，比起甘孜州與涼山州多數縣際道路來說好太多了，加上地形有足夠的空間將路修的較寬而平緩，因此除了時間長之外，到金川算是輕鬆，以甘孜州的康定到九龍為例，250 公里左右就要 8 個多小時，相較之下就可以想見那路況差異。

金川縣位於川西北高原，縣境的地勢由西北向東南傾斜，西北部為海拔 4000 米左右的高原地帶，東南部為峽谷區，經濟、交通發展沿著東南部峽谷發展。金川花椒種植規模超過 11000 畝，還有花椒的好搭檔辣椒也很出名，在金川種植的品種主要有墨西哥辣椒、二荊條、牛角椒等。其中的墨西哥辣椒甜辣香脆，皮深肉厚，耐儲耐泡，特別適合做成泡椒，在泡菜罎子裡泡上數年，依舊是香脆如新。花椒、辣椒兩兄弟都上火，另一金川的名產則是生津潤燥、果肉脆嫩化渣、汁多味甜的「金川雪梨」，可以在吃香喝辣後清爽一下。

↓俯瞰金川縣地理景緻。

↑金川縣藏族、羌族等少數民族人口占多數。圖為藏族佛塔。

在金川，人們普遍不喜歡大紅袍的氣味，她顏色雖然誘人但覺得其氣味滋味是股怪味，閒聊間還有人跳出來說：那個就是臭椒啦。而他們所鍾愛的是「狗屎椒」，這是金川人對南路花椒的稱呼，因為南路花椒的枝幹上容易附生白白綠綠的苔蘚就像乾狗屎一樣，乾花椒顏色雖不如大紅袍誘人，但其花椒屬於柑橘皮的清鮮香氣、滋味濃郁、不易發苦，乾貨店老闆也指出金川當地狗屎椒的價格多半比大紅袍貴，雖然賣相差些但識貨的人就不覺得貴，據介紹，當地花椒分布是越往金川南邊走種的規模越大。

↑↓金川南路花椒的地方名為「狗屎椒」，源自枝幹上容易長綠白色苔癬。

乾貨店老闆還點出狗屎椒比較貴的另一個原因，就是狗屎椒的採收比大紅袍費工，因為大紅袍花椒結果時，是一根基柄上分岔成數十上百的分柄，這些分柄上再各自結果。可是狗屎椒，即南路花椒，一根基柄多半就只分出2至3個分柄，上面再長個2至4顆椒子，這先天差異造成採大紅袍花椒的時候，是捏著基柄一大把的採，採狗屎椒時就只能捏著基柄一小撮一小撮的採，人工成本差異就成了價格差異的關鍵。

但是這樣的差異出了產地就不見了，因為一般消費者完全不瞭解採收工作量的差異，對滋味的理解、辨識多半不如產地的人們，就產生大眾市場中顏色好的賣的貴而味道好的賣的便宜的現象。

↑金川全縣山區多半種有花椒，然而吸引人的還有她那寧靜的美。

　　到金川雖遠但不累，也因為距離使所謂的「繁華」十分遙遠，在縣城裡你能體驗到獨特的寧靜，走過這麼多地方第一次有這種感覺，或許是因為地方小！也或許是因為沒有那些虛幻的霓虹燈！亦或許因為這裡雖然是山區，但在縣城不太需要上上下下，少了自己氣喘吁吁與心跳快跑的雜音吧！難得休息的心就在上車離去的那一刻被扯回現實。

◎ 產地風情

金川為藏民族為主的縣，高原大山上資源缺乏，故修建房子時就產生許多具創意的特色，習慣根據自己的生活方式與周邊自然條件，修建不同風格的房屋。山上什麼不多就石頭多，因此石料成為金川藏民修建房子的主要材料，取石頭和著黃泥堆砌成牆再用巨木為樑後橫搭雜木並蓋上具黏性的土，乾燥後就能滴水不漏。

藏民的房子一般有三層，第一層較低矮，主要作為放置大型農具和圈養牲畜的空間；第二層就是以全年不熄的火塘做為中心的「鍋莊」，這是整個房子的心臟部位，這個空間同時具有廚房、飯堂、客廳等多種功用；第三層則是經堂和陽台，亦即頂層是神的居所，中層為人的住處，底層則是牲口的天地，這樣的格局與藏傳佛教的世界觀相合，即認為世界是由天界、人世和地獄組成，對藏民而言一座房子就彷彿是一個輪迴世界。此外每年臘月十五家戶都要把房子粉刷上象徵誠實、純潔的白色，再於其上描繪出天、地、日、月、星、辰還有各種動物和宗教等各種圖案，祈求來年吉祥平安。

產 地 資 訊

產地：阿壩藏族羌族自治州 · 金川縣
花椒品種：西路大紅袍花椒
風味品種：柚皮味花椒
地方名：大紅袍、臭椒。
分布：觀音橋鎮、俄熱鄉、太陽河鄉、金川鎮、沙耳鄉、咯爾鄉、勒烏鄉、河東鄉、河西鄉、獨松鄉、安寧鄉、卡撒鄉、曾達鄉。
產季：乾花椒為每年農曆 6 月中到 7 月下旬，大約是陽曆 6 月下旬到 8 月中下旬。
※ 詳細風味感官分析見附錄二，第 296 頁。
花椒品種：南路花椒
風味品種：橘皮味花椒
地方名：正路椒、狗屎椒、南椒。
分布：觀音橋鎮、俄熱鄉、太陽河鄉、金川鎮、沙耳鄉、咯爾鄉、勒烏鄉、河東鄉、河西鄉、獨松鄉、安寧鄉、卡撒鄉、曾達鄉。
產季：乾花椒為每年農曆 7 月上旬到 8 月下旬，大約是陽曆 8 月上旬到 9 月中下旬。
※ 詳細風味感官分析見附錄二，第 287 頁。

▌ 地理簡介：
金川縣位於阿壩藏族羌族自治州西南部，大渡河上游。地勢由西北向東南傾斜，境內海拔在 1950 米至 5000 米之間，西北部為海拔 4000 米左右的高原地帶，東南部為峽谷區。

▌ 氣候簡介：
屬明顯的大陸性高原氣候，受亞熱帶氣候影響，境內氣候溫和、日照充沛，年均降水量 616 毫米，年均溫 12.8℃，累積日照 2129 小時，無霜期 184 天。

▌ 順遊景點：
索烏山風景區、嘎達山天然東巴石菩薩、阿科里長海子、雪域高原第一碑「御制平定金川勒銘噶喇依之碑」、廣法寺、「中國碉王」－－關碉、土基欽波觀音廟、金川老街、懸空古廟群。

↓ 金川縣是藏族、羌族混居，就有了這佛塔、碉樓再一起的風景。

24. 眉山市 洪雅縣

洪雅縣位於四川盆地西南邊緣，成都市、樂山市、雅安市所包夾的三角地帶，地形上則是被北、西、南三面的大小山地所包夾，包含峨眉山、瓦屋山等名山，從西南向東北由高而低的形成高山到平壩都有的多樣化地貌，總的來說以山地丘陵為主，佔縣境面積約 7 成，平壩分布在青衣江、花溪河兩岸，因此洪雅的地貌被概括形容為「七山二水一分田」。

藤椒又名香椒子，在洪雅的種植歷史十分悠久，據文獻研究指出，洪雅地區的花椒記載歷史最長可追溯到二千年前。藤椒香氣濃、麻味輕，曬乾後入菜顯得滋味不足，於是洪雅地區就衍生出以油煉製的藤椒油食俗，每年藤椒成熟時盡快採摘並趁鮮用熱菜籽油煉製成藤椒油，經長時間的經驗累積與精益求精而形成不同於一般的獨特煉製工序，稱之為「燜製」。2006 年洪雅縣被封為「中國藤椒之鄉」。

時至今日，獨特的藤椒文化依舊深植於洪雅人的生活中，走入洪雅鄉間可見家家戶戶在屋前屋後都種有藤椒，每年農曆 5 月藤椒成熟之際，走在鄉間、路過農家，你就會聞到那清新爽神的藤椒香或正在「燜製」藤椒油的濃郁爽香味。

↑深植於洪雅百姓生活中的藤椒食用文化，形成今天到洪雅鄉間依舊可以普遍見到家戶在屋前屋後種藤椒。

↑當藤椒的食用傳統變成一個產業後，要保有地方飲食文化的獨特性需要一個願景。圖為農村樸實風情濃郁的藤椒種植地。

藤椒味在餐飲市場上普及的功臣，首推洪雅縣第一個將藤椒油商品化的幺麻子公司創辦人趙躍軍，他家祖祖輩輩都是經營餐館，當他接手時發現許多外地人對洪雅的傳統藤椒油風味十分喜愛，常在用餐後想要購買，於是在經營餐館同時自 2002 年正式跨入食品調味料產業，設立公司賣起藤椒油，因為風味獨特、品質佳，很快的就銷售到全川及全大陸，目前擁有 70% 的藤椒油市場，是規模最大的專業藤椒油生產商，專注於藤椒油的生產與提升，不做不擅長的產品。家傳祖業「幺麻子缽缽雞」餐館也更新換代改名「德元樓」繼續經營，與中國藤椒文化博物館及生產廠區相鄰，許多遊客到了洪雅德元樓不只能吃到缽缽雞，還同時能了解藤椒油製作與文化。

洪雅藤椒產業的發展幾乎就是因幺麻子的竄起而蓬勃，目前洪雅縣藤椒的種植主要分布在止戈、余坪、洪川、東岳、中山等鄉鎮加上洪雅等周邊區縣的種植規模達 10 萬餘畝，到 2020 年為止成都、綿陽、達州等 18 個市州陸續開發藤椒種植面積超過 50 萬畝。趙先生指出就在藤椒產業未發展起來之時，生產藤椒油所需的新鮮藤椒需要到

↑規模化的種植需要充足的技術與人力，採花椒則是需要人力但不太費力，比較辛苦的是要在大太陽下採摘。

鄉下挨家挨戶的收，當時種得比較多的就是止戈、余坪、中保等鄉鎮，但因為都是家戶自種自用，就是多種也不會多太多，對照今日以規模種植為主並成為許許多多鄉親的致富產業，真的是不可同日而語。

↓世界上最高大的「桌山」——瓦屋山

◎ 產地風情

瓦屋山是中國歷史文化名山，古稱居山、蜀山、老君山，唐宋時期就與峨眉山並稱「蜀中二絕」，瓦屋山更是全球最高大的「桌山」，因地質作用東西兩邊略為下傾，所謂的「山頂」是感覺突兀的巨大平台，遠觀就像「瓦屋」頂而得名。瓦屋山山頂平台平均高度約海拔 2750 米、最高處 2830 米，平台面積大約 11 平方公里，比內蒙古海拔 681 米的「桌子山」高，平台面積也遠大於南非開普敦桌山。現規劃為瓦屋山國家森林公園，以原始、古樸、神奇著稱，自然景觀與人文景觀並長。

遠在西周末年瓦屋山就已經被開發，據記載蜀國開國君王蠶叢——青衣神就是葬在瓦屋山，之後的古羌人則是在此修建規模巨大的廟堂用以祀青衣神，即著名的「青羌之祀」。

其次瓦屋山與道教的文化、傳說更是緊密。如春秋末期太上老君西行到位於瓦屋山的青羌之祀訪道隱居；漢朝末年張道陵在瓦屋山下的傳道創教而留下《張道陵碑》；元末明初，道教歷史名人張三豐到瓦屋山修行創立了「屋山派」，到明朝時卻被誣陷為「妖山」而予以封山，但朝山遊人仍然絡繹不絕，可以與峨眉山相互媲美。

◎ 產地風情

中國藤椒文化博物館佔地3000平方米，是眉山市第一家民營企業籌建的博物館，以展現地方歷史文化和藤椒物種發源歷史文化為主。

主展館將兩千多年的藤椒文化從歷史、溯源、栽培、應用等各個角度，透過文物或模擬的方式呈現與說明，讓你在最短的時間內對藤椒文化歷史有一定的認識。

全館收藏有各級文物、精品千餘件，包含古印度貝葉經，三星堆四面立人石像，漢螭龍帶鉤，新石器時代石錛、石斧，西周大篆銘文磚，清道光七年《康熙字典》全本，全國旅遊門票近千張，各時期洪雅老照片……等。

館址：四川省洪雅縣止戈五龍路，免費參觀。

↑博物館特別完整收藏並呈現幾乎已經消失的傳統榨菜籽油作坊的設備與情境。

產 地 資 訊

產地：眉山市・洪雅縣
花椒品種：藤椒
風味品種：黃檸檬皮味花椒
地方名：藤椒、香椒子。
分布：止戈鎮、余坪鎮、洪川鎮、東岳鎮、中山鄉等。
產季：乾花椒為每年農曆4月中旬到6月中旬，大約陽曆5月下旬到7月下旬。
※詳細風味感官分析見附錄二，第292頁。

▌地理簡介：
洪雅縣地形由西南向東北高低梯次變化，地貌以山地丘陵為主，河谷平壩分布在青衣江、花溪河兩岸。全縣最高海拔3090米，最低海拔417.5米。

▌氣候簡介：
縣內氣候溫和濕潤，年降雨量1435.5毫米，年累積日照約1006小時，年均無霜期307天，年平均氣溫16.6℃。

▌順遊景點：
瓦屋山國家森林公園、柳江古鎮、高廟古鎮、槽魚灘水電站。

←柳江古鎮最迷人的地方在其樸實、安逸。

○雅安市　○重慶市　○涼山彝族自治州　○攀枝花市　○甘孜藏族自治州　○阿壩藏族羌族自治州　●青花椒產區　○青花椒新興產區

25. 樂山市 峨眉山市

峨眉山市原名「峨眉縣」，1988年改以山為名而成為峨眉山市地，處於盆地到高山的過渡地帶，地勢起伏大，地理地貌多樣。峨眉山市建置的歷史可追溯到隋朝時設置峨眉縣。因地處佛教四大名山之峨眉山東麓且是峨眉山的主要出入口而得名。而峨眉山之名又是因為大峨山與二峨山兩山相對，就像兩眉相對而得名。加上遠觀大峨山與二峨山的線條柔美而細長，於是有「峨眉天下秀」的說法。

藤椒原只是峨眉山及周邊縣市地區的土特產，是一個地方風味極為濃厚的調輔料，就在 1990 年代青花椒的風潮吹起後，屬於青花椒兄弟的藤椒也順勢在市場上冒出了頭。峨眉山市因為環境有其獨特之處，讓藤椒雖是青花椒的兄弟，卻有著截然不同的風味個性。

↓佛教四大名山之峨眉山，不只景色多變，其獨特的環境更是藤椒奇香的源頭。

↑以前半野生藤椒都是零零星星的長在低山坡上，現今已被成片的人工種植取代。

業——萬佛綠色食品有限公司，從 2005 年起大規模的種植並成功的打出品牌，銷售到全國。所以峨眉山市的藤椒種植從原本半野生的種植形態，到目前種植面積超過 2.5 萬畝，涉及 10 多個鎮鄉。在產業的發展中，經過近 10 年的研究、育種與改良，培育出產量、風味都極佳的「峨眉一號」品種，目前峨眉山地區新種的藤椒都是以「峨眉一號」藤椒為主。

藤椒有一特殊之處就是曬乾後香氣的散失十分嚴重，但以新鮮藤椒入油煉製得到的藤椒油卻是異香撲鼻，也因而形成以藤椒油為主的食俗；其次是早期藤椒、青花椒算是「野味」，不為官方飲宴與館派川菜所使用而令藤椒的使用就局限在峨眉山的周邊縣市。

↑藤椒因枝條長如藤而得名，現經改良培育後，掛果之多，還要用竹竿撐住枝條。

依當地最大的藤椒油企業的研究指出，峨眉山市的土壤中天然氮肥較其他地方多 1 至 2%，其次是自然肥用得多，讓藤椒的養分達到一個優質的多元化。早期藤椒尚未成為產業之時，大多長在低山的山坡上，屬於半野生狀態，每年農曆 5 月前後，藤椒成熟時當地人會依自己的需要上山適量採摘，當時主要是煉成藤椒油，且只在自己家裡用，算是上不了檯面的農家調味品。

在市場風潮下，種植環境優良而讓成品相對自然健康的藤椒油，其獨特風味與清爽成了餐飲市場的搶手貨，現今峨眉山市多數靠山的鄉鎮不只是山坡上種，平壩也種，甚至原本的水田地都因藤椒的經濟效益而改種藤椒。

藤椒產業的發展時間不長，帶動跳躍式發展的是當地的藤椒油龍頭企

↑峨眉山地區新種的藤椒都是以「峨眉一號」藤椒為主，並建有多個與標準化基地。

↑藤椒結果的質量好壞需從育苗做起，種苗培育都有專人照顧。

目前市場上的藤椒油可分成兩種，一為濃香型藤椒油，一為純香型藤椒油，這兩種藤椒油在滋味上有根本的區別。濃香型的藤椒油是以菜籽油作為基礎油煉製，因此除了藤椒的麻香味外，還混合並散發菜籽油的濃郁香味，屬於經典而傳統的風味。純香型的藤椒油則是以精製過、脫色脫味的沙拉油作為煉製的基礎油，因此風味上以彰顯藤椒的清新麻香味為主。

↓羅目鎮花椒基地全景。

◎ 產地風情

峨眉山是中國佛教四大名山之一，從晉代開始一直是佛教的普賢道場，佛教文化在這裡已有一千多年的歷史。峨眉山比五嶽都還要高而秀甲天下，山勢雄偉而景色秀麗，山高地廣形成「一山有四季，十里不同天」的獨特環境，並擁有獨特的「雄、秀、險、神、奇、幻」六大特色。清代詩人譚鐘嶽將峨眉山佳景概括出十景：「金頂祥光」、「象池夜月」、「九老仙府」、「洪椿曉雨」、「白水秋風」、「雙橋清音」、「大坪霽雪」、「靈巖疊翠」、「羅峰晴雲」、「聖積晚鐘」。

產地資訊

產地：樂山市・峨眉山市
花椒品種：峨眉一號
風味品種：黃檸檬皮味花椒
地方名：藤椒、油椒、香椒子。
分布：羅目鎮、沙溪鄉、龍門鎮、高橋鄉、峨山鎮、黃灣鄉等 10 多個鎮鄉。
產季：乾花椒為每年農曆 4 月中旬到 6 月中旬，大約是陽曆 5 月下旬到 7 月中旬。
※ 詳細風味感官分析見附錄二，第 292 頁。

▌地理簡介：

峨眉山市東北與川西平原接壤，西南連接大小涼山，是盆地到高山的過渡地帶，地貌類型多樣，地勢起伏大，海拔在 386 至 3099 米之間，以山地為主，佔峨眉山市總面積約 6 成。

▌氣候簡介：

屬亞熱帶濕潤性季風性氣候，氣候宜人，年平均氣溫 17.2℃，年均降雨量 1555.3 毫米。

▌順遊景點：

峨眉山風景區、羅目古鎮。

↑羅目古鎮的樸實風情。

26. 瀘州市
龍馬潭區

瀘州市古稱江陽，位於四川省東南部，長江和沱江的交匯處，是著名的酒城，聞名遐爾的瀘州老窖和郎酒的產地。瀘州市位於四川盆地與雲貴高原接合的地區，既有盆中丘陵地貌，也有盆地周邊山地的地貌。青花椒在瀘州市的發展相當蓬勃，種植較多的有龍馬潭區、合江縣、瀘縣等。

位於瀘州市中心北面的龍馬潭區屬於全丘陵區地貌，平均海拔 300 米左右，以淺丘寬谷為主，流經本區的河川主要有長江、沱江、龍溪河、瀨溪河。其次是龍馬潭區雨量充沛，日照比省內同緯度地區偏多，冬暖春早，整體地理環境特別適合種植花椒，既確保有足夠的水分又可避免

積水，因為青花椒樹最怕積水，不怕偶爾缺水的耐旱樹種，目前龍馬潭區的青花椒以金龍鄉為中心往外發展，品種以九葉青花椒為主。

↑龍馬潭區金龍鄉主要經濟農作物是供應瀘州老窖釀酒的高粱，其次是青花椒。

↑好環境讓西壇青花椒具有極具特色的風味，有其他產地少有的涼香感與柑橘香。

龍馬潭區青花椒產業始自 2002 年，其中金龍鄉先後利用退耕還林等多種機遇，對鄉裡利用度低的柴草山包和殘林進行林業轉換，種起成片的九葉青花椒。目前轉換種植最積極的數西壇村，已有近 8 成的柴草山包和殘林成片改種九葉青花椒。因應這規模生產與銷售的需要成立了西壇村花椒專業合作社，有策略的引導農民大力發展花椒產業，種植方面引進「短枝法」等新的椒樹管理技術，以提高「九葉青」的花椒品質和產量；行銷方面申請註冊了「西壇青花椒」商標，並導入專業行銷包裝公司為花椒包裝，同時進行推動花椒批發和進入超市銷售，為少數具品牌行銷意識農業合作社，綜合以上的努力，「西壇青花椒」已經成為超過水稻、高粱種植收入的新興產業。

金龍鄉的花椒基地最大特色就是離城區近，約莫只有 15 公里，卻有著世外桃源般的寧靜、安逸，加上大面積種植長年濃綠的青花椒林，使得鄉村綠意景色特別的濃郁舒爽，每個山包就像是鋪上了綠色絨毯，丘陵地貌讓風景更有高低層次，十分適合開發長住型的農家樂，30 分鐘就可到城裡，在傾刻間又能回返享受世外桃源般的安逸。優質的環境讓西壇青花椒擁有極具特色的風味，如明顯的涼香感與金桔香，雜味又少，其他產區少有，相當適合用於需要細緻滋味的菜品調味中。

↑ 目前建造最早（始建於西元 1573 年）、連續使用時間最長、保護最完整的釀酒老窖池群位於瀘州市區的瀘州老窖觀光酒廠，可從觀光通道看到利用老窖池釀酒的實況。

產地資訊

產地： 瀘州市・龍馬潭區
花椒品種： 九葉青花椒
風味品種： 檸檬皮味花椒
地方名： 青椒、青花椒、九葉青、麻椒。
分布： 金龍鎮、石洞街道、胡市鎮。
產季： 保鮮花椒為每年農曆 4 月上旬到 5 月上旬，大約是陽曆 5 月到 6 月上旬。乾花椒為每年農曆 5 月上旬到 6 月上旬，大約是陽曆 6 月上旬到 7 月中旬。
※ 詳細風味感官分析見附錄二，第 293 頁。

▌地理簡介：
龍馬潭區地貌全屬於丘陵地形。瀘州市地處四川盆地與雲貴高原接合地帶，大體以長江為界，南側為中、低山，北側除少部份低山外，均為丘陵地形。

▌氣候簡介：
龍馬潭區屬中亞熱帶濕潤季風氣候，區內全年累積溫度高、雨量充沛，日照比省內同緯度地區偏多，區內年均氣溫 18℃。

▌順遊景點：
洞窩風景區、瀘州九獅旅遊區、石洞花博、龍馬潭公園、犀牛峽。

↑ 高低起伏、層次多變的西壇青花椒種植區，盡是一片翠綠。

○雅安市　○重慶市　○涼山彝族自治州　○攀枝花市　○甘孜藏族自治州　○阿壩藏族羌族自治州　●青花椒產區　○青花椒新興產區

27. 自貢市 沿灘區

　　沿灘位於自貢市區的東南方又名「升平場」，是當年自貢鹽業運輸大動脈釜溪河的三大碼頭之一（鄧井關、沿灘、鄧關）。據史書記載此處「沿河灘多」因此地勢、水勢非常險峻，早期沒有足夠的工程技術做河道整治，當時運鹽的歪腦殼船行經釜溪河沿灘段時都要倍加小心，地名也由此而來。

　　在過去的鹽業榮景消逝後，沿灘區的經濟活動也歸於平淡，多數人回歸農業生產。沿灘地形特點是西北高東南低，溪溝多，山丘廣布，各種農業種植基本上沿著丘陵起伏而上下，今日進入鄉間就可以發現低丘、山包全都被開墾成蔬菜、糧食作物的田地，可以用光禿禿來形容，因此只要有較大的雨勢，就容易發生垮塌或泥石流。有鑑於此1990 年代全大陸開始退耕還林政策，2002 年全面啟動退耕還林工程，至今各地仍持續實施此工程。

　　然而退耕可以，還需引導農民在還林時也能有經濟收入，多種方案中以江津青花椒發展的成功模式得到了各地

↑沿灘區的農業種植沿著丘陵起伏而上下，低丘、山包全都被開墾成蔬菜、糧食作物的田地。

↓自貢市當年鹽業運輸大動脈釜溪河，今日市區段的全景。

效法與推崇。沿灘地區夏天是旱澇交錯，夏旱、伏旱頻率都高，到了秋季綿雨多、日照少，到冬季降雨偏少，而青花椒的適應性強而耐旱，加上管理容易，因此從 2002 年起沿灘區就積極發展青花椒產業，到 2018 年為止全區種植面積已超過 8.5 萬畝，預計發展到 10 萬畝以上，已掛果投產面積超過 3.5 萬畝，年產鮮椒超過 1600 萬斤（陸制 500 克/斤，下同），約 8000 噸。種植較集中的有王井、九洪、聯絡、劉山、永安等鄉鎮，佔沿灘區青花椒種植面積的 6 成以上。

2012 年在劉山鄉采風時巧遇當地領導前來考察，並指出要再擴展 5000 畝的花椒林，當時劉山鄉已有 5000 畝的花椒林。這麼多的花椒要賣到那裡去？如何確保椒農的收益？沿灘區政府做法是大力支持發展種植青花椒的同時，輔導成立多個青花椒專業合作社，負責幫農民解決種植問題與銷售問題並配合招商引資，吸引相關食品公司企業到沿灘設廠或採購。依靠種植銷售一條龍的策略，讓沿灘區的花椒種植發展在 20 年內，從無發展到 8.5 萬畝以上。

↑↓沿灘區聯絡、劉山一代的花椒產區，雖然只有 10 年的時間，種植成效相當突出。

◎ 產地風情

【西秦會館】

自貢因鹽設市，經營鹽業的商人來各省市，因此發展出興盛的會館文化，類型可分為同鄉會館、行業會館、同鄉兼行業會館。

其中最為著名的是西秦會館，位於自貢老城自流井區的解放路，鹽業歷史博物館就設在會館內。館內設有武聖宮主奉關帝神位，亦稱關帝廟，俗稱陝西廟。自貢西秦會館為中華會館之最，由清朝乾隆初年在自流井經營鹽業的陝西籍鹽商們發家致富後集資修建，今天的自貢市鹽業歷史博物館已成為自貢鹽史的標誌。

【沿灘的升平場】

升平場鎮子不大，有著明顯的現代與傳統相容特點。升平場的發展明顯的分為兩半，靠近釜溪河的老街部份，地勢崎嶇不平卻最為興盛。老街上方以新街為主的地勢卻顯得十分平坦而大氣，四川到雲南的川雲公路則橫穿其間，因此升平場鎮自清朝以來水陸交通發達、物資充足而集結了許多富商並在鎮上修建不少會館寺廟。

↑↓自貢市西秦會館，鹽業歷史博物館就設在會館內。

產 地 資 訊

產地：自貢市・沿灘區

花椒品種：九葉青花椒

風味品種：檸檬皮味花椒

地方名：青椒、青花椒、九葉青、麻椒。

分布：劉山鄉、九洪鄉、王井鄉、永安鎮、聯絡鄉。

產季：保鮮花椒為每年農曆 4 月上旬到 5 月上旬，大約是陽曆 5 月到 6 月上旬。乾花椒為每年農曆 5 月上旬到 6 月上旬，大約是陽曆 6 月上旬到 7 月中旬。

※ 詳細風味感官分析見附錄二，第 293 頁。

▌地理簡介：

自貢市鹽灘區區境輪廓呈飽滿的三角狀，地貌以丘陵為主，平均海拔在 300 至 400 米之間，無成型山脈。

▌氣候簡介：

屬副熱帶季風氣候，四季分明，氣候溫和，雨量充足，常見陰雲天氣。年平均氣溫 17.5℃至 18.0℃，年累積日照約 1150 小時，年降雨約 1000 毫米。

▌順遊景點：

仙市古鎮、金銀湖旅遊風景區、長恩寺、觀音寺、玉黃寺。

↑在自貢市的城區範圍內還有許多鹽文化的古蹟或遺跡值得一探。

28. 綿陽市 鹽亭縣

位於綿陽市東南部，目前是川西北青花椒規模種植較早的地區，種植面積已超過 8 萬畝。

鹽亭縣古時稱為潺亭，東晉時（西元 405 年）建置萬安縣，是鹽亭建縣之始。西元 535 年又更名為潺亭縣，後來境內發現許多鹽井，鹽鹵產出豐富，於是在西元 554 年更名為鹽亭縣後一直沿用至今。

八角鎮地處中高丘陵地帶，平均海拔約 500 米，有烏馬河、龍洞河等兩條嘉陵江支流流經鎮境，是目前鹽亭縣青花椒的發展中心，2007 年成立的鹽亭縣八角鎮花椒專業合作社就設於八角鎮政府旁，其他主要種植鄉鎮還有富驛鎮、黃甸鎮、金孔鎮等，此外合作社為串聯各個青花椒種植地的力量，並邀請涪城區的兩個鄉鎮、北川一個鄉鎮有種植青花椒的農戶加入花椒合作社。

八角鎮花椒專業合作社的青花椒產業策略是採取「生產、加工、銷售」一條龍的模式，在輔導農民的同時，申請註冊了「川椒王子」品牌，並且統一花椒收購價格、加工與銷售，一來兼顧椒農的基本收入，二來掌控青花椒品質，確保品牌形象並累積品牌價值，統一銷售則能在市場上掌握議價的力量，對於獲利大有幫助，這些獲利盈餘最後都會分配到椒農手上，因此椒農只要認真將種花椒的工作做

↓鹽亭縣青花椒的發展中心在八角鎮。圖為鹽亭縣城。

好就能獲取相當的收入，對農民的生活改善有相當大的幫助，藤椒種植也成為近幾年扶貧政策的主要項目。

回到鹽亭縣城農貿市場，卻神奇的問不到鹽亭縣那裡種青花椒，這一現象對於品牌形象來説是一個大問題，一個當地人都不清楚的青花椒產業，外地人就會懷疑這裡產的花椒是否不為當地人認同！因此如何做好敦親睦鄰的行銷工作，對長遠的品牌之路而言是絕對重要的，讓產地縣的人們瞭解並認同家鄉土地產出的青花椒，這無形且無價的口碑效應將十分驚人。

↑前往花椒種植基地的路上風光。花椒種植地交通不便一直是個問題，從八角鎮街上到較大面積的種植基地需要坐 30 至 40 分鐘的摩托車。

↑鹽亭縣青花椒規模種植已發展十多年，在規模、種植與質量上有一定的水準。

鹽亭除了青花椒，在縣城最讓人注目的是火燒饃，一出車站，觸目所及的都是賣火燒膜的販子，鹽亭人十分喜愛吃火燒饃，因用火燒製而成得名，原本是回民的主食，因此又名回回燒饃，俗稱鍋魁、燒餅、乾餅子，用較具體的形容就是有北方掮子頭的形，成都白麵鍋魁的口感與香氣。

滿街飄盪的香味讓人忍不住買了二塊來嚐，一甜一鹹，鹹的是椒塩味，口感稍硬，大紅袍椒香氣濃，麵香味足；而甜的是混包白糖的，口感帶勁而較滋潤，麵香的甜香味豐富。雖然在縣城待的時間不長，但也嚐了 4 至 5 攤的火燒饃，發現出車站左邊進城區的廊橋上，大約 1/3 的位置有個門面極小的店，一位有點年紀的大爺做的火燒饃是我覺得最好吃的，就在回成都之際，也是這次采風告一個段落，買了 10 多個帶回台灣與家人分享這樸實的人間美味。

↑八角鎮傳統美食「血皮」的家庭作坊，蒸熟、切條，曬乾後即成。食用方法與麵條一樣。

↑廊橋上的小舖子裡，大爺做的火燒饃最讓我回味。

↑位於鹽亭客運站斜對面的鳳靈寺。

產 地 資 訊

產地：綿陽市・鹽亭縣

花椒品種：藤椒

風味品種：黃檸檬皮味花椒

地方名：藤椒、青椒、青花椒、麻椒。

分布：八角鎮、黃甸鎮、高渠鎮、富驛鎮、玉龍鎮、文通鎮。

產季：保鮮花椒為每年農曆4月上旬到5月上旬，大約是陽曆5月到6月上旬。乾花椒為每年農曆5月上旬到6月中下旬，大約是陽曆6月上旬到7月中下旬。

※ 詳細風味感官分析見附錄二，第293頁。

▌ 地理簡介：

鹽亭縣屬川北低山向川中丘陵過渡地帶，海拔700米左右低山分布於縣境北部佔總面積約4成；深丘和中丘分布於中部至南部佔全縣面積約6成；平壩分布於梓江兩岸，僅佔約總面積的2%。

▌ 氣候簡介：

鹽亭屬亞熱帶濕潤季風氣候區，年平均降水量825.8毫米，平均氣溫17.3℃，無霜期294天，氣候溫和，雨量充沛。

▌ 順遊景點：

歧伯故里、歧伯宮、歧伯史績館、嫘祖陵、嫘祖殿、鳳靈寺、龍潭文物保護區。

◎ 產地風情

鹽亭是嫘祖的故鄉，而舞蠶龍是鹽亭所獨有的民間祭祀嫘祖的民俗活動。通常蠶龍的長度約6.5米，是由白色綢緞精縫而成。蠶頭碩大，蠶身修長而有蠶紋。一般由八位青年婦女舞動蠶龍。舞蠶龍的人一律腳穿厚底短扣的靴子，穿綠色衣服。舞蠶龍時，人們一字長蛇陣排開，伴隨著鑼鼓，踏著節奏，跳躍騰挪，此起彼伏，將蠶龍舞得生動。

29. 廣安市 岳池縣

岳池位於四川盆地東部廣安市的西邊，為渠江和嘉陵江匯合的三角台地，因地勢平緩水源充足，盛產優質水稻而素有「銀岳池」的美譽，也間接造成岳池丘陵地的開發相對薄弱，從 2005 年左右部份鄉鎮才開始零零星星的引進青花椒種植。目前廣安市青花椒種植較多的除了岳池縣以外，還有廣安區、華蓥市。

岳池縣在多個鄉鎮的多年經驗累積後，根據氣候和地理環境適合花椒生長的優勢開始大力發展，其中粽粑鄉的楊小蘭於 2007 年回鄉帶領粽粑鄉農民種植九葉青花椒成功獲利後再次加速發展，粽粑鄉農民成功透過農民專業合作社註冊岳池縣首個由農民創建的品牌商標 「麻廣廣」九葉青花椒，讓粽粑鄉的鄉親們發現種植青花椒的價值。現在更成為粽粑鄉重點發展的青花椒產地之一，到 2019 年為止已種植超過 15000 畝。

↑岳池縣熱鬧的市場。

草創初期，楊小蘭在大龍山上租了一間簡單的民房後，就開始整地種椒苗，加上她做過花椒批發的生意，瞭解江津青花椒的種植技術，心想只要安穩的等待花椒樹三年的成長期即可開始收成，卻沒想到首批 4 萬多株的九葉青花椒苗栽下了地，因經驗不足，當年椒苗就死了一半，損失慘重。有了慘痛經驗，第二年就戰戰兢兢的要求農民按規範補種椒苗，順利讓今天大龍山花椒基地，成為粽粑鄉的發展青花椒產業的標準。

目前岳池縣除了粽粑鄉外，還有白廟、興隆、鎮裕鎮等都有種植青花椒，全縣種植面積按不完全統計已經超過 10 萬畝，特別是一些交通不便或是天然環境較差的鄉村，農民受惠於青花椒的適應力強、管理相對粗放、經濟效益明顯而在經濟上獲得改善。

↑岳池粽粑鄉大龍山上建有水泥路，方便農作機械進出和運輸，或可打造成農家樂的健康步道。

◎ 產地風情

岳池米粉的歷史悠久，已有三百多年歷史，從清康熙年間開始，岳池人家自製米粉，既能當主食早餐，也能待客。岳池米粉滋味鮮美，質地細軟，不易斷碎。而米粉類小吃最早開始於清光緒初年東外街的肥腸粉館，今日以羊肉粉最受顧客好評。在岳池不少人把米粉作為早餐的第一選擇，特別是寒冬和初春，略帶麻辣味的米粉讓人吃完後頓時熱和。

↓岳池粽粑鄉重點發展青花椒種植，5、6 年就發展超過 6000 畝。

在廣安市，青花椒種得較早的是廣安區，2000 年就開始種植，目前種植面積已經發展超過 15 萬畝，主要分布在觀塘鎮、代市鎮與虎城鄉。

另外前鋒區、華鎣市、鄰水縣也都有規模化發展青花椒產業，這幾個區市縣位於四川盆地東緣，華鎣山脈中段西麓，是四川以東進出重慶必經之地，在地形上，以華鎣山為界，西部多低丘，東部則是山地為主，青花椒種植的分布主要在西部低丘地區。

↓ 華鎣市天池鎮。

產 地 資 訊

產地： 廣安市 · 岳池縣
花椒品種： 九葉青花椒
風味品種： 檸檬皮味花椒
地方名： 青椒、青花椒、九葉青、麻椒。
分布： 粽粑鄉、白廟鎮、興隆、秦溪鎮、鎮裕鎮。
產季： 保鮮花椒為每年農曆 4 月上旬到 5 月上旬，大約是陽曆 5 月到 6 月上旬。乾花椒為每年農曆 5 月上旬到 6 月中下旬，大約是陽曆 6 月上旬到 7 月中下旬。。
※ 詳細風味感官分析見附錄二，第 293 頁。

▌地理簡介：
岳池位於四川盆地東部，渠江和嘉陵江匯合處的三角平原，北部為山區，東南為丘陵區。

▌氣候簡介：
岳池屬典型的中亞熱帶季風氣候區，四季分明，受地形影響，北部低山區氣溫較低且雨水偏少，東南丘陵區氣溫較高雨水偏多。

▌順遊景點：
翠湖景區、金城山、象鼻河、紅岩湖、鳳山公園、顧縣古鎮、金馬湖生態旅遊區、越江河瀑布。

○雅安市　○重慶市　○涼山彝族自治州　○攀枝花市　○甘孜藏族自治州　○阿壩藏族羌族自治州　●青花椒產區　●青花椒新興產區

30. 青花椒新興產區

綿陽市三台縣

花椒品種：藤椒

風味品種：黃檸檬皮味花椒

地方名：青椒、青花椒、麻椒。

種植規模：2012 年開始種植，至 2020 年已 模開發種植藤椒超過 22 萬畝，並建有藤椒產業園。

分布：全縣普遍種植，較集中種植的有蘆溪鎮、西平鎮、萬安鎮、紫河鎮等。

產季：保鮮花椒為每年農曆 4 月上旬到 5 月上旬，大約是陽曆 5 月到 6 月上旬。乾花椒為每年農曆 5 月上旬到 6 月中下旬，大約是陽曆 6 月上旬到 7 月中下旬。

▌地理簡介：

三台縣境內海拔高度 307 米至 672 米，屬川中丘陵地區，地勢北高南低，地質構造簡單。

▌氣候簡介：

三台縣地處北亞熱帶，四季氣候分明，年平均氣溫 19℃，冬春降水少而夏秋降水集中，年日照 1376 小時，降雨量 1050 毫米上下

▌順遊景點：

三台雲臺觀、郪江古鎮、潼川古城牆、西平古鎮、琴泉寺。

↑新開闢的藤椒林。　　　　↑三台縣鄉村風情。

↑藤椒。

↓三台縣萬畝藤椒產業園。

巴中市平昌區

花椒品種：九葉青花椒

風味品種：檸檬皮味花椒

地方名：青椒、青花椒、九葉青、麻椒。

種植規模：2012 年開始種植，13 年投入規模種植，15 年成為平昌縣的重點發展項目，截至 2019 年已規模開發青花椒種植 35 萬畝並已有 10 多萬畝花椒開始掛果投產。

分布：雲台鎮、白衣鎮、土興鎮、龍崗鎮、得勝鎮、大寨鎮、江家口鎮。

產季：保鮮花椒為每年農曆 4 月上旬到 5 月上旬，大約是陽曆 5 月到 6 月上旬。乾花椒為每年農曆 5 月上旬到 6 月中下旬，大約是陽曆 6 月上旬到 7 月中下旬。

▌地理簡介：

平昌縣屬四川東部山區，比鄰大巴山，最高海拔 1338.8 米，最低 350 米，農耕地一般在海拔 700 米左右，丘陵分布在海拔 380~480 米之間。

▌氣候簡介：

平昌縣屬四川盆地中亞熱帶濕潤季風氣候區，四季分明，氣候溫和，平均氣溫為 16.8℃，年降水夏多冬少，平均日照時數 1366 小時，全年霧多、風速小、雨量充沛，空氣濕潤。

▌順遊景點：

佛頭山森林公園、駟馬水鄉、鎮龍山國家森林公園、得勝古鎮。

↑白衣鎮青花椒基地。

↓→漸灘青花椒基地與九葉青花椒。

達州市達川區

花椒品種：九葉青花椒

風味品種：檸檬皮味花椒

地方名：青椒、青花椒、九葉青、麻椒。

種植規模：從 2013 年開始發展花椒產業，至 2020 年為止全區花椒種植面積已達 20 萬畝。

分布：九嶺、罐子、渡市等鄉鎮為中心輻射發展。

產季：保鮮花椒為每年農曆 4 月上旬到 5 月上旬，大約是陽曆 5 月到 6 月上旬。乾花椒為每年農曆 5 月上旬到 6 月中下旬，大約是陽曆 6 月上旬到 7 月中下旬。

▌地理簡介：

達川區地處四川盆地東部平行嶺谷區，地勢西北高東南低，以丘陵、低山地形為主，海拔介於 260 到 900 米之間。

▌氣候簡介：

夏熱多雨，春秋宜人，冬無嚴寒，年均降雨量約 1100 毫米，年平均氣溫 17.3℃，年總日照時數為 1146.5 小時，屬亞熱帶山地季風氣候。

▌順遊景點：

九龍湖風景旅遊區、雷音鋪森林公園、真佛山風景區、鐵山森林公園、一佛寺塔、仙女山、烏梅山風景區。

↑九嶺青花椒種植區。

↑九葉青花椒。

↑九嶺地貌風景。

↓九嶺青花椒種植區。

附錄一

其他省分花椒產地一覽

01.
甘肅省隴南市武都區

▌**主要花椒品種**：西路花椒——大紅袍、無刺大紅袍

▌**種植規模**：2020 年已在區內 34 個鄉鎮和 3 個街道發展花椒種植面積超過 90 萬畝，乾花椒產量超過 2.5 萬噸（5000 萬斤，陸制 500 克 / 斤，下同）。

2012 年「武都花椒」實施地理標誌產品保護。

2015 年獲得「甘肅省著名商標」，「花椒綜合豐產栽培技術試驗示範專案」被中國林業產業聯合會評為「創新獎」。

▌**產季**：乾花椒為每年農曆的 6 月上旬到 7 月下旬，大約是陽曆 7 月中旬到 9 月上旬。

02.

甘肅省隴南市文縣

▌**主要花椒品種：**西路花椒——大紅袍、無刺大
紅袍

▌**種植規模：**截至 2018 年種植發展面積超過 30
萬畝，乾花椒年產量超過 3200 噸（640 萬斤）。

▌**產季：**乾花椒為每年農曆 6 月上旬到 7 月下旬，
大約是陽曆 7 月中旬到 9 月上旬。

03.

陝西省寶雞市鳳縣

▌**主要花椒品種**：西路花椒——大紅袍、無刺大紅袍

▌**種植規模**：鳳縣花椒又名「鳳椒」，先後獲得「地理標誌產品」、「AA 級綠色食品認證」、「陝西著名商標」、「中國花椒之鄉」、「陝西名牌產品」等殊榮。2020 年全縣花椒留存面積達到 6.7 萬畝，年產乾花椒 1500 噸（約 300 萬斤）左右。

2012 年設立花椒試驗示範站，由西北農林科技大學、寶雞市政府和鳳縣縣政府三方合作共建，進行花椒相關技術研究與推廣工作。

▌**產季**：乾花椒為每年農曆 6 月上旬到 7 月下旬，大約是陽曆 6 月中旬到 8 月下旬。

04.
陝西省渭南市韓城市

▎ **主要花椒品種**：韓城大紅袍之「獅子頭」、「無刺椒」和「南強一號」品種

▎ **種植規模**：中國輕工業聯合會授予韓城「花椒之都」稱號，截止至 2020 年總種植面積超過 55 萬畝，年產乾花椒超過 2.6 萬噸（約 5200 萬斤）。「韓城大紅袍」為「中國馳名商標」、「中國農產品區域公用品牌價值百強」，陝西省省級名牌。

2018 年陝西省林業科學院在韓城市設立「中國（韓城）花椒研究院」，國家林業局花椒工程技術研究中心設立了「韓城基地」。

▎ **產季**：乾花椒為每年農曆 6 月中旬到 8 月上旬，大約是陽曆 7 月下旬到 9 月上旬。

05.

山東省萊蕪市

▌ **主要花椒品種：**西路花椒——大紅袍、小紅袍
▌ **種植規模：**1971 年萊蕪被列為山東省花椒商品基地縣，目前全區完成並
建立花椒種植標準、管理標準，2019 年面積達到 14.19 萬畝，乾花椒產量
超過 7500 噸。
萊蕪大紅袍花椒在第三屆中國農業博覽會上被評為名牌產品。1998 年萊蕪
市萊城區被命名為「中國花椒之鄉」。
▌ **產季：**乾花椒為每年農曆 6 月中旬到 8 月上旬，大約是陽曆 7 月下旬到 9
月上旬。

06.
貴州省黔西南
布依族苗族自治州貞豐縣

▌ **主要花椒品種：** 頂壇青花椒

▌ **種植規模：** 目前青花椒種植面積超過 8 萬畝，2020 年生鮮花椒產量 6000 噸。頂壇青花椒為地理標誌保護產品。2017 年貞豐縣被命名為「中國花椒之鄉」。

▌ **產季：** 乾花椒為每年農曆 5 月中旬到 7 月上旬，大約是陽曆 6 月下旬到 8 月上旬。

↓ 北盤江一景，照片右上角的大橋為六座著名北盤江大橋之一：關興公路北盤江大牆。

07.
雲南省昭通市魯甸縣

▌ **主要花椒品種**：雲南青花椒——魯青 1、2 號

▌ **種植規模**：2020 年全縣青花椒種植面積超過 30 萬畝，年產量超過 9800 噸。「魯甸青花椒」已註冊為地理標誌商標，並於龍頭山鎮成立西南最大青花椒交易市場。2019 年以花椒產業成為雲南省「一縣一業」特色縣。

▌ **產季**：乾花椒為每年農曆 5 月上旬到 7 月上旬，大約是陽曆 6 月中旬到 8 月上旬。

↑ 魯甸縣境也有種植少量的南路花椒。

08.
雲南省昭通市彝良縣

▎ **主要花椒品種：**雲南青花椒
▎ **種植規模：**2020 年全縣青花椒種植面積達超過 35 萬畝，年產乾花椒超過 9000 噸
▎ **產季：**乾花椒為每年農曆 5 月上旬到 7 月上旬，大約是陽曆 6 月中旬到 8 月上旬。

09.

雲南省曲靖市麒麟區

▌ **主要花椒品種**：雲南小紅袍
▌ **種植規模**：目前種植面積超過 1 萬畝，年產乾花椒 1800 噸。
▌ **產季**：乾花椒為每年農曆 6 月中旬到 8 月上旬，大約是陽曆 7 月下旬到 9 月下旬。

花椒風味感官分析　目錄

南路花椒

青花椒

西路花椒

南路花椒

01.
雅安市 漢源縣

主要品種：南路花椒——清溪椒
風味類型：橙皮味花椒——柳橙皮味
學名：花椒（*Zanthoxylum bungeanum*）
地方名：貢椒、黎椒、清溪椒、椒子、紅花椒。
分布：清溪鎮（含原建黎鄉）、富庄鎮（含原西溪鄉）、宜東鎮（含原梨園鄉、三交鄉）。
產季：農曆 7 月到 8 月，大約是陽曆 8 月上旬到 9 月下旬或 10 月上旬。

【感官分析】

▌漢源牛市坡椒花椒外皮的顏色以鮮深紅到暗紅褐色為主，牛市坡椒農形容為鮮牛肉色，內皮米白偏黃。
▌直接聞盛器中的花椒時會感覺到乾淨的柳橙皮甜香及爽香感。
▌隨手抓一把起來可以感覺到花椒粒乾爽、疏鬆的粗糙感。
取 5 顆花椒握在手心提高些許溫度後，花椒散發出的氣味轉為明顯的爽香感和柳橙皮甜香混合微量陳皮香。
▌將手中的花椒握緊搓 5 下後，柳橙皮甜香及爽香感變得突出並夾帶著可感覺到的橘皮香及少量而舒服的木香味。
▌取兩顆花椒粒放入口中咀嚼，先感覺到乾淨爽神的柳橙香，接著是明顯而清新爽口的熟甜香，香氣往上衝並帶有舒服的香水感。涼麻感輕，生津效果強，麻感持續時間長。整體滋味苦味低、回甜感明顯，在口中全程都有明顯甜味與甜香味，木香味最後出現且舒服。
▌麻度高到極高而有勁，麻度上升緩、麻感增強緩和，屬細緻柔和的柔毛刷感。
▌整體香與麻風味可在口中持續約 30 分鐘。

▌牛市坡以外的漢源花椒外皮的顏色以暗紅到深紅褐色，內皮為米白偏黃。
▌直接聞盛器中的花椒時會感覺到爽香而濃的橙皮香味，涼香感輕微及可感覺到的木香味。
▌隨手抓一把起來可感覺到花椒粒的質感為乾燥、疏鬆帶硬的粗糙感。
▌取 5 顆花椒握在手心提高些許溫度後，在鮮明的橙皮爽香味有橘皮味與陳皮味。
▌將手中的花椒握緊搓 5 下後，轉變為清新橙皮香為主，夾有輕微橘皮香味與木香味。
▌取兩顆花椒粒放入口中咀嚼，一入口即可感覺到明顯的橙皮的白皮苦味，接著是鮮明的橙皮甜香味與甜味感，爽香感特別明顯，有輕回甜感，讓人滿口生津，麻感後段有涼爽感。輕微的木香味貫穿在整體風味中。
▌麻度高到極高，麻度上升適中偏快，麻感增強適中，屬於細中帶粗的毛刷感，前舌上顎都會有麻感。
▌整體香與麻風味可在口中持續約 30 分鐘。

02.
涼山彝族自治州 昭覺縣

主要品種：南路花椒　　　　　　風味類型：青橘皮味花椒
學名：花椒（*Zanthoxylum bungeanum*）　地方名：大紅袍花椒、紅椒。
分布：樹坪鄉、四開鄉、柳且鄉、大壩鄉、地莫鄉、特布洛鄉、塘且鄉。
產季：農曆 7 月到 8 月，大約是陽曆 8 月到 9 月下旬。

【感官分析】

▌昭覺南路花椒的外皮為暗紅色到紅紫色，夾雜著紅褐色，其內皮是米黃帶微綠。
▌直接聞盛器中的花椒時，熟甜香的橘皮味中透著柚皮味與花椒特有腥味，帶有乾柴味。
▌抓一把在手中可以感覺到昭覺南路花椒顆粒為乾鬆的扎手感。
▌取 5 顆花椒握在手心提高些許溫度後，橘皮味中透出甜香味，淡淡柚皮味，有微涼感及花椒特有腥味，乾柴味依舊。
▌將手中的花椒握緊 5 下後，香氣轉為偏甜的青橘皮味，涼香感與甜香感明顯，花椒特有腥味感覺變淡。
▌取兩顆花椒粒放入口中咀嚼，可感覺到青橘皮味濃，花椒本味竄出，回甜感明顯，苦味也明顯，生津感強，夾有淡淡柚皮香及木腥味。花椒的本味、生津感與苦味的綜合濃度高，讓人有輕微噁心感。回味甜香感明顯。
▌麻度中上到強，麻度上升快，麻感增強快，屬於細刺的細中帶粗毛刷感，明顯的涼麻感並麻到喉嚨
▌整體香與麻在口中持續時間約 30 分鐘。

03.
涼山彝族自治州 美姑縣

主要品種：南路花椒　　　　　　風味類型：橘皮味花椒
學名：花椒（*Zanthoxylum bungeanum*）　地方名：大紅袍花椒、紅椒。
分布：巴普鎮、佐戈依達鄉、巴古鄉、龍門鄉、牛牛壩鄉、典補鄉、拖木鄉、候古莫鄉、峨曲古鄉等
產季：農曆 7 月到 8 月，大約是陽曆 8 月到 9 月下旬。

【感官分析】

▌美姑南路花椒的外皮為黑紅色到暗紅紫色或紅褐色，內皮為米黃色。
▌直接聞盛器中的花椒時，橘皮甜香味濃，帶明顯涼感，木香味舒服並有成熟果香味。
▌抓一把在手中可以感覺到美姑南路花椒顆粒為舒爽乾燥的疏鬆感。
▌取 5 顆花椒握在手心提高些許溫度後，涼感、過熟的橘皮甜香味增加，混合舒服的木香。
▌將手中的花椒握緊 5 下後，香氣轉為濃橘皮熟甜味的熟果香，淡淡香水感，涼香味舒服，木香怡人。
▌取兩顆花椒粒放入口中咀嚼，橘皮甜香味鮮明，苦味略多帶有澀味，苦中帶甜，回甜感明顯而快，木香味偏多。
▌麻度中上到高，麻度上升偏快，麻感增強適中偏快，屬於細刺，後韻中出現涼爽麻感。
▌整體香與麻在口中持續時間約 25 分鐘。

04.
涼山彝族自治州
雷波縣

主要品種：南路花椒　　　　　　風味類型：橘皮味花椒
學名：花椒（*Zanthoxylum bungeanum*）　地方名：大紅袍、紅椒。
分布：菁口鄉、卡哈洛鄉、岩腳鄉。各鄉鎮海拔 1800 米以上的緩坡地，但種植面積較小而分散。
產季：農曆 7 月到 9 月之間，大約是陽曆 8 月到 10 月。

【感官分析】
▌雷波南路花椒的外皮為暗紅褐色到暗褐色，夾帶一些黃褐色；內皮為米黃色。
▌直接聞盛器中的花椒時，有著乾橘皮味加木香味的混合味。
▌抓一把在手中可以感覺到雷波南路花椒顆粒為扎實的粗鬆感。
▌取 5 顆花椒握在手心提高些許溫度後，轉為乾橘皮味濃，木香味尚可，少許乾柴味。
▌將手中的花椒握緊搓 5 下後，香氣轉為新鮮橘皮味帶淡淡甜香，有輕微涼感；木香味尚可，有乾柴味。
▌取兩顆花椒粒放入口中咀嚼，可感覺到清鮮橘皮味中夾有柚子味和乾柴味，滋味為淡淡的熟果香味與中等程度的苦味，澀感明顯。後韻有乾柴味，回味時苦中帶微甜。
▌麻度中到中上，麻度上升適中，麻感增強適中偏快，為略顯尖銳的細中帶硬毛刷感。
▌整體香、麻、滋味在口中持續時間約 20 分鐘。

05.
涼山彝族自治州
金陽縣

主要品種：南路花椒　　　　　　風味類型：橘皮味花椒
學名：花椒（*Zanthoxylum bungeanum*）　地方名：大紅袍花椒、紅椒。
分布：馬依足鄉及全縣各鄉鎮，海拔 1800 米以上的緩坡地，但種植面積較小而分散。
產季：農曆 7 月至 9 月中旬，大約陽曆 8 月上旬到 10 月下旬前。

【感官分析】
▌金陽南路花椒的外皮為暗紅到深紫紅、褐紅色，內皮為米黃色偏深。
▌直接聞盛器中的花椒時，金陽南路花椒的熟莓果味明顯中混合陳皮味與木香味加一點乾柴味。
▌抓一把在手中，其顆粒為粗糙帶刺的顆粒感。
▌取 5 顆花椒握在手心提高些許溫度後，花椒的陳皮味與乾柴味變得明顯。
▌將手中的花椒握緊搓 5 下後，香氣轉為明顯的熟橘皮清香味，帶有淡淡的甜香味與木香味，隱約有木腥味。
▌取兩顆花椒粒放入口中咀嚼，可以感覺到橘皮的揮發性清香明顯，苦味也偏明顯，之後唇舌的麻感就上來，混合著輕輕的木腥味，接著木香味變得明顯，開始有回甜感與涼麻感，回味時乾柴味明顯。
▌麻度為中到中上，麻度上升適中偏快，麻感增強適中，屬粗中帶細的毛刷感。
▌整體香、麻、滋味在口中持續時間約 20 分鐘。

06.
涼山彝族自治州
越西縣

主要品種：南路花椒　　　風味類型：橙皮味花椒——柳橙皮味
學名：花椒（*Zanthoxylum bungeanum*）
地方名：南椒、花椒、紅椒、正路椒。
分布：普雄鎮、乃托鎮、保安藏族鄉、白果鄉、大屯鄉、大瑞鄉、拉白鄉、爾覺鄉、瓦普莫鄉、書古鄉、鐵西鄉。
產季：農曆 6 月中旬到 8 月中旬，大約陽曆 7 月下旬到 9 月下旬。

【感官分析】
▌越西南路花椒的外皮為深紅棕色到暗紅褐色，內皮呈鮮米黃色。
▌直接聞盛器中的花椒時，有清新甜香帶香水感的橙皮味，熟果香明顯，木香味輕。
▌抓一把在手中可以感覺到越西南路花椒顆粒為粗糙且微扎手的疏鬆感。
▌取 5 顆花椒握在手心提高些許溫度後，轉為帶涼感的柳橙甜香味，令人舒服的果香味，木香味適中。
▌將手中的花椒握緊搓 5 下後，香氣轉為甜香的柳橙皮味加上明顯甜果香味，香水感明顯，木香味輕。
▌取兩顆花椒粒放入口中咀嚼，可感覺到苦味先出現夾有揮發感，接著出現可感覺的木腥味混合濃郁柳橙白皮味，回甜感中等。在口中後期風味中柳橙皮甜香開始明顯，帶令人愉悅的香水感。生津感中等，木香味明顯，苦澀感中等。
▌麻度高到極高，麻度上升適中，麻感增強適中，屬於細密帶微刺細毛刷感。
▌整體香、麻、滋味在口中持續時間約 30 分鐘。

07.
涼山彝族自治州
喜德縣

主要品種：南路花椒
風味類型：橘皮味花椒
學名：花椒（*Zanthoxylum bungeanum*）
地方名：紅椒、大紅袍、南椒、南路花椒、双耳椒。
分布：巴久鄉、米市鎮、尼波鎮、拉克鄉、兩河口鎮、洛哈鎮、光明鎮、且拖鄉、沙馬拉達鄉、依洛鄉、紅莫鎮、賀波洛鄉、魯基鄉。
產季：農曆 6 月中旬到 8 月中旬，大約陽曆 7 月下旬到 9 月下旬。

【感官分析】
▌喜德花椒的外皮顏色為深紅帶橙色到暗褐色，其內皮為米黃色。
▌直接聞盛器中的花椒時有清爽的橘皮味，熟甜香清新中帶水果香，木香味輕，可感覺到的涼爽香水味。
▌抓一把在手中可感覺到喜德花椒顆粒為疏鬆的顆粒感。
取 5 顆花椒握在手心提高些許溫度後，呈現出乾橘皮味與甜香味及相對明顯的木香味。
▌將手中的花椒握緊搓 5 下後，香氣轉為涼爽橘皮味，甜香感清新，帶有少許涼爽香水味，木香味在尾韻中明顯。
▌取兩顆花椒粒放入口中咀嚼，會感覺到木香味先出現，木腥味與苦味同時被感覺到，接著是甜味與麻感一起出現，中期以後才開始出現濃郁舒暢的橘皮香與甜香。後韻在橘皮味中夾有木香味。
▌麻度中上到高，麻度上升偏快，麻感增強適中偏快，屬微刺的細中帶粗的毛刷感。
▌整體香與麻在口中持續時間約 30 分鐘。

08.
涼山彝族自治州
冕寧縣

主要品種：南路花椒——靈山正路椒　　風味類型：橘皮味花椒
學名：花椒（*Zanthoxylum bungeanum*）
地方名：南椒、正路椒、靈山椒。
分布：麥地溝鄉、金林鄉、聯合鄉、拖烏鄉、南河鄉、和愛藏族鄉、惠安鄉、青納鄉、先鋒鄉、沙壩鎮、曹古鄉、彝海鄉、錦屏鄉、馬頭鄉。
產季：農曆 6 月中旬到 8 月中旬，大約陽曆 7 月下旬到 9 月下旬。

【感官分析】
▌冕寧南路花椒的外皮為深紅色到暗紅褐色，內皮為米黃色偏深。
▌直接聞盛器中的花椒時木香味及乾柴味濃，夾帶著陳皮味與些許橘皮味。
▌抓一把在手中可以感覺到冕寧南路花椒顆粒為粗而扎手的疏鬆感。
▌取 5 顆花椒握在手心提高些許溫度後，氣味轉為陳皮、橘皮的混合味，木香味偏濃、偏乾柴味。
▌將手中的花椒握緊搓 5 下後，香氣轉為清新橘皮味，中間有明顯的檸檬皮香及舒適的甜香氣，木香味適中，帶一點點揮發性木腥味的味感。
▌取兩顆花椒粒放入口中咀嚼，可以感覺到橘皮味先出現，接著出現苦味、麻感，夾帶有乾柴味，最後出現中等橘皮香以及舒服的甜香與回甜感，生津感中上，回味時有著陳皮甜香味，涼麻感鮮明。
▌麻度中上到高，麻度上升適中偏快，麻感增強適中，屬於綿刺的細中帶粗毛刷感。
▌整體香與麻在口中持續時間約 25 分鐘。

09.
涼山彝族自治州
鹽源縣

主要品種：南路花椒　　　　風味類型：橘皮味花椒
學名：花椒（*Zanthoxylum bungeanum*）地方名：花椒、南椒、大紅袍。
分布：鹽井鎮、衛城鎮、平川鎮。
產季：農曆 6 月下旬到 9 月，大約陽曆 8 月到 10 月中旬。

【感官分析】
▌鹽源南路花椒的外皮為暗褐紅色到暗紫紅色或黑褐色，內皮為米白色。
▌直接聞盛器中的花椒時，橘皮味明顯中帶檸檬香及明顯熟果香，帶些許甜香味，有微涼感與木香味。
▌抓一把在手中可以感覺到鹽源南路花椒顆粒為顆粒狀的粗糙感。
▌取 5 顆花椒握在手心提高些許溫度後，橘皮香中夾帶熟果香與舒服涼香感，有輕木香味。
▌將手中的花椒握緊搓 5 下後，香氣轉為清新的橘皮香混合熟果香，木香味適中。
▌取兩顆花椒粒放入口中咀嚼，先感覺到帶苦的橘皮味，之後出現麻感，接著出現濃郁橘皮味，甜味感明顯，苦澀感偏明顯，明顯的木香味。回味中，甜香夾橘皮味。
▌麻度為中到中上，麻度上升適中偏快，麻感增強適中偏快，屬於涼爽的粗中帶細毛刷感。
▌整體香、麻、滋味在口中持續時間約 25 分鐘。

10.
涼山彝族自治州
會理縣

主要品種：南路花椒
風味類型：橘皮味花椒
學名：花椒（*Zanthoxylum bungeanum*）
地方名：小椒子、紅椒。
分布：益門鎮、槽元鄉、三地鄉、太平鎮、橫山鄉、小黑菁鎮。
產季：農曆 6 月中旬到 8 月上旬，大約陽曆 7 月下旬到 9 月中旬。

【感官分析】
▌會理南路花椒的外皮為深紅褐色到暗褐黃色，內皮是米黃帶點綠。
▌直接聞盛器中的花椒時，是熟甜香感的果香味與甜香橘皮味，帶著輕微的涼感，輕度的揮發性香水味。
▌抓一把在手中可以感覺到會理南路花椒顆粒為粗糙的顆粒感。
▌取 5 顆花椒握在手心提高些許溫度後，熟甜橘皮味轉濃且帶果香，明顯的涼香感，適中的木香味。
▌將手中的花椒握緊搓 5 下後，香氣轉為成熟的清甜橘皮味加少許果香，涼香感明顯，木香味減少，出現明顯、舒服的揮發感香水味。
▌取兩顆花椒粒放入口中咀嚼，感覺到輕微的橘皮香後就出現明顯苦味，之後帶出涼香感明顯的濃郁檸檬苦香味與橘皮甜香味，生津感明顯。中後韻轉為清新橘皮甜香，苦味變得不明顯，但有澀感。
▌麻度為中上到高，麻度上升適中偏快，麻感增強適中，屬於涼爽感突出的細中帶粗的毛刷感。
▌整體香、麻、滋味在口中持續時間約 30 分鐘。

11.
涼山彝族自治州
會東縣

主要品種：南路花椒　　　　風味類型：橘皮味花椒
學名：花椒（*Zanthoxylum bungeanum*）　地方名：小椒子、紅椒。
分布：新街鄉、紅果鄉、岩壩鄉。
產季：農曆 6 月中旬到 8 月上旬，大約陽曆 7 月下旬到 9 月中旬。

【感官分析】
▌會東南路花椒的外皮為偏黑的暗紅到暗褐紅色或褐紅帶黃，內皮為米黃色偏深。
▌直接聞盛器中的花椒時，青橘皮味中有木香味與輕微的熟果味與極輕的油耗味。
▌抓一把在手中可以感覺到會東南路花椒顆粒為粗糙的鬆泡感。
▌取 5 顆花椒握在手心提高些許溫度後，以乾橘皮味加乾柴味為主，仍可聞到輕微油耗味。
▌將手中的花椒握緊搓 5 下後，香氣轉為鮮香橘皮味中帶甜香感與輕微涼香感，可感覺到的熟果香，帶淡淡木香味。
▌取兩顆花椒粒放入口中咀嚼，可感覺到突出的橘皮香與涼香感及有微甜感的明顯甜香感，涼麻感、回甜感明顯，有舒服的木香，生津感中等，回味時橘皮味明顯。
▌麻度中上到高，麻度上升適中，麻感增強適中偏快，屬於微刺的細中帶粗毛刷感。
▌整體香、麻、滋味在口中持續時間約 25 分鐘。

12.
涼山彝族自治州
甘洛縣

主要品種：南路花椒
風味類型：橘皮味花椒
學名：花椒（*Zanthoxylum bungeanum*）
地方名：大紅袍、紅椒、椒子。
分布：尼爾覺鄉、蓼坪鄉、兩河鄉、海棠鎮、斯覺鎮、阿爾鄉、烏史大橋鄉、團結鄉、蘇雄鄉。
產季：農曆 6 月中旬到 8 月中旬，大約是陽曆 7 月上旬到 9 月上旬。

【感官分析】
▌甘洛南路花椒的外皮為濃紅色到暗紅褐色，內皮為米黃色。
▌直接聞盛器中的花椒時，以清新橘皮味為主加輕微木香味。
▌抓一把在手中可以感覺到甘洛南路花椒顆粒為乾爽的疏鬆感。
▌取 5 顆花椒握在手心提高些許溫度後，橘皮味變得更明顯並出現果香味及木香味。
▌將手中的花椒握緊搓 5 下後，香氣轉為涼香感的橘皮味及帶甜香的果香味，有舒服的木香味。
▌取兩顆花椒粒放入口中咀嚼，可感覺到明顯熟甜香的橘皮味，苦澀味明顯，木香味適中。回味是陳皮香的橘皮味。
▌麻度中到中上，麻度上升偏快，麻感增強適中偏快，為粗中帶細的毛刷感。
▌整體香、麻、滋味在口中持續時間約 20 分鐘。

13.
涼山彝族自治州
德昌縣

主要品種：南路花椒
風味類型：橘皮味花椒
學名：花椒（*Zanthoxylum bungeanum*）
地方名：香椒子、紅椒、小椒子。
分布：前山鄉、王所鄉、巴洞鄉、南山　傈族鄉、茨達鄉、樂躍鎮、金沙　傈族鄉、鐵爐鄉、馬安鄉、大灣鄉、大山鄉、大六槽鄉、熱河鄉。
產季：農曆 6 月中旬到 8 月下旬，大約陽曆 7 月下旬到 9 月下旬。

【感官分析】
▌德昌南路花椒的外皮為暗褐紅色到暗黑紅帶黃色，內皮為米白而微黃。
▌直接聞盛器中的花椒時，熟橘皮香加明顯熟果香，甜香味濃中夾有莓果香味。
▌抓一把在手中可以感覺到德昌南路花椒顆粒為粗糙的顆粒感。
取 5 顆花椒握在手心提高些許溫度後，熟橘皮香中出現木香味，甜香味依舊明顯。
▌將手中的花椒握緊搓 5 下後，香氣轉為濃郁熟橘皮香，木香味減少，甜香味增加。
▌取兩顆花椒粒放入口中咀嚼，可感覺到清新的橘皮味，苦味明顯，過程中木香味與甜香感慢慢出來。回味是木香味加少許橘皮味，回甜感輕，生津感中等。
▌麻度中到中上，麻度上升快，麻感增強偏快，屬於細密微刺的細中帶粗毛刷感。
▌整體香、麻、滋味在口中持續時間約 20 分鐘。

14.
涼山彝族自治州
普格縣

主要品種：南路小椒子
風味類型：橘皮味花椒
學名：花椒（*Zanthoxylum bungeanum*）
地方名：紅椒、大紅袍。
分布：大槽鄉、特補鄉、洛甘鄉、五道菁鄉、月吾鄉、東山鄉。
產季：農曆 6 月中旬到 8 月下旬，大約陽曆 7 月下旬到 9 月下旬。

【感官分析】
▌普格南路花椒的外皮為暗紅色到紅褐、黑褐色，內皮為米黃色。直接聞盛器中的花椒時，橘皮香濃郁中有熟甜香味，木香氣輕。
▌抓一把在手中可以感覺到普格南路花椒顆粒為扎實的粗糙感。
▌取 5 顆花椒握在手心提高些許溫度後，呈現出濃郁鮮橘皮香及淡淡檸檬涼香味，木香味舒服。
▌將手中的花椒握緊搓 5 下後，香氣轉為橘皮香濃郁、甜香明顯並透出熟果香，有淡淡涼香味。
▌取兩顆花椒粒放入口中咀嚼，可感覺到甜香的橘皮味，有微苦感及明顯的檸檬氣味，回甜感明顯，熟果味明顯。後韻是舒爽的果香感。
▌麻度為中上到高，麻度上升適中，麻感增強適中偏快，為粗中帶細的毛刷感，生津感強，麻感充斥全口到喉嚨。
▌整體香、麻、滋味在口中持續時間約 25 分鐘。

15.
涼山彝族自治州
木里藏族自治縣

主要品種：南路花椒
風味類型：橘皮味花椒
學名：花椒（*Zanthoxylum bungeanum*）
地方名：紅椒、花椒。
分布：白碉苗族鄉、傈波鄉、卡拉鄉、克爾鄉、西秋鄉。
產季：農曆 7 月至 9 月中旬，大約是陽曆 8 月下旬到 10 月下旬。

【感官分析】
▌木里南路花椒的外皮為暗紅到偏黑的暗褐色，內皮為米黃色偏深。
▌直接聞盛器中的花椒時，以輕熟果香味和甜香味為主，橘皮味很淡，帶輕微涼香感，淡淡木香氣中帶陳皮味。
▌抓一把在手中可以感覺到木里南路花椒顆粒為粗糙的疏鬆感。
取 5 顆花椒握在手心提高些許溫度後，陳皮味、果香味與橘皮味變得突出，具有微涼感，帶少量乾柴味與木香味。
▌將手中的花椒握緊搓 5 下後，香氣轉為橘皮味混合柚皮味，有明顯陳皮味，涼香感輕。
▌取兩顆花椒粒放入口中咀嚼，可感覺到木腥味與苦味先出現，之後一起感覺到澀感與麻感，苦味跟著增強，花椒本味在此出現加上明顯的熟橘皮味混合陳皮味，有回甜感，後韻橘皮甜香氣明顯。
▌麻度中等，麻度上升偏快，麻感增強適中偏快，涼麻感明顯，屬於粗中帶細的毛刷感。
▌整體香、麻、滋味在口中持續時間約 20 分鐘。

16.
甘孜藏族自治州
康定縣

主要品種：南路花椒　　　　　　風味類型：橘皮味花椒

學名：花椒（Zanthoxylum bungeanum）　地方名：遲椒、宜椒、南椒。

分布：爐城鎮、孔玉鄉、捧塔鄉、金湯鄉、三合鄉、麥崩鄉、前溪鄉、舍聯鄉、時濟鄉。

產季：農曆6月下旬到9月上旬，大約是陽曆8月上旬到10月上旬。

【感官分析】

▌ 康定南路花椒的外皮為深紅色到暗紅褐或暗褐色，內皮為偏濃的米黃色。

▌ 直接聞盛器中的花椒時，陳皮味明顯，橘皮香與甜香味適中，有輕微的涼香感，木香感明顯。

▌ 抓一把在手中可以感覺到康定南路花椒顆粒為粗糙微扎手的疏鬆感。

▌ 取5顆花椒握在手心提高些許溫度後，陳皮與橘皮混合味變得明顯，乾柴味明顯，涼香感輕微。

▌ 將手中的花椒握緊搓5下後，香氣轉為橘皮清甜香明顯，陳皮味次之，涼香感變明顯，木香感明顯。

▌ 取兩顆花椒粒放入口中咀嚼，可感覺到橘皮清香鮮明，回甜感強，苦味不明顯，甜香明顯，木香味輕而舒服，生津感強，澀味中等。後韻麻感明顯，甜香與木香為主。

▌ 麻度中到高，麻度上升偏快，麻感增強快，屬於粗中帶細的毛刷感，有明顯的麻喉感，伴有輕微噁心感。

▌ 整體香、麻、滋味在口中持續時間約20分鐘。

17.
甘孜藏族自治州
九龍縣

主要品種：南路花椒　　　　　　風味類型：橘皮味花椒

學名：花椒（Zanthoxylum bungeanum）　地方名：南椒、遲椒。

分布：呷爾鎮、乃渠鎮、烏拉溪鎮、雪窪龍鎮、煙袋鄉、子耳鄉、魁多鎮、三埡鎮、小金鄉、朵洛鄉。

產季：農曆7月到9月上旬，大約是陽曆8月上旬到10月上旬。

【感官分析】

▌ 九龍南路花椒的外皮為深紅色、暗紫紅到黑棕色，其內皮為米黃色。

▌ 直接聞盛器中的花椒時，適中的熟甜果香、橘皮甜香，帶輕微涼爽感。

▌ 抓一把在手中可以感覺到九龍南路花椒顆粒為顆粒感明顯的粗糙感。

▌ 取5顆花椒握在手心提高些許溫度後，橘皮甜香變得鮮明，舒服木香味中帶涼感，有淡淡乾柴味。

▌ 將手中的花椒握緊搓5下後，香氣轉為橘皮清香加甜香夾有木香味，爽香感明顯。

▌ 取兩顆花椒粒放入口中咀嚼，可感覺到橘皮味輕，微苦後出現甜香，回甜感明顯同時橘皮味大量出現，中段後苦澀味明顯，生津感強，帶橙皮甜香。後韻橘皮、甜香味並重。

▌ 麻度中到強，麻度上升適中，麻感增強適中，為細密的細毛刷感，短時間食用量過多、過濃時容易產生噁心感。

▌ 整體香、麻、滋味在口中持續時間約30分鐘。

18.
甘孜藏族自治州
瀘定縣

主要品種：南路花椒

風味類型：橘皮味花椒

學名：花椒（Zanthoxylum bungeanum）

地方名：大紅袍、紅椒、正路椒。

分布：嵐安鄉、烹壩鄉、瀘橋鎮、冷磧鄉、興隆鄉、得妥鄉。

產季：農曆6月下旬到9月上旬，大約是陽曆7月下旬到10月上旬。

【感官分析】

▌ 瀘定南路花椒的外皮為暗紅色到飽和的紅色，內皮米白帶微黃色。

▌ 直接聞盛器中的花椒時有明顯的橘皮香與清甜香，木香味舒服。

▌ 抓一把在手中可以感覺到瀘定南路花椒顆粒為輕微扎手的粗糙顆粒感。

▌ 取5顆花椒握在手心提高些許溫度後，出現乾柴味，涼香感及乾的橘皮味變明顯。

▌ 將手中的花椒握緊搓5下後，香氣轉為帶甜香感的清新橘皮味，涼感出現且明顯並有乾橘皮味，木香味適中。

▌ 取兩顆花椒粒放入口中咀嚼，可感覺到熟透的橘皮味，苦味中等，麻感出現得快，有乾柴味，回甜感適中，生津感強。後韻橘皮味輕，涼麻感強。

▌ 麻度中上到微強，麻度上升快，麻感增中偏快，屬於細密尖刺感的粗中帶細的毛刷感，過多會有輕微的噁心感。

▌ 整體香、麻、滋味在口中持續時間約25分鐘。

19.
阿壩藏族羌族自治州
馬爾康市

主要品種：南路花椒

風味類型：橘皮味花椒

學名：花椒（Zanthoxylum bungeanum）

地方名：狗屎椒、南椒、紅椒。

分布：松崗鎮、腳木足鄉、木耳宗鄉、黨壩鄉。

產季：農曆6月下旬到8月中旬，大約是陽曆7月中旬到9月下旬。

【感官分析】

▌ 馬爾康南路花椒的外皮為黑褐紅色至深紅色，內皮為米黃色。

▌ 直接聞盛器中的花椒時，氣味以陳皮味加乾柴味為主，帶甜香氣與微涼感。

▌ 抓一把在手中可以感覺到馬爾康南路花椒顆粒為扎手的疏鬆顆粒感。

▌ 取5顆花椒握在手心提高些許溫度後，陳皮味加乾柴味更明顯。將手中的花椒握緊搓5下後，香氣轉為橘皮味加乾柴味，夾帶陳皮味，明顯的微涼感。

▌ 取兩顆花椒粒放入口中咀嚼，可感覺到木腥味先上沖，後轉清爽橘皮味，陳皮味、乾柴味明顯，苦味輕，麻感上來得慢，生津感中下。回味乾柴味明顯，本味亦明顯。

▌ 麻度中到中上，麻度上升偏快，麻感增強偏快，為粗糙的粗中帶細毛刷感。

▌ 整體香、麻、滋味在口中持續時間約20分鐘。

20.
阿壩藏族羌族自治州
理縣

主要品種：南路花椒
風味類型：橘皮味花椒
學名：花椒（Zanthoxylum bungeanum）
地方名：南椒、正路椒、紅椒。
分布：甘堡鄉、薛城鎮、通化鄉、蒲溪鄉。
產季：農曆 6 月下旬到 8 月中旬，大約是陽曆 7 月中旬到 9 月下旬。

【感官分析】
▌理縣南路花椒的外皮為飽和紅色到暗紅褐色，內皮為米黃色。
▌直接聞盛器中的花椒時，可聞到橘皮香味加木香味，有輕微的甜香味。
▌抓一把在手中可以感覺到理縣南路花椒顆粒為扎實的疏鬆感。
▌取 5 顆花椒握在手心提高些許溫度後，呈現明顯橘皮香加陳皮香味，有輕微涼香感及甜香味。
▌將手中的花椒握緊搓 5 下後，香氣轉為清新橘皮味加甜香味，有輕微的香水感與輕微木香味。
▌取兩顆花椒粒放入口中咀嚼，可感覺到木腥味混合橘皮味，麻感出現得快但強度增加緩和，生津感中等到中上，苦味明顯，有微澀感。回味帶甜與輕涼感、涼香。
▌麻度中上到高，麻度上升偏快，麻感增強偏快，屬於細密的粗中帶細的毛刷感。
▌整體香、麻、滋味在口中持續時間約 25 分鐘。

21.
阿壩藏族羌族自治州
金川縣

主要品種：南路花椒
風味類型：橘皮味花椒
學名：花椒（Zanthoxylum bungeanum）
地方名：正路椒、狗屎椒、南椒。
分布：觀音橋鎮、俄熱鄉、太陽河鄉、金川鎮、沙耳鄉、咯爾鄉、勒烏鄉、河東鄉、河西鄉、獨松鄉、安寧鄉、卡撒鄉、曾達鄉。
產季：農曆 7 月上旬到 8 月下旬，大約是陽曆 8 月上旬到 9 月中下旬。

【感官分析】
▌金川南路花椒的外皮為飽和暗紫紅色到黑紅褐色，內皮米白。
▌直接聞盛器中的花椒時，熟甜果香味濃混合橘皮香，涼香感明顯，有香水感，木香味輕。
▌抓一把在手中可以感覺到金川南路花椒顆粒為粗糙的顆粒感。
取 5 顆花椒握在手心提高些許溫度後，木香味混合熟甜果香加涼感橘皮味。
▌將手中的花椒握緊搓 5 下後，香氣轉為橘皮甜香明顯，帶有涼爽感，木香味適中。
▌取兩顆花椒粒放入口中咀嚼，可感覺到苦味先出來，熟甜果香感明顯，剛入口會有明顯揮發感香味。後韻還是以橘皮甜香為主，加熟果香味，生津感中到中上。
▌麻度中上到高，麻度上升適中，麻感增強適中偏快，為綿刺感的細中帶粗的毛刷感。
▌整體香、麻、滋味在口中持續時間約 30 分鐘。

青花椒

22.
重慶市
江津區

主要品種：九葉青花椒　　　　風味類型：青檸檬皮味花椒
學名：竹葉花椒（Zanthoxylum armatum）
地方名：九葉青、麻椒、香椒子、青花椒。
分布：蔡家、嘉平、先鋒、李市、慈雲、白沙、石門、吳灘、朱羊、賈嗣、杜市等鎮（街）。
產季：農曆 5 月到 6 月之間，大約是陽曆 6 月到 7 月中旬。

【感官分析】
▌江津青花椒的外皮為濃郁的濃綠到墨綠色，內皮呈粉白帶綠黃色。
▌直接聞盛器中的花椒時，有濃縮的檸檬皮味與可感覺的涼爽花香感，其中夾帶有些許乾柴味與藤腥味。
▌抓一把在手中可以感覺到江津青花椒扎實的顆粒感。
▌取 5 顆花椒握在手心提高些許溫度後，香氣轉為濃縮、爽神的檸檬苦香味，以及可感覺的涼爽花香感，還有淡淡木香味。
▌將手中的花椒握緊搓 5 下後，轉變為濃郁的清新檸檬香，其中苦香感和涼香感明顯並帶藤腥味及些許乾藤味。
▌取兩顆花椒粒放入口中咀嚼，能感受到濃郁而清新的濃縮檸檬皮香味，帶明顯的花香感及一定的藤腥味，全程滋味帶有中等程度的苦澀味。
▌麻度中等，麻度上升適中偏快，麻感增強適中偏快，是明顯刺麻感的粗毛刷感。
▌整體香與麻在口中十分鮮明，可在口中持續約 15 分鐘。

23.
重慶市
璧山區

主要品種：九葉青花椒　　　　　風味類型：青檸檬皮味花椒
學名：竹葉花椒（Zanthoxylum armatum）
地方名：九葉青、麻椒、香椒子、青花椒。
分布：三合鎮、福祿鎮、河邊鎮、丹鳳鎮、大路鎮、璧城街道、璧泉街道。
產季：農曆5月到6月之間，大約是陽曆6月到7月中旬。

【感官分析】
▌璧山青花椒的外皮為暗綠褐色到深濃綠色，其內皮米黃偏綠。
▌直接聞盛器中的青花椒時有清新濃縮檸檬皮味混合著花香感，涼香的感覺較輕，並帶有淡淡的草腥氣。
▌抓一把在手中可以感覺到璧山青花椒為硬實的顆粒感。
▌取5顆花椒握在手心提高些許溫度後，青花椒香氣轉為層次明顯的清新檸檬皮味加花香感，以及舒服的涼香感，輕微的藤腥味。
▌將手中的花椒握緊搓5下後，層次明顯的清新檸檬皮味加花香感中多出明顯的揮發性涼香感。
▌取兩顆青花椒粒放入口中咀嚼，以爽神的檸檬皮香氣為主夾有成熟的甜柚香，麻感、苦味在入口後很快的出現但柔和，接著出現藤香味、藤腥味。生津感輕微，滋味中帶明顯甜花香感與舒服草香，回味有甜味與甜花香；涼香明顯，全程苦澀味中等。
▌璧山青花椒的麻度中等，麻度上升適中偏快，麻感增強適中偏快，是細刺般的粗毛刷感。
▌整體香與麻在口中十分鮮明，持續時間約15分鐘。

24.
重慶市 酉陽土家族
苗族自治縣

主要品種：九葉青花椒　　　　　風味類型：青檸檬皮味花椒
學名：竹葉花椒（Zanthoxylum armatum）
地方名：九葉青、青花椒、麻椒、香椒子。
分布：全縣都有種植，以酉酬鎮、後溪鎮、麻旺鎮、小河鎮、泔溪鎮、龍潭鎮為主。
產季：農曆5月到6月之間，大約是陽曆6月到7月中旬。

【感官分析】
▌酉陽青花椒的外皮為濃綠中帶黃，內皮為淺粉黃綠色。
▌直接聞盛器中的花椒時，有濃郁的檸檬皮苦香味，有微涼感，夾雜著輕微的乾柴味與藤腥味。
▌抓一把在手中可以感覺到酉陽青花椒顆粒為扎實中略鬆的顆粒感。
▌取5顆花椒握在手心提高些許溫度後，青花椒香氣轉為濃郁的檸檬苦香味混合藤香味，微涼感不變，仍帶有輕微乾柴味。
▌將手中的花椒握緊搓5下後，香氣再轉為偏濃的清新檸檬香，有微涼感，藤香味、草香與藤腥味適中。
▌取兩顆花椒粒放入口中咀嚼，清新檸檬皮味鮮明，先嚐到中等的苦味與澀味及些許藤腥味，花香感、藤香味明顯並帶淡淡甜香味，生津感輕微。回味時，甜味中帶檸檬香與花香感，有些微乾藤味，中後期苦澀味中等。
▌麻度中到中上，麻度上升適中，麻感增強適中，是粗中帶硬的毛刷感，刺麻感明顯。
▌整體香與麻在口中十分鮮明，持續時間約15分鐘。

25.
涼山彝族自治州
西昌市

主要品種：金陽青花椒　　　　　風味類型：萊姆皮味花椒
學名：竹葉花椒（Zanthoxylum armatum）地方名：麻椒、香椒子、青花椒。
分布：海南鄉、洛古波鄉、磨盤鄉、大菁鄉等。
產季：農曆6月中到8月上旬，大約是陽曆7月中旬到9月中旬。

【感官分析】
▌西昌青花椒的外皮為濃而亮的綠色帶微黃，內皮淺米黃偏綠。
▌直接聞盛器中的花椒時，有甜香的萊姆皮味，帶些許果香感及少許揮發性氣味。
▌抓一把在手中可以感覺到西昌青花椒顆粒為粗糙而鬆的完整顆粒感。
▌取5顆花椒握在手心提高些許溫度後，青花椒香氣在甜香的萊姆皮味帶些許果香的基礎上面再多出舒服的草香味，並出現涼香感。
▌將手中的花椒握緊搓5下後，香氣轉為清新的萊姆甜香感，帶熟果香與少許揮發涼香感，並保持舒服的草香。
▌取兩顆花椒粒放入口中咀嚼，可感覺到突出的爽香與清新萊姆甜香，初期有明顯澀味及苦味，涼香、涼麻感明顯，藤腥味略重。回味時有回甜感，並帶有舒服的橘皮香、草香與花香，中後期苦澀味中低。
▌麻度中到中上，麻度上升偏快，麻感增強偏快，是粗中帶硬的毛刷感。
▌整體香與麻風味在口中鮮明，持續時間約15分鐘。

26.
涼山彝族自治州
雷波縣

主要品種：雷波小葉青花椒
風味類型：萊姆皮味花椒
學名：竹葉花椒（Zanthoxylum armatum）
地方名：青椒、小葉青花椒、青花椒。
分布：渡口鄉、回龍場、永盛鄉、順河鄉、上田壩鄉、白鐵壩鄉、大坪子鄉、穀米鄉、一車鄉、五官鄉、元寶山鄉、莫紅鄉。
產季：農曆6月中到8月之間，大約是陽曆7月中到9月中旬。

【感官分析】
▌雷波青花椒的外皮為濃黃綠到濃綠色，內皮為米白帶粉綠色。
▌直接聞盛器中的花椒時，有著濃郁萊姆皮味，帶有橘皮香與甜香，涼香感明顯。
▌抓一把在手中可以感覺到雷波青花椒顆粒為硬實的顆粒感。
▌取5顆花椒握在手心提高些許溫度後，濃濃萊姆皮味中有明顯的橘皮香及清甜香，輕微涼香感、木香味與草香味。
▌將手中的花椒握緊搓5下後，香氣轉為鮮明清新的萊姆皮味加橘皮香，涼香感明顯，夾有鮮甜香。
▌取兩顆花椒粒放入口中咀嚼，可感覺到鮮明清新、具揮發感的萊姆皮香氣，初期苦味、澀味明顯，回甜味明顯，並有舒服的草香。回味時有淡淡橘皮甜香味，涼麻感明顯，隱隱中有香水味，中後期苦澀味中低。
▌麻度中到中上，麻度上升偏快，麻感增強偏快，屬於細刺的細中帶粗毛刷感。
▌整體香、麻、滋味在口中持續時間約15分鐘。

27.
涼山彝族自治州
金陽縣

主要品種：金陽青花椒
風味類型：萊姆皮味花椒
學名：竹葉花椒（Zanthoxylum armatum）
地方名：麻椒、香椒子、青花椒。
分布：遍及全縣28個鄉鎮，種植面積較大的多分布在金沙江邊的鄉鎮，如派來鎮、蘆稿鎮、對坪鎮、紅聯鄉、桃坪鄉等鄉。
產季：農曆7月至8月間，大約是陽曆8月到9月下旬。

【感官分析】
▌金陽青花椒的外皮為乾淨而飽和的黃綠色到深綠褐黃色，內皮粉白帶嫩綠。
▌直接聞盛器中的花椒時清新萊姆皮香、涼香感明顯，有淡淡清甜香。
▌抓一把在手中可以感覺到金陽青花椒顆粒為疏鬆的扎實顆粒感。
▌取5顆花椒握在手心提高些許溫度後，青花椒清新萊姆皮香與薄荷香，涼香感明顯，帶有清甜香水味。
▌將手中的花椒握緊搓5下後，上述香氣、味道更加明顯而有層次，草香味舒服，藤腥味輕微。
▌取兩顆花椒粒放入口中咀嚼，可感覺到濃郁清新帶涼感的萊姆皮香與薄荷香，初期苦澀味輕並與麻味一起出現，藤腥味稍多，喉頭有回甜感；草香味舒服，回味是甜香的萊姆皮味，中後期苦澀味低。
▌麻度中上到強，麻度上升適中，麻感增強適中偏快，細密刺麻感。
▌整體香、麻、滋味在口中持續時間約20分鐘。

▌**金陽轉紅青花椒**外皮為墨綠到黑褐紅及暗紅色，內皮米黃偏綠。
▌直接聞盛器中的花椒時，濃郁萊姆皮香，帶熟成的爽香感，少許木香味。
▌抓一把在手中可以感覺到金陽花椒顆粒為疏鬆的扎實顆粒感。
▌取5顆花椒握在手心提高些許溫度後，熟成爽香感更明顯，且有淡淡的清甜香夾少許草香味。
▌將手中的花椒握緊搓5下後，香氣轉為鮮明的熟成感、甜香感萊姆皮味，帶爽香感及明顯、舒服的草香，少量涼香感。
▌取兩顆花椒粒放入口中咀嚼，初期出現苦澀味但時間很短，接著爽香萊姆皮味沖上鼻腔，帶涼香感、涼麻感，熟成甜香感、回甜感明顯，有清爽草香味。回味時有清爽感、鮮香感及少許甜香感，中後期幾乎沒有苦澀味。
▌麻度中到高，麻度上升適中，麻感鮮明，為粗硬中帶細毛刷感。
▌整體香、麻、滋味在口中持續時間約20分鐘。

→當前市場上的青花椒油多是去色去味之精煉油煉製的，其色澤清，有些帶輕微的綠，風味為清爽、層次感純粹的純青花椒香麻。

28.
涼山彝族自治州
鹽源縣

主要品種：金陽青花椒
風味品種：萊姆皮味花椒
學名：竹葉花椒（Zanthoxylum armatum）
地方名：青椒、麻椒。
分布：金河鄉、平川鎮、樹河鎮。
產季：農曆6月中旬到8月，大約陽曆7月下旬到9月中旬。

【感官分析】
▌鹽源青花椒的外皮為飽和的深黃綠色到暗褐綠色，內皮為粉白綠帶微黃色。
▌直接聞盛器中的花椒時是明顯的乾草味加乾柴味。
▌抓一把在手中可以感覺到鹽源青花椒顆粒為硬實的顆粒感。
▌取5顆花椒握在手心提高些許溫度後，依舊是乾草味加乾柴味為主，出現少許草香味。
▌將手中的花椒握緊搓5下後，香氣轉為輕的萊姆皮香及少許草香味、淡淡的涼香感。
▌取兩顆花椒粒放入口中咀嚼，可感覺到鮮明而濃郁的萊姆皮味，帶明顯涼香味；初期苦澀味出來得快而明顯，接著是明顯的草香味及淡淡甜味與舒服的甜香感，藤腥味明顯卻不過度。回味時花香感足，涼香感、回甜感明顯，並有明顯的甜香感，中後期苦澀味中低。
▌麻度為中到中上，麻度上升快，麻感增強偏快，屬於細刺的細中帶粗毛刷感。
▌整體香、麻、滋味在口中持續時間約15分鐘。

29.
涼山彝族自治州
普格縣

主要品種：金陽青花椒
風味類型：萊姆皮味花椒
學名：竹葉花椒（Zanthoxylum armatum）
地方名：青花椒、青椒。
分布：大槽鄉、特補鄉、洛甘鄉、五道箐鄉、月吾鄉、東山鄉。
產季：農曆6月上旬到8月中旬，大約是陽曆7月上旬到9月下旬。

【感官分析】
▌普格青花椒的外皮為樸實的、濃而深的黃綠色，內皮是米白帶綠色。
▌直接聞盛器中的花椒時，以乾草味為主加明顯的萊姆皮香味，香氣有微涼感。
▌抓一把在手中可以感覺到普格青花椒顆粒為粗糙帶鬆而扎手的顆粒感。
▌取5顆花椒握在手心提高些許溫度後，仍以乾草味為主，明顯的萊姆皮香味，加上少許涼感，少許藤腥味。
▌將手中的花椒握緊搓5下後，香氣轉為清新萊姆皮香混合乾草味與少許涼感。
▌取兩顆花椒粒放入口中咀嚼，可感覺到略嫌寡薄的萊姆味，初期有中等程度的苦澀味，乾草味明顯及淡淡的花香味。回味時有輕的甜香氣與輕花香，後味涼麻感明顯，中後期苦澀味中低。
▌麻度中下至中，麻度上升偏快，麻感增強適中，屬於輕刺感的粗毛輕刷感。
▌整體香、麻、滋味在口中持續時間約15分鐘。

30.
涼山彝族自治州
德昌縣

主要品種：金陽青花椒
風味類型：萊姆皮味花椒
學名：竹葉花椒（*Zanthoxylum armatum*）
地方名：青花椒、麻椒。
分布：前山鄉、王所鄉、巴洞鄉、南山 傈族鄉、茨達鄉、樂躍鎮、金沙傈傈族鄉。
產季：農曆 6 月中到 8 月上旬，大約陽曆 7 月中旬到 9 月中旬。

【感官分析】

▌德昌青花椒的外皮為濃的墨綠色，其內皮為嫩綠色。

▌直接聞盛器中的花椒時，淡淡萊姆皮味中有草香味，夾著明顯的乾草味。

▌抓一把在手中可以感覺到德昌青花椒顆粒為硬實的完整顆粒感。

▌取 5 顆花椒握在手心提高些許溫度後，萊姆皮味轉趨明顯，乾柴味與乾草味仍明顯，具有涼香味和草香味。

▌將手中的花椒握緊搓 5 下後，香氣轉為揮發感明顯的萊姆皮涼香味，草香味明顯，乾草味還是聞得到。

▌取兩顆花椒粒放入口中咀嚼，可感覺到明顯揮發感的萊姆涼香味，初期苦味明顯，澀味中上，草香味明顯，有藤腥味。後韻有淡淡回甜感與甜香味且涼麻感明顯，帶橘皮香，中後期苦味中低。

▌麻度中到中上，麻度上升很快，麻感增強偏快，刺麻的粗毛刷感。

▌整體香、麻、滋味在口中持續時間約 20 分鐘。

31.
涼山彝族自治州
寧南縣

主要品種：金陽青花椒
風味類型：萊姆皮味花椒
學名：竹葉花椒（*Zanthoxylum armatum*）
地方名：青椒、青花椒。
分布：松新鎮、披砂鎮。
產季：農曆 6 月上旬到 7 月下旬，大約陽曆 7 月中旬到 9 月中旬。

【感官分析】

▌寧南青花椒的外皮為鮮黃綠色帶些許褐黃色，內皮是明顯偏綠的米白色。

▌直接聞盛器中的花椒時，萊姆皮味中帶有濃濃的乾柴味與乾草香，涼香感明顯。

▌抓一把在手中可以感覺到寧南青花椒顆粒為膨鬆的顆粒感。

▌取 5 顆花椒握在手心提高些許溫度後，萊姆皮涼香味中夾有陳皮味與乾柴味。

▌將手中的花椒握緊搓 5 下後，香氣轉為清新萊姆皮香伴著爽香感，乾草香氣偏多。

▌兩顆花椒粒放入口中咀嚼，可感覺到鮮明的清新萊姆香，初期苦味略為明顯，澀味中等，草香氣明顯並帶少許藤腥味，有些許揮發感的草香氣。涼香感普通，涼麻感普通，中後期苦澀味中低。

▌麻度中到中上，麻度上升緩和，麻感增強適中，細刺的細中帶粗毛刷感。

▌整體香、麻、滋味在口中持續時間約 20 分鐘。

32.
涼山彝族自治州
布拖縣

主要品種：金陽青花椒　　　　　　　風味類型：萊姆皮味花椒
學名：竹葉花椒（*Zanthoxylum armatum*） 地方名：青花椒。
分布：采哈鄉、委只洛鄉、聯補鄉、基只鄉、吞都鄉、地洛鄉、和睦鄉、四棵鄉、浪珠鄉、烏依鄉、拉果鄉。
產季：農曆 5 月下旬到 7 月下旬，大約陽曆 7 月上旬到 9 月中旬。

【感官分析】

▌布拖青花椒的外皮為深濃的綠褐色，內皮米黃帶綠色。

▌直接聞盛器中的花椒時萊姆皮味有明顯的濃縮感，並有草香味及明顯而濃乾麻味與乾草味。

▌抓一把在手中可以感覺到布拖青花椒顆粒為粗糙略鬆的顆粒感。

▌取 5 顆花椒握在手心提高些許溫度後，可聞到輕淡萊姆皮味與草香味，乾草味仍明顯。

▌將手中的花椒握緊搓 5 下後，香氣轉為淡萊姆味與稍明顯的草香味，乾草味比例下降。

▌取兩顆花椒粒放入口中咀嚼，可感覺到清新且有濃縮感的萊姆皮味，草香味明顯，初期苦澀感強，涼香與涼麻感明顯。回味時，回甜感微弱，以草香味為主，帶輕微藤腥味。生津感為中等，中後期苦澀味中低。

▌麻度中到中上，麻度上升快，麻感增強偏快，為強烈而刺麻的粗硬毛刷感，除口腔外，喉頭也會有麻感。

▌整體香、麻、滋味在口中持續時間約 20 分鐘。

33.
攀枝花市
鹽邊縣

主要品種：九葉青花椒
風味類型：青檸檬皮味花椒
學名：竹葉花椒（*Zanthoxylum armatum*）
地方名：青椒、青花椒、麻椒。
分布：漁門鎮、永興鎮、國勝鄉、共和鄉、紅果鄉。
產季：農曆 6 月中旬到 8 月上旬，大約陽曆 7 月中旬到 9 月上旬。

【感官分析】

▌鹽邊縣的青花椒外皮為濃綠色到暗綠色與暗褐色，內皮為米白帶綠。

▌直接聞盛器中的青花椒，可感受到淡淡的清新檸檬皮味、甜香感與涼感，藤香味輕。

▌抓一把在手中可以感覺到鹽邊青花椒顆粒為硬實的顆粒感。

▌取 5 顆花椒握在手心提高些許溫度後，氣味轉變為檸檬皮味中帶明顯藤腥味、木腥味，有涼香感。

▌將手中的花椒握緊搓 5 下後，清新檸檬皮味中多出揮發感，甜香感增加，藤香味輕，仍有藤腥味、木腥味。

▌取兩顆入口，其滋味為爽香而濃的清新檸檬皮味，初期苦澀味來的快而明顯，過程中可感覺到濃郁草香味並帶有可感覺到的木腥味與藤腥味，生津感中等。回味時甜香中帶明顯藤香與橘皮香，中後期苦澀味中等。

▌麻度中上，麻度上升緩和，麻感增強適中，為刺麻的粗毛刷感。

▌整體香、麻、滋味在口中持續時間約 25 分鐘。

34.
甘孜藏族自治州
康定縣

主要品種：金陽青花椒
風味類型：萊姆皮味花椒
學名：竹葉花椒（*Zanthoxylum armatum*）
地方名：青椒、麻椒。
分布：孔玉鄉、舍聯鄉、麥崩鄉。
產季：農曆 6 月中旬到 8 月上旬，大約是陽曆 7 月下旬到 9 月上旬。

【感官分析】

▌康定青花椒的外皮為黃褐色偏淡綠色，內皮為米黃帶點綠。

▌直接聞盛器中的花椒時，是乾萊姆皮味與乾草味的混合味。

▌抓一把在手中可以感覺到康定青花椒顆粒為乾鬆的粗糙感。

▌取 5 顆花椒握在手心提高些許溫度後，仍是乾萊姆皮味與乾草味的混合味。

▌將手中的花椒握緊搓 5 下後，香氣轉為新鮮萊姆皮味混著濃濃的乾草味。

▌取兩顆花椒粒放入口中咀嚼，可感覺到苦味先出來，清新萊姆味尚可，乾草味、乾柴味太濃（應是陳放時間過長），苦味重，藤腥味偏多。

▌麻度中下到中，麻度上升偏快，麻感增強適中，屬於明顯的粗毛輕刷感。

▌整體香與麻在口中普通，持續時間約 10 分鐘。

35.
甘孜藏族自治州
九龍縣

主要品種：金陽青花椒
風味類型：萊姆皮味花椒
學名：竹葉花椒（*Zanthoxylum armatum*）
地方名：青花椒、麻椒。
分布：煙袋鄉、魁多鎮、小金鄉、朵洛鄉。
產季：農曆 6 月下旬到 8 月中旬，大約是陽曆 7 月下旬到 9 月上旬。

【感官分析】

▌九龍青花椒的外皮為黃綠色中帶褐色感，內皮為淡嫩綠色。

▌直接聞盛器中的花椒時，清新萊姆甜香味鮮明中帶點橘皮味，隱約有股花香味，草香味輕而雅，涼香感適中。

▌抓一把在手中可以感覺到九龍青花椒顆粒為硬實的粗糙感。

▌取 5 顆花椒握在手心提高些許溫度後，萊姆甜香味加上橘皮味、花香感與輕而雅的草香味變得更鮮明有層次，涼香感與甜香味更突出。

▌將手中的花椒握緊搓 5 下後，香氣轉為鮮明萊姆皮香，橘皮甜香增加，草香味與涼香感更鮮明。

▌取兩顆花椒粒放入口中咀嚼，可感覺到苦澀味先出現，濃濃萊姆皮味竄出並混合橘皮味，草香適中，藤腥味輕，回甜感適中。回味時有舒服的萊姆味混合橘皮味，淡淡草香味與藤腥味、甜香味，中後期苦澀味中低。

▌麻度中到中上，麻度上升偏快，麻感增強適中，屬於刺麻的粗毛刷感。

▌整體香、麻、滋味在口中持續時間約 20 分鐘。

36.
甘孜藏族自治州
瀘定縣

主要品種：九葉青花椒
風味類型：青檸檬皮味花椒
學名：竹葉花椒（*Zanthoxylum armatum*）
地方名：青花椒、青椒。
分布：瀘橋鎮、冷磧鄉、興隆鄉、得妥鄉。
產季：農曆 5 月下旬到 7 月上旬，大約是陽曆 7 月上旬到 8 月上旬。

【感官分析】

▌瀘定青花椒的外皮為柔和的黃綠色，內皮是淺黃綠色。

▌直接聞盛器中的花椒時，清新檸檬皮味與涼香感明顯，有舒服的草香氣。

▌抓一把在手中可以感覺到瀘定青花椒顆粒為粗糙乾鬆的顆粒感。

▌取 5 顆花椒握在手心提高些許溫度後散發出涼薄荷感的檸檬皮味，但草香味轉為不是很舒服的藤腥味。

▌將手中的花椒握緊搓 5 下後，涼薄荷感檸檬皮味更鮮明，有草香味但乾草味偏濃。

▌取兩顆花椒粒放入口中咀嚼，可感覺到清新薄荷涼感明顯，檸檬皮味也鮮明，整體苦味太重，澀味明顯，有點噁心感。後韻的涼麻感強，藤腥味明顯。

▌麻度中下到中，麻度上升偏快，麻感增強適中，屬於粗硬毛刷感。

▌整體香、麻、滋味在口中持續時間約 20 分鐘。

37.
阿壩藏族羌族自治州
茂縣

主要品種：九葉青花椒
風味類型：青檸檬皮味花椒
學名：竹葉花椒（*Zanthoxylum armatum*）
地方名：麻椒、青椒、青花椒。
分布：土門鄉。
產季：農曆 5 月上旬到 6 月中，大約是陽曆 5 月下旬到 7 月中。

【感官分析】

▌茂縣青花椒的外皮為墨綠色到紅褐、黑褐色，內皮為帶嫩綠的米白色。

▌直接聞盛器中的花椒時，檸檬皮味足且帶橘皮味，草香味輕而足。

▌抓一把在手中可以感覺到茂縣青花椒顆粒為粗糙扎實的顆粒感。

▌取 5 顆花椒握在手心提高些許溫度後，清新檸檬皮味明顯並有涼香感，橘皮味與甜香味轉輕，草香味變明顯，出現淡淡藤腥味、乾柴味。

▌將手中的花椒握緊搓 5 下後，香氣轉為明顯帶涼感的清新檸檬皮味，草香明顯，有輕微藤腥味、木腥味及輕微甜香感。

▌取兩顆花椒粒放入口中咀嚼，可感覺到濃而清新的檸檬皮味，初期苦澀味出來得快而明顯並帶有藤腥味，淡淡的橘皮甜香味，回甜感適中。回味花香感明顯，帶回甜感與甜香味，中後期苦澀味中等，全程有苦澀感。

▌麻度中到中上，麻度上升偏快，麻感增強適中，為刺麻的粗硬毛刷感。

▌整體香、麻、滋味在口中持續時間約 20 分鐘。

38.
眉山市
洪雅縣

主要品種：藤椒
風味類型：黃檸檬皮味花椒
學名：竹葉花椒（Zanthoxylum armatum）
地方名：藤椒、香椒子。
分布：止戈鎮、余坪鎮、洪川鎮、東岳鎮、中山鄉等。
產季：農曆 4 月中旬到 6 月中旬，大約陽曆 5 月下旬到 7 月下旬。

【感官分析】

▊ 藤椒油的風味受煉製食用油的影響很大，目前市場上主要分濃香型與純香型，濃香型屬於傳統經典風味，以香氣醇厚且鮮明的壓榨式熟香菜籽油中高溫煉製，成品是藤椒香混合菜油香產生醇厚感與豐富層次感；純香型則使用除色、除味、精煉過的食用油製作，成品則是較純粹的藤椒香，層次感較少。這裡提供直接從藤椒樹上摘取鮮藤椒果做的感官分析。

▊ 洪雅鮮藤椒果外觀為油泡飽滿、密集的鮮濃綠色果實，搓揉使油泡破裂溢出精油後，聞其香氣為爽神本味中有鮮明的黃檸檬皮味混合草香味及些許木香味。

▊ 取一顆鮮藤椒入口咀嚼後，明顯的草香味、黃檸檬皮味混合木香味，極淡的藤腥味，苦澀味中低，整體氣味有揮發感，全程風味轉變較明顯，後韻轉為青綠橘皮味混合木香味為主。

▊ 麻度中到中上，麻度上升適中，麻感增強適中，屬於細密的細毛刷感，全口麻感以嘴唇、舌尖較為集中。

▊ 整體香、麻、滋味在口中持續時間約 15 分鐘。

本書 2013 年版發行前市場上只有藤椒油，近幾年乾燥藤椒粒已在市場上普及銷售，感官分析如下：

▊ 洪雅乾藤椒粒外皮為深綠到墨綠，內皮為淺粉綠。

▊ 直接聞盛器中的花椒時，偏沉的檸檬皮香，具藤香味及少許木香味。

抓一把在手中可以感覺到洪雅花椒顆粒為疏鬆、扎實帶扎手的顆粒感。

▊ 取 5 顆花椒握在手心提高些許溫度後，檸檬皮味轉為爽香感中有藤香味、草香味，有輕微的涼香感。

▊ 將手中的花椒握緊搓 5 下後，香氣轉為突出的黃檸檬皮味帶爽香感、藤香味、草香味，輕微的涼香感。

▊ 取兩顆花椒粒放入口中咀嚼；爽香黃檸檬皮味沖上鼻腔，初期苦澀味很快出現但時間短，接著出現涼香感、涼麻感，帶輕微甜香感、回甜感，有藤香味、草香味。回味時有淡而清新的橙香與甜香感，中後期苦澀味低。

▊ 麻度中到高，麻度上升適中，麻感鮮明，為粗中帶細毛刷感。

▊ 整體香、麻、滋味在口中持續時間約 20 分鐘。

→幺麻子藤椒油屬於熟香菜籽油煉製的經典風味藤椒油，其色澤較濃，風味為醇厚、層次豐富並融合菜籽油香的香麻。

39.
樂山市
峨眉山市

主要品種：峨眉一號
風味類型：黃檸檬皮味花椒
學名：竹葉花椒（Zanthoxylum armatum）
地方名：藤椒、香椒子。
分布：羅目鎮、沙溪鄉、龍門鎮、高橋鄉、峨山鎮、黃灣鄉等 10 多個鎮鄉。
產季：農曆 4 月中旬到 6 月中旬，大約是陽曆 5 月下旬到 7 月中下旬。

【感官分析】

▊ 藤椒油的風味受煉製食用油的影響很大，目前市場上主要分濃香型與純香型，濃香型屬於傳統經典風味，以香氣醇厚且鮮明的壓榨式熟香菜籽油中高溫煉製，成品是藤椒香混合菜油香產生醇厚感與豐富層次感；純香型則使用除色、除味、精煉過的食用油製作，成品則是較純粹的藤椒香，層次感較少。這裡提供直接從藤椒樹上摘取鮮藤椒果做的感官分析。

▊ 峨嵋山市鮮藤椒果外觀為油泡飽滿、密集的濃綠色果實，搓揉使油泡破裂溢出精油後，其香氣為清新本味中帶新鮮的草香味混合黃萊姆皮味，並有輕微的藤腥味。

▊ 取一顆鮮藤椒入口咀嚼後，明顯的草香味混合淡淡藤腥味，苦澀味適中，帶明顯甜香，全程風味衰減較不明顯，後韻仍保有舒適感。

▊ 麻度中到中上，麻度上升適中，麻感增強適中，屬於直接的點狀的粗毛刷感。

▊ 整體香、麻、滋味在口中持續時間約 15 分鐘。

▊ 本書 2013 年版發行前市場上只有藤椒油，近幾年乾燥藤椒粒已在市場上普及銷售，感官分析如下：

▊ 峨眉乾藤椒粒外皮為深綠到墨綠，內皮為淺粉綠。

▊ 直接聞盛器中的花椒時，較沉的黃檸檬皮香，具藤香味及少許木香味。

▊ 抓一把在手中可以感覺到峨眉花椒顆粒為疏鬆、扎實帶扎手的顆粒感。

▊ 取 5 顆花椒握在手心提高些許溫度後，檸檬皮味轉為爽香感中有藤香味及輕微涼香感。

▊ 將手中的花椒握緊搓 5 下後，香氣轉為鮮明的黃檸檬皮味帶爽香感、藤香味及輕微草香味、涼香感。

▊ 取兩顆花椒粒放入口中咀嚼；爽香黃檸檬皮味沖上鼻腔，初期苦澀味很快出現，時間不長，接著出現涼香感、涼麻感及輕微甜香感、回甜感，有藤香味與少許草香味。回味時有淡而清新的橙香與甜香感，中後期苦澀味低。

▊ 麻度中到高，麻度上升適中，麻感鮮明，為粗中帶細毛刷感。

▊ 整體香、麻、滋味在口中持續時間約 20 分鐘。

→去色去味之食用油煉製的純香藤椒油，其色澤較清，風味為清爽、層次感普通的純藤椒香麻。

40.
瀘州市
龍馬潭區

主要品種：九葉青花椒
學名：竹葉花椒（*Zanthoxylum armatum*）
風味類型：青檸檬皮味花椒
地方名：青椒、青花椒、九葉青、麻椒。
分布：金龍鎮、石洞街道、胡市鎮。
產季：農曆 5 月上旬到 6 月上旬，大約是陽曆 6 月上旬到 7 月中旬。

【感官分析】

▌龍馬潭青花椒的外皮為濃綠中帶黃，少許偏褐色，內皮米黃偏綠。

▌直接聞盛器中的花椒時，清新的青檸檬皮香，爽香感明顯，藤香味中有淡淡金桔與清新甜香。

▌抓一把在手中可以感覺到龍馬潭青花椒顆粒為疏鬆的扎實顆粒感。

▌取 5 顆花椒握在手心提高些許溫度後，突出的青檸檬皮香加明快的爽香感及淡淡的清甜香，藤香味中有少許草香味。

▌將手中的花椒握緊搓 5 下後，香氣轉為濃郁青檸檬皮甜香，爽香感明顯，清甜香明顯，舒服的藤香味、草香味。

▌取兩顆花椒粒放入口中咀嚼，可感覺到明顯揮發感的爽青檸檬皮味沖上鼻腔，涼麻感明顯，苦澀味中等，清爽藤腥味，草香味少許。回味時有淡淡金桔香與清新甜香感，中後期苦澀味中等。

▌麻度中到高，麻度上升偏快，麻感增強偏快，為細中帶粗毛刷感。

▌整體香、麻、滋味在口中持續時間約 20 分鐘。

41.
自貢市
沿灘區

主要品種：九葉青花椒
學名：竹葉花椒（*Zanthoxylum armatum*）
風味類型：青檸檬皮味花椒
地方名：青椒、青花椒、九葉青、麻椒。
分布：劉山鄉、九洪鄉、王井鄉、永安鎮、聯絡鄉。
產季：農曆 5 月上旬到 6 月上旬，大約是陽曆 6 月上旬到 7 月中旬。

【感官分析】

▌沿灘青花椒的外皮為濃黃綠與褐綠色混雜，內皮為米黃帶綠色。

▌直接聞盛器中的花椒時有爽神的濃縮青檸檬皮味，涼香感十分明顯，令人舒服的鮮明甜花香感。

▌抓一把在手中可以感覺到沿灘青花椒顆粒為扎實的顆粒感。

▌取 5 顆花椒握在手心提高些許溫度後，濃而爽神的涼香青檸檬皮味，帶甜香與花香感，舒服的藤香味。

▌將手中的花椒握緊搓 5 下後，香氣轉為濃而層次分明的青檸檬涼香味，甜香變得清晰，花香明顯，藤香味足。

▌取兩顆花椒粒放入口中咀嚼，可感覺到濃郁帶涼感的青檸檬苦皮味，苦澀味明顯，麻味和甜香味同時出現，花香、甜感也鮮明，混合舒服的藤香味及少許草香味。中後段涼麻香突出，有淡淡的橘皮香，中後期苦澀味中等。

▌麻度為中到中上，麻度上升適中，麻感增強適中，屬於明顯的粗毛刷刺麻感。

▌整體香、麻、滋味在口中持續時間約 20 分鐘。

42.
綿陽市
鹽亭縣

主要品種：藤椒
學名：竹葉花椒（*Zanthoxylum armatum*）
風味類型：青檸檬皮味花椒
地方名：青椒、青花椒、麻椒。
分布：八角鎮、黃甸鎮、高渠鎮、富驛鎮、玉龍鎮、文通鎮。
產季：農曆 5 月上旬到 6 月中下旬，大約是陽曆 6 月上旬到 7 月中下旬。

【感官分析】

▌鹽亭青花椒的外皮為濃綠中帶有紅褐色感，內皮是米黃綠色。

▌直接聞盛器中的花椒時，濃郁的青檸檬皮香味，花香感明顯，帶淡淡甜香味，有涼香感，草香味輕。

▌抓一把在手中可以感覺到鹽亭青花椒顆粒為緊實的顆粒感。

▌取 5 顆花椒握在手心提高些許溫度後，花香感、甜香味明顯，青檸檬皮味濃，有涼香感，草香味足、藤香味輕。

▌將手中的花椒握緊搓 5 下後，香氣轉為鮮明黃檸檬甜香味，花香感足，有涼香感，草香味足、藤香味輕。

▌取兩顆花椒粒放入口中咀嚼，可感覺到青檸檬皮苦味先出現，青檸檬香味濃，初期苦味偏重，回甜感柔和，藤香味、草香味柔和並混合著花香令人愉悅。回味有甜香味與花香感，涼麻感，生津感中下，中後期苦澀味中偏低。

▌麻度中到中上，麻度上升溫和，麻感增強溫和，為粗中帶細毛刷感。

▌整體香、麻、滋味在口中持續時間約 20 分鐘。

43.
廣安市
岳池縣

主要品種：九葉青花椒
學名：竹葉花椒（*Zanthoxylum armatum*）
風味類型：青檸檬皮味花椒
地方名：青椒、青花椒、九葉青、麻椒。
分布：粽粑鄉、白廟鎮、興隆、秦溪鎮、鎮裕鎮。
產季：農曆 5 月上旬到 6 月中下旬，大約是陽曆 6 月上旬到 7 月中下旬。

【感官分析】

▌岳池青花椒的外皮為暗濃綠到黑褐綠色，內皮米白帶淺黃綠色。

▌直接聞盛器中的花椒時青檸檬皮味足，花香感明顯，舒服的藤香味、草香味，少許藤腥味，涼香感輕。

▌抓一把在手中可以感覺到岳池青花椒顆粒為硬實微扎手的顆粒感。

▌取 5 顆花椒握在手心提高些許溫度後，青檸檬皮味更明顯，涼香感變明顯，有著淡淡草香味混合少量藤腥味，出現乾柴味。

▌將手中的花椒握緊搓 5 下後，香氣轉為清新檸檬皮香味，涼香感明顯，舒服的草香味混合少量藤腥味。

▌取兩顆花椒粒放入口中咀嚼，可感覺到清新、具濃縮感的檸檬香，苦味先出現並且夾有可感覺的藤腥味與草香氣，涼麻感明顯。回味時喉頭回甜感明顯，帶出舒服的花香氣，全程苦澀味中等。

▌麻度中到中上，麻度上升緩和，麻感增強適中，呈細刺的粗中帶細毛刷感。

▌整體香、麻、滋味在口中持續時間約 20 分鐘。

44.
資陽市
樂至縣

主要品種：九葉青花椒
學名：竹葉花椒（*Zanthoxylum armatum*）
風味類型：青檸檬皮味花椒
地方名：青椒、青花椒、九葉青、麻椒。
分布：佛星鎮、大佛鎮、天池鎮、放生鄉、蟠龍鎮、中和場鎮、通旅鎮。
產季：農曆5月上旬到6月下旬，大約是陽曆6月上旬到8月上旬。

【感官分析】
▌樂至青花椒外皮呈濃郁的深綠色到黑褐綠色，內皮為淺粉綠色。
▌直接聞盛器中的花椒時，有清淡而具濃縮感的青檸檬皮香味，明顯的涼花香感與草香味，淡淡藤腥味。
▌抓一把在手中可以感覺到樂至青花椒顆粒為扎實的顆粒感。
▌取5顆花椒握在手心提高些許溫度後，濃縮感的青檸檬皮香味及涼花香感、草香味層次變得鮮明而濃郁，帶有淡淡藤腥味。
▌將手中的花椒握緊搓5下後，香氣轉為清新檸檬皮甜香味，涼花香感不變，舒適的草香中有少量藤腥味。
▌取兩顆花椒粒放入口中咀嚼，可感覺到具濃縮感的青檸檬皮味與混合著少量藤腥味的草香味，帶苦香感，苦澀味明顯。後期出現明顯藤腥味，回味時有輕微甜香感、花香感與涼麻感，生津感中等，全程苦澀味中等。
▌麻度中到中上，麻度上升適中，麻感增強偏快，屬於刺麻感鮮明的粗毛刷感。
▌整體香、麻、滋味在口中持續時間約20分鐘。

45.
甘孜藏族自治州
康定縣

品種：西路花椒
風味類型：青柚皮味花椒
學名：花椒（*Zanthoxylum bungeanum*）
地方名：花椒、大紅袍花椒。
分布：爐城鎮、孔玉鄉、捧塔鄉、金湯鄉、三合鄉、麥崩鄉、前溪鄉、舍聯鄉、時濟鄉。

產季：農曆5月下旬到7月上旬，大約是陽曆7月上旬到8月上旬。

【感官分析】
▌康定西路花椒的外皮為暗紫紅色帶螢光感的藍色到淺紫紅色，內皮是米黃帶嫩綠色。
▌直接聞盛器中的花椒時，明顯乾柴味中有著濃郁的青柚皮味與西路花椒本味的腥味，並有相對明顯而濃的揮發腥味（剛曬好時揮發感的腥味極濃，讓人有頭暈噁心感）。
▌抓一把在手中可以感覺到康定西路花椒顆粒為薄木片的疏鬆帶粗糙感。
▌取5顆花椒握在手心提高些許溫度後，氣味以乾柴味加青柚皮味為主，夾雜木耗味，西路花椒本味的腥味濃。
▌將手中的花椒握緊搓5下後，香氣轉為乾柴味濃，青柚皮味也濃，帶濃揮發感的木腥味，有微涼香感的陳皮味。
▌取兩顆花椒粒放入口中咀嚼，可感覺到乾柴味混合青柚皮味明顯，帶鮮青柚白皮苦味，有明顯揮發性木腥味，些許藤腥味，苦味輕澀味明顯，有很淡甜香味。後韻揮發性木腥味明顯，西路花椒本味為主。
▌麻度為中上到強，麻度上升快，麻感增強極快，屬於明顯尖刺感的粗中帶毛硬毛刷感，涼麻感明顯。
▌整體香、麻、滋味在口中持續時間約30分鐘。

46.
甘孜藏族自治州
九龍縣

品種：西路花椒
風味類型：柚皮味花椒
學名：花椒（*Zanthoxylum bungeanum*）
地方名：大紅袍花椒、紅椒。
分布：呷爾鎮、乃渠鎮、烏拉溪鎮、雪窪龍鎮、煙袋鄉、子耳鄉、魁多鎮、三埡鎮、小金鄉、朵洛鄉。
產季：農曆6月上旬到7月上旬，大約是陽曆7月到8月上旬。

【感官分析】
▌九龍西路花椒的外皮為棕紅色到紫紅色，其內皮屬於米黃色。
▌直接聞盛器中的花椒時，具有熟甜柚皮味，輕微的陳皮味，有涼爽感，果香味。
▌抓一把在手中可以感覺到九龍西路花椒顆粒是微扎手的粗糙感。
▌取5顆花椒握在手心提高些許溫度後，柚皮味與涼爽感轉明顯，木香味中帶有輕微的西路花椒本味。
▌將手中的花椒握緊搓5下後，香氣轉為柚皮味中有些許檸檬皮味，涼爽感明顯，舒服的木香味，西路花椒本味相對輕微。
▌取兩顆花椒粒放入口中咀嚼，先感覺到苦味出現，柚皮味明顯，隨後出現橘皮甜香味，香氣有上沖到鼻腔的感覺，回甜感明顯，生津感適中。後韻都保持柚皮加橘皮甜香感及少許金桔味。
▌麻度中上到高，麻度上升快，麻感增強快，屬於密刺的細中帶粗毛刷感。
▌整體香、麻、滋味在口中持續時間約30分鐘。

花椒風味感官分析
西路花椒

47.
阿壩藏族羌族自治州
茂縣

品種：西路花椒
風味類型：柚皮味花椒
學名：花椒（Zanthoxylum bungeanum）
地方名：六月紅、大紅袍、花椒、紅椒。
分布：疊溪鎮、渭門鎮、溝口鎮、黑虎鎮為主，其他鄉鎮也都普遍種植。
產季：農曆5月下旬到7月上旬，大約是陽曆6月下旬到8月上旬。

【感官分析】
▌茂縣西路花椒的外皮為濃郁而亮的紅色、紅紫色到暗紅色並泛著淡淡藍紫色光澤，內皮米黃。
▌直接聞盛器中的花椒時，濃郁甜柚皮香帶有酒精揮發感，夾有木香味，木腥味淡。
▌抓一把在手中可以感覺到茂縣西路花椒顆粒為乾木片的疏鬆感。
▌取5顆花椒握在手心提高些許溫度後，呈現涼爽感的甜柚皮香，後韻木香氣濃而舒服，剛曬好的新花椒帶有類似香蕉水的濃香水味。
▌將手中的花椒握緊搓5下後，香氣轉為涼爽柚皮香，西路花椒特有木腥味輕微，夾有淡淡橘皮香。
▌取兩顆花椒粒放入口中咀嚼，先感覺到揮發感木腥味上沖，苦味明顯，澀味中，有熟果香，後面開始有甜香回甜感，生津感強，強度讓人有輕微噁心感。回味時以甜柚皮味為主。
▌麻度高到強，麻度上升極快，麻感增強極快，屬於尖銳感的粗中帶硬毛刷感。
▌整體香、麻、滋味在口中持續時間約30分鐘。

48.
阿壩藏族羌族自治州
松潘縣

主要品種：西路花椒
風味類型：柚皮味花椒
學名：花椒（Zanthoxylum bungeanum）
地方名：六月紅、大紅袍、花椒、紅椒。
分布：鎮坪鄉、鎮江關鄉、岷江鄉、小姓鄉。
產季：農曆6月中到8月，大約是陽曆7月中到9月上旬。

【感官分析】
▌松潘西路花椒的外皮為紅褐色到濃亮紅色，內皮為米黃色。
▌直接聞盛器中的花椒時，木香味加乾的熟透柚皮香。
▌抓一把在手中可以感覺到松潘西路花椒顆粒為乾薄木片般的疏鬆感。
▌取5顆花椒握在手心提高些許溫度後，木香味、木腥味並重，柚香味明顯，夾有陳皮味。
▌將手中的花椒握緊搓5下後，香氣轉為清新柚香味加木香味，木腥味感減低。
▌取兩顆花椒粒放入口中咀嚼，可感覺到明顯柚皮味中帶涼麻味感，西路花椒特有揮發感本味明顯，乾柴味中有明顯木腥味，苦味中等，後韻回甜而爽香，有微澀感，生津感中等。
▌麻度中上到強，麻度上升快，麻感增強快，為細刺的硬細毛刷感。
▌整體香、麻、滋味在口中持續時間約30分鐘。

49.
阿壩藏族羌族自治州
馬爾康市

品種：西路花椒　　　風味類型：柚皮味花椒
學名：花椒（Zanthoxylum bungeanum）　地方名：大紅袍。
分布：松崗鎮、腳木足鄉、木耳宗鄉、黨壩鄉。
產季：農曆6月中到7月下旬，大約是陽曆7月上旬到9月上旬。

【感官分析】
▌馬爾康西路花椒的外皮為紅紫色到粉紅紫色帶少許藍紫色，內皮是米黃色。
▌直接聞盛器中的花椒時，鮮明青柚皮味中帶少許西路花椒特有的揮發感腥味，木香味輕微。
▌抓一把在手中可以感覺到馬爾康西路花椒顆粒為硬的蓬鬆感。
▌取5顆花椒握在手心提高些許溫度後，轉為乾柴味明顯中帶柚皮味與陳皮味，木香味輕。
▌將手中的花椒握緊搓5下後，香氣轉為柚皮香味加青橘皮味與少許甜香味、木香味，少許涼香味，輕微的西路花椒特有腥味。
▌取兩顆花椒粒放入口中咀嚼，可感覺到柚皮苦香味，苦味、麻味一起出現，甜味與特有腥味穿梭其中，乾柴味明顯。生津感中等，輕微噁心感，回味涼爽中帶乾柴味。
▌麻度中等，麻度上升偏快，麻感增強快，屬於略刺的細中帶硬毛刷感。
▌整體香、麻、滋味在口中持續時間約25分鐘。

50.
阿壩藏族羌族自治州
理縣

品種：西路花椒　　　風味類型：柚皮味花椒
學名：花椒（Zanthoxylum bungeanum）　地方名：六月紅、大紅袍。
分布：甘堡鄉、薛城鎮、通化鄉、蒲溪鄉。
產季：農曆6月中到7月下旬，大約是陽曆7月上旬到9月上旬。

【感官分析】
▌理縣西路花椒的外皮為橙紅色到暗紫紅色，帶有淡淡藍色光澤，內皮為米黃色。
▌直接聞盛器中的花椒時，柚皮香中有酒精揮發感的氣味，輕微的陳皮味與木香味，明顯柚皮腥味與濃的揮發性腥味。
▌抓一把在手中可以感覺到理縣西路花椒顆粒為輕質、微扎手顆粒的疏鬆感。
▌取5顆花椒握在手心提高些許溫度後，柚皮香變得濃純，乾柴味明顯。
▌將手中的花椒握緊搓5下後，香氣轉為柚皮味香濃，出現橘皮味，乾柴味仍明顯。
▌取兩顆花椒粒放入口中咀嚼，可感覺到青柚皮味濃，並感覺到苦味，有澀味，其有檸檬皮味涼香感，生津感濃，乾柴味明顯。回味略有清甜清香，涼麻感輕。
▌麻度中等，麻度上升快，麻感增強偏快，麻感屬於尖銳的粗中帶細硬毛刷感。
▌整體香、麻、滋味在口中持續時間約30分鐘。

51.
阿壩藏族羌族自治州
金川縣

品種：西路花椒
風味類型：柚皮味花椒
學名：花椒（Zanthoxylum bungeanum）
地方名：大紅袍、臭椒。
分布：觀音橋鎮、俄熱鄉、太陽河鄉、金川鎮、沙耳鄉、咯爾鄉、勒烏鄉、河東鄉、河西鄉、獨松鄉、安寧鄉、卡撒鄉、曾達鄉。
產季：農曆6月中到7月下旬，大約是陽曆6月下旬到8月中下旬。

【感官分析】
▌金川西路花椒的外皮為紅褐色到褐黃色，內皮為米白帶微黃色。
▌直接聞盛器中的花椒時，柚皮味明顯，西路花椒特有揮發感腥味適中，舒服的木香味。
▌抓一把在手中可以感覺到金川西路花椒顆粒為粗糙微扎手疏鬆感。
▌取5顆花椒握在手心提高些許溫度後，柚皮味與涼感明顯，舒服的木香味及明顯的西路花椒特有腥味。
▌將手中的花椒握緊搓5下後，柚皮味與涼感更加明顯，有少許檸檬皮味，舒服的木香味，明顯的西路花椒特有腥味。
▌取兩顆花椒粒放入口中咀嚼，可感覺到明顯苦味、柚皮味，出現揮發感腥味後才感覺到木香味加甜香味及少許橘香味。餘韻有橘香氣與涼感。
▌麻度中上到高，麻度上升快，麻感增強偏快，為細刺的硬細毛刷感。
▌整體香、麻、滋味在口中持續時間約25分鐘。

52.
阿壩藏族羌族自治州
九寨溝縣

主要品種：西路花椒
風味類型：柚皮味花椒
學名：花椒（Zanthoxylum bungeanum）
地方名：大紅袍、紅椒、家花椒。
分布：陵江鄉、雙河鄉、永豐鄉、白河鄉、永和鄉、保華鄉。
產季：農曆5月下旬到7月上旬，大約是陽曆6月下旬到8月上旬。

【感官分析】
▌九寨溝西路花椒外皮為暗紅色到暗紫紅色，夾有少量黑褐色，內皮為米黃色。
▌直接聞盛器中的花椒時，以橘皮味木香氣為主，帶有乾柴味、乾柚皮香，揮發感輕，西路花椒腥味輕。
▌抓一把在手中可以感覺到九寨溝的西路花椒顆粒為顆粒狀明顯疏鬆感。
▌取5顆花椒握在手心提高些許溫度後，散發出更鮮明的乾柴味、乾柚皮味、乾橘皮味等混合氣味，仍有輕微的揮發感與西路花椒腥味。
▌將手中的花椒握緊搓5下後，香氣轉為輕淡涼香味中有明顯的苦柚皮味、木香味、陳皮味，西路花椒腥味仍可感覺到。
▌取兩顆花椒粒放入口中咀嚼，可先感覺到明顯的柚皮味混合些許

橘皮味，具有中等的苦、澀味，麻感舒爽，及輕微的回甜味。後韻為橘皮味中帶涼感與淡淡柚果香味，生津感中上。
▌麻度中上到高，麻度上升快，麻感增強快，為細刺的硬細毛刷感。
▌整體香、麻、滋味在口中持續時間約25分鐘。

53.
阿壩藏族羌族自治州
汶川縣

主要品種：西路花椒
風味類型：柚皮味花椒
學名：花椒（Zanthoxylum bungeanum）
地方名：六月紅、六月椒、大紅袍。
分布：威州鎮、綿虒鎮、克枯鄉、龍溪鄉、雁門鄉。
產季：農曆5月下旬到7月上旬，大約是陽曆6月下旬到8月上旬。

【感官分析】
▌汶川西路花椒的外皮為濃郁紫紅色到暗紅褐色，內皮米黃偏深。
▌直接聞盛器中的花椒時，柚皮味混合乾柴味明顯，有微涼感，木腥味不明顯。
▌抓一把在手中可以感覺到汶川西路花椒顆粒為乾燥的薄木片疏鬆感。
▌取5顆花椒握在手心提高些許溫度後，呈現涼而爽的青柚皮味，木香味柔和。
▌將手中的花椒握緊搓5下後，香氣轉為涼爽的青柚皮味並帶有青橘皮味與揮發感氣味，木香柔和。
▌取兩顆花椒粒放入口中咀嚼，可感覺到先有一點橘皮味，後續青柚皮味香而濃，苦味中上，回甜味明顯，有涼香感與涼麻感，柔和的西路花椒標誌腥味，生津感中上，尾韻爽麻回甜。
▌麻度中上到強，麻度上升快，麻感增強快，麻感屬於細刺的細中帶硬毛刷感。
▌整體香、麻、滋味在口中持續時間約25分鐘。